高等职业教育种子系列教材

全国种子行业技术培训教材

植物组织培养

罗天宽　王晓玲　主编

中国农业大学出版社

·北京·

内 容 简 介

本教材根据高等职业教育相关专业岗位需求,阐述了植物组织培养的基本理论、基本知识和基本技能。主要内容包括绪论、植物组织培养的基本原理与基本条件、植物组织培养的基本技术、植物组织培养的常用类型、植物组培苗快速繁殖技术、植物脱毒技术、植物组培苗工厂化生产、植物组织培养技术的主要应用及实验实训指导。本教材注重引用国内外最新研究成果,突出实用新技术和成功案例的采编。本教材贴近组培科研、生产和管理实际,具有很强的适用性和针对性,具有鲜明的高等职业教育特色。

本教材可供高等职业教育种子生产与经营、园艺、园林、设施农业技术、生物技术及应用等专业的学生使用,也适用于职业培训和本科院校的选修课程。同时也可作为从事植物组培培养的研究人员、技术人员和企业经营管理者的参考用书。

图书在版编目(CIP)数据

植物组织培养 / 罗天宽,王晓玲主编.—北京:中国农业大学出版社,2016.5(2018.7 重印)
ISBN 978-7-5655-1568-2

Ⅰ.①植⋯　Ⅱ.①罗⋯ ②王⋯　Ⅲ.①植物组织-组织培养-高等职业教育-教材
Ⅳ.①Q943.1

中国版本图书馆 CIP 数据核字(2016)第 101374 号

书　名 植物组织培养	
作　者 罗天宽　王晓玲　主编	
策划编辑 张 蕊 张 玉	**责任编辑** 张 蕊
封面设计 郑 川	**责任校对** 王晓凤
出版发行 中国农业大学出版社	
社　址 北京市海淀区圆明园西路 2 号	**邮政编码** 100193
电　话 发行部 010-62818525,8625	**读者服务部** 010-62732336
编辑部 010-62732617,2618	**出 版 部** 010-62733440
网　址 http://www.cau.edu.cn/caup	**E-mail** cbsszs @ cau.edu.cn
经　销 新华书店	
印　刷 涿州市星河印刷有限公司	
版　次 2016 年 5 月第 1 版　2018 年 7 月第 2 次印刷	
规　格 787×1 092　16 开本　13.25 印张　348 千字	
定　价 36.00 元	

种子系列教材编委会

编写人员

主　编　罗天宽（温州科技职业学院）

　　　　王晓玲（长江大学）

副主编　钱长根（嘉兴职业技术学院）

　　　　吴林森（丽水职业技术学院）

　　　　胡　琼（杭州万向职业技术学院）

　　　　余宏傲（温州科技职业学院）

编　者（以姓氏笔画为序）

　　　　王晓玲（长江大学）

　　　　石玉波（嘉兴职业技术学院）

　　　　朱世杨（温州科技职业学院）

　　　　吴林森（丽水职业技术学院）

　　　　余宏傲（温州科技职业学院）

　　　　李立容（杭州万向职业技术学院）

　　　　张运波（长江大学）

　　　　罗天宽（温州科技职业学院）

　　　　胡　琼（杭州万向职业技术学院）

　　　　钱长根（嘉兴职业技术学院）

　　　　唐　征（温州科技职业学院）

　　　　裘波音（温州科技职业学院）

总　序

农业发展，种业为基。党中央、国务院历来高度重视种业工作。习近平总书记强调，要下决心把民族种业搞上去，从源头上保障国家粮食安全。李克强总理指出，良种是农业科技的重要载体，是带有根本性的生产要素。汪洋副总理要求，突出种业基础性、战略性核心产业地位，把我国种业做大做强。

当前我国农业资源约束趋紧，要确保"谷物基本自给、口粮绝对安全"，对现代种业发展、加强种业科技创新、培育和推广高产优质品种提出了更高、更迫切的要求。与此同时，全球经济一体化进程不断加快，生物技术迅猛发展，农作物种业国际竞争日益激烈。要突破资源约束、把饭碗牢牢端在自己手中，做大做强民族种业、提升国际竞争力，必须加快我国现代种业科技创新步伐。

培养大批种子专业技术人才和提升现有种业人才的技术水平是加快我国现代种业科技创新步伐的关键之举。目前我国农作物种业人才培养主要有两个途径：一是通过高等院校开设相关专业培养；二是通过对种子企业科研、生产、检验、营销、管理等人员及种子管理机构的行政管理、技术人员进行定期培训。但由于我国高等农业职业教育办学起步较晚，尚没有种子专业成套的全国通用教材，而种子行业培训也缺乏成套的全国通用技术培训教材。为培养农作物种业优秀人才，加大种业人才继续教育和培训力度，落实《国务院关于加快推进现代农作物种业发展的意见》有关要求，全国农业技术推广服务中心与温州科技职业学院联合组织编写了这套全国高等职业教育种子专业和种子行业技术培训兼用的全国通用系列教材。

该系列教材由种子教学、科研、生产经营与管理经验丰富的专家教授共同编写。在编写过程中坚持五个相结合原则，即坚持种子专业基础理论、基本知识与种业生产实际应用相结合；坚持提高种业生产技术与操作技能相结合；坚持经典理论、传统技术与最新理论、现代生物技术在种业上的应用相结合；坚持专业核心课程精与专业基础课程宽相结合；坚持教材实用性与系统性相结合，力争做到教材理论与实践紧密结合,便于学生(员)更好地学习应用。

这套教材系统地介绍了现代种业基础理论与实用技术,包括种子学基础、作物遗传育种、种子生产技术、种子检验技术、种子加工技术、种子贮藏技术、种子行政管理与技术规范、种子经营管理和植物组织培养九本教材。其中,种子行政管理与技术规范、种子生产技术、种子加工技术、种子贮藏技术、种子检验技术等五本教材兼作种子行业技术人员培训教材。希望本系列教材的出版发行能在促进我国高等职业教育种子专业学生培养和种子行业技术人员培训中发挥重要作用。

全国农业技术推广服务中心主任 陈生斗

2016 年 3 月

前　言

在过去的 50 多年中,植物组织培养迅猛发展,作为强有力的技术基础和支撑,已经渗透到生命科学的多个领域,成为基因工程、细胞生物学、分子遗传学、生理学、生物化学、作物育种学、病理学等多个学科的重要研究手段,且被广泛应用于农业、林业、工业和医药业等各个行业,尤其是在植物优良品种种苗工厂化生产、脱毒苗木培育和新品种选育等方面发挥了重要的作用,产生了巨大的经济效益和社会效益,成为生物科学中最有生命力的技术之一。

植物组织培养课程已经成为农艺学、遗传育种、种子、植物保护、生物技术、园艺园林、农业资源环境等专业的一门必修课程,培养目标是培养基因工程和细胞工程等微观领域需要的具有分子操作技能的高层次研究型人才和植物种苗生产、经营管理及辅助研发等岗位需要的兼具娴熟组培基本操作技能和经营管理能力的应用型人才。作为种子专业系列教材之一,本教材根据高等职业教育相关专业的培养目标和职业岗位需求为依据,搭建教材基本框架,以强化基本技能和提升管理能力为主线,组织教材的基本内容。同时,教材也兼顾种子专业人才培训和部分本科院校选修课程的需要,在植物组织培养学科发展、基本原理、基本条件和基本技能方面进行了较为系统的编写;实验实训部分按学科要求作系统编排,各地可根据当地实际选用。教材主要针对高等职业教育系统进行编写,同时也适合作专业技术人员培训和本科院校选修课程的教材。

教材编写人员由来自高等职业教育学校、本科院校和大型企业等多名专家教授共同完成。教材共八章,具体编写分工:绪论、第四章由罗天宽执笔,第一章由王晓玲执笔,第二章由石玉波、钱长根执笔,第三章由唐征、朱世杨执笔,第五章由吴林森执笔,第六章由余宏傲执笔,第七章由裘波音执笔,第八章,实验实训一至十由张运波执笔,实验实训十一至十八由李立容、胡琼执笔,附件由胡琼执笔。初稿完成后先由副主编钱长根、吴林森、胡琼、余宏傲分章修改,再由主编罗天宽、王晓玲完成统稿、定稿。系列教材编委会成员吴伟研究员、张小玲教授、李道品研究员对教材提出了宝贵意见,在此表示衷心感谢!

本教材在编写过程中所参考的文献资料已列入参考文献,在此对相关作者表示诚挚的谢意。由于时间仓促,编者水平有限,书中疏漏和不足之处在所难免,恳请专家和广大读者批评指正。

编　者

2016 年 2 月 11 日

目　录

绪　论

知识目标

◆ 掌握植物组织培养的概念、类型及特点。

◆ 熟悉植物组织培养技术的主要应用。

◆ 了解植物组织培养技术的发展历程。

一、植物组织培养的概念及分类

(一)植物组织培养的概念

植物组织培养(plant tissue culture)是指人工控制的条件下,在特定的培养基上使植物器官、组织、细胞或原生质体等离体材料生长和发育的所有培养技术的总称。一般是在无菌条件下,将分离的植物材料接种到培养基上,在人工控制的(营养、激素、温度、光照、湿度等)条件下进行培养,目的是使其生长、分化并再生为完整植株或生产具有经济价值的产品。由于培养材料是在脱离植物母体条件下在试管或其他容器中进行培养,所以又称为离体培养或试管培养。

(二)植物组织培养的分类方法

根据外植体来源、培养过程、培养基种类等,可以将植物组织培养分为不同类型。

1.根据外植体分类

(1)植株培养。指对具有完整植株结构的材料所进行的离体培养。

(2)胚胎培养。指对植物成熟或未成熟胚进行的离体培养。胚胎培养材料主要有幼胚、成熟胚、胚乳、胚珠、子房等。

(3)器官培养。指以植物根、茎、叶等器官及器官原基为外植体的离体培养。常见的培养器官有根(根尖、根切段)、茎(茎尖、茎切段)、叶(叶原基、叶片、子叶)、花、果实、种子等。一般培养的是什么器官,就可以称为什么培养,如培养的器官是茎尖,就称之为茎尖培养。

(4)组织培养。指对植物体各部位组织(如分生组织、形成层、表皮、皮层、薄壁细胞、髓部、木质部等)或已诱导的愈伤组织进行的离体培养。

(5)细胞培养。指对植物的单个细胞或较小的细胞团进行的离体培养。

(6)原生质体培养。指以除去细胞壁的原生质体为外植体的离体培养。

2.根据培养过程分类

(1)初代培养。指将植物体上分离得到的外植体进行的第一代培养。主要目的是建立无性繁殖系。通常此阶段在整个培养过程中比较困难,也比较关键,又称诱导培养。

(2)继代培养。指将初代培养诱导产生的培养物重新分割,并转移至新的培养基上继续培养的阶段。主要目的是实现培养物的扩增繁殖,又称为增殖培养。

(3)生根培养。指诱导组培苗产生根,进而形成完整植株的阶段。生根培养目的是形成完整植株个体,为组培苗移栽做好准备。

3.根据培养基状态分类

(1)固体培养。将外植体置于固体培养基(常用琼脂为凝固剂)中的培养。固体培养基使用方便,在生产上应用较为普遍。

(2)液体培养。将外植体置于不添加任何凝固剂的培养基(呈液体状态)中的培养。通常液体培养需要摇床等设备进行振荡培养,给培养物提供良好的通气条件。

此外,根据光照条件的不同可分为光培养和暗培养,还可以根据培养方法的不同,分为平板培养、微室培养、悬浮培养和单细胞培养等。

(三)植物组织培养的特点

1.环境条件可控,能够周年生产

植物组织培养中的植物材料是在人为提供的培养基及小气候环境下生长,培养基中各种成分和培养的环境条件完全可以人为控制,摆脱了大自然中四季、昼夜气温频繁变化及灾害性气候等外界不利因素的影响,且条件均一,对植物生长极为有利,便于稳定地进行组培苗的周年生产。

2.生长周期短,繁殖速度快

植物组织培养可根据外植体的不同要求而提供不同的培养条件,满足其快速生长的要求。一般1个月左右就完成一个繁殖周期,每一繁殖周期可增殖几倍到几十倍,甚至上百倍,植物材料以几何级数增加,且能及时提供规格一致的优质种苗或无病毒种苗,在良种苗木及优质脱毒种苗的快速繁殖方面有明显优势。

3.可自动化控制,能实现工厂化生产

植物组织培养是在一定的场所和环境下,人为提供一定的温度、光照、湿度、营养、激素等条件下进行的,由于信息化和自动化水平的提高,培养基的配制、环境条件(温度、光照、湿度等)的控制均可实现自动化,减少人工的投入,有利于种苗的工厂化生产。

二、植物组织培养的发展简史

植物组织培养技术的发展可追溯到20世纪初期,从其诞生至今,其发展大致分为探索、奠基和快速发展三个阶段。

(一)探索阶段

从20世纪初至20世纪30年代中期为植物组织培养的探索和萌芽阶段。

20 世纪初，Schleiden 和 Schwann 提出了细胞学说。1902 年，德国植物生理学家 G.Haberlandt提出了植物细胞具有全能性的设想，设想在适当的条件下，离体植物细胞具有不断分裂和繁殖能力，并具备再生成完整植株的潜在能力。为了证实这一设想，他对小野芝麻和凤眼兰的叶肉细胞、万年青属植物的表皮细胞等进行了离体培养。尽管实验没有成功，但 G.Haberlandt据此发表了植物组织培养的第一篇论文，为植物组织培养技术的发展起到了先导作用。

1904 年，Hanning 在无机盐和蔗糖溶液中对萝卜和辣根菜胚进行培养，发现离体胚可以充分发育，并提前形成小苗。1922 年，德国的 W.Kotte 和美国的 Robins 利用含有无机盐、葡萄糖、多种氨基酸和琼脂的培养基，分别培养了豌豆和玉米的茎尖，发现离体培养的组织可进行有限的生长，形成了缺绿的叶和根。1929 年，Laibach 将亚麻种间不能成活的杂种胚取出，在人工培养基上培养获得杂种植株。之后，人们对植物组织培养的各个方面进行了大量的探索性研究。

(二)奠基阶段

20 世纪 30 年代中期至 20 世纪 50 年代末期为植物组织培养的奠基阶段。

1934 年，美国植物生理学家 White 利用无机盐、蔗糖和酵母提取液组成的培养基进行番茄根离体培养，建立了第一个活跃生长的无性繁殖系，使根的离体培养实验获得了成功。1937 年 White 用吡哆醇、硫胺素和烟酸三种 B 族维生素取代酵母提取液，同样获得了成功。从而发现了 B 族维生素对离体根培养的重要性，并以此建立了第一个由已知化合物组成的综合培养基，该培养基后来被定名为 White 培养基。1939 年，Gautheret 连续培养胡萝卜根形成层获得成功，Nobecourt 也用胡萝卜建立了类似的连续生长的组织培养物。因此，White、Gautheret 和 Nobecourt 三位科学家被誉为植物组织培养学科的奠基人。

1941 年，Overbeek 等首次把椰子汁加入培养基，将曼陀罗的心形期幼胚离体培养至成熟。1943 年，White 提出了植物"细胞全能性"理论，并出版了《植物组织培养》手册，使植物组织培养成为一门新兴的学科。美国 Skoog(1944 年)和我国崔澂(1951 年)在对烟草茎切段和髓培养的研究中发现，腺嘌呤或腺苷可以解除生长素(IAA)对芽的形成，能诱导芽，还发现腺嘌呤与生长素的比例是控制根和芽形成的重要因素。1952 年，Morel 和 Martin 首次通过茎尖分生组织的离体培养，从已受病毒侵染的大丽花中获得脱毒植株。1953—1954 年，Muir 利用获得万寿菊和烟草的单细胞，实施了看护培养，使单细胞培养获得初步成功。

1957 年，Skoog 和 Miller 提出植物生长调节剂控制器官形成的概念，指出通过控制培养基中生长素和细胞分裂素的比例来控制器官的分化模式，大大促进了植物组织培养的发展。1958 年，英国学者 Steward 等以胡萝卜髓部细胞为材料，实现细胞分化产生体细胞胚胎，进一步培养获得完整的植株。这是人类第一次获得了人工体细胞胚，也是首次通过实验证实了植物细胞具有全能性，成为植物组织培养历史上的一个里程碑。同年，Wickson 和 Thimann 提出，应用细胞分裂素可促成在顶芽存在条件下处于休眠状态腋芽的生长。在这一发展阶段，通过对培养基成分和培养条件的广泛研究，特别是对 B 族维生素、生长素和细胞分裂素作用的研究，实现了对离体细胞生长和分化的控制，初步建立了组织培养的技术体系。

(三)发展阶段

20世纪60年代至今,植物组织培养进入了迅速发展阶段,研究工作更加深入,并开始走向大规模的生产应用。

1960年,Cocking用真菌纤维素酶分离番茄原生质体获得成功,开创了植物原生质体培养和体细胞杂交的工作。这是植物组织培养工作的又一突破。同年,Morel采用茎尖培养,获得了繁殖系数极高脱毒兰花,开创了兰花快速繁殖工作,并形成了"兰花工业"。目前这一技术已经在国内外广泛应用,取得了巨大的社会效益和经济效益。1962年,Murashige和Skoog筛选出至今仍被广泛使用的MS培养基。1964年,印度Guha等在毛叶曼陀罗花药培养中成功地获得花粉诱导形成的单倍体植株,推动了单倍体育种技术的发展。1967年,Bourgin和Nitsch通过花药培养获得了完整的烟草植株。由于单倍体在加速杂合体纯化中的重要作用,花药培养在20世纪70年代得到迅速发展。我国在这方面成绩斐然,率先将花药培养与常规育种技术结合,培育出一批作物新品种或新品系。1971年,Takebe等在烟草上首次由原生质体获得了再生植株。1972年,Carlson等进行了两个烟草物种之间原生质体融合,获得了第一个体细胞种间杂种植株。1978年,Murashige提出"人工种子"概念,引发人工种子研究热潮。20世纪80年代,水稻、玉米、小麦、高粱、谷子和大麦等原生质体植株再生相继获得成功。随后,利用大规模细胞培养技术进行植物次生代谢产物的生产获得成功,进一步拓宽了细胞培养的研究领域,使得工厂化生产植物天然产物的这一设想变成了现实。

20世纪70年代,在植物组织培养和分子生物学结合而产生的遗传转化研究成为植物生物工程的重要内容。1983年,Zambryski等用根癌农杆菌介导转化烟草,获得了首例转基因植物,此后,该技术在水稻、玉米、小麦、大麦等主要农作物上应用取得了突破性进展。

三、植物组织培养的应用概述

植物组织培养是生物技术的重要组成部分,其应用也越来越广泛。其主要应用有以下几个方面。

(一)植物离体快速繁殖

由于应用植物组织培养进行种苗的离体繁殖,具有繁殖速度快且繁殖不受季节和地域等条件限制等优点。通过离体快繁可在较短时期内迅速扩大植物种苗的数量,在正常情况下,苗木以几何级数增殖,每年可繁殖出数万倍乃至百万倍的种苗。例如,1个兰花原球茎1年即可繁殖400万个原球茎,1个草莓芽1年可繁殖上亿个芽。因此,利用植物组织培养快繁技术可加速优良种质的推广速度,尤其对于一些自然条件下繁殖困难或繁殖速率较低的植物的推广更显重要。植物离体快繁技术已经在国内外农业生产上广泛应用,并产生了较大的社会和经济效益。

自20世纪80年代以来,植物组培快繁技术在我国农业生产中发挥了重要作用,多种果树、花卉及名贵中药材进入了大规模的工厂化生产阶段,形成了较为完善的生产流程。目前,兰花、马蹄莲、马铃薯、甘薯、草莓、香蕉、甘蔗、桉树、非洲菊、芦荟、香石竹等经济植物已开始工厂化生产。我国已建成多个大中型组培苗工厂化生产基地,遍布北京、上海、浙江、云南等全国各地。

（二）植物脱毒培养

植物在生长过程中会受到各种植物病毒的侵染而严重影响其产量和品质。尤其是无性繁殖植物,遭受病毒侵染后,病毒逐年积累导致植株病害不断加重。长期以来,人们已经意识到病毒对植物造成的严重危害,并探讨了各种解决办法,但收效甚微。研究表明,利用植物组织培养技术可以有效除去植物病毒,使植物复壮、恢复种性。脱毒后的马铃薯、甘薯、甘蔗、香蕉等植物可大幅度提高产量,改善品质,脱毒对产量和品质的改善主要依据其病毒的危害程度,病毒危害越大脱毒种苗的效果就越好,根据不同作物脱毒种苗的研究结果,一般增产在 30%以上;兰花、水仙、大丽花等观赏植物脱毒后植株生长势强,花朵变大、产花量上升,且色泽艳丽。目前植物组织培养脱除植物病毒的方法已广泛应用于花卉、果树、蔬菜等植物上,生产上栽培的草莓、香蕉、马铃薯等大多为无病毒种苗。

（三）植物新品种培育

植物组织培养技术为植物育种提供了更有效的方法和手段,已广泛应用于植物育种实践,在单倍体育种、胚培养、体细胞杂交、细胞突变体筛选、转基因育种等方面应用均取得了显著成效。

1.单倍体育种

单倍体育种是指离体花药或花粉培养单倍体的育种方法,与常规育种相比可缩短育种年限,加速育种进程。1974 年,我国科学家利用单倍体育成世界上第一个作物新品种烟草"单育1 号",随后又育成水稻"中花 8 号"等作物新品种。目前有些作物利用单倍体育出的新品种已在生产上大面积应用。

2.胚胎培养

远缘杂交后形成的胚珠往往在发育初期就停止生长,不能形成有生活力的种子,导致杂交不孕,这使得植物的种间和远缘杂交常难以成功。采用幼胚离体培养可以使杂交胚正常发育,产生远缘杂交后代,从而育成新品种。

3.体细胞杂交

应用细胞融合技术可部分克服有性杂交不亲和性,获得体细胞杂种,从而创造新物种或获得优良品种。目前已获得多个种间、属间甚至科间的体细胞杂种植株或愈伤组织。

4.突变体培养

在细胞或组织培养过程中,培养材料会受到培养条件(如射线、化学物质等)的影响而产生变异,从中可以筛选出大量拟定目标的有用突变体,进而育成新品种。采用此方法现已获得一批抗病、耐盐、耐寒和高赖氨酸的突变体等,有些已用于生产。

5.转基因育种

植物基因工程是在分子水平上有针对性地定向重组遗传物质,改良植物性状,培育优质高产作物新品种的高效育种技术。基因工程已经成为改良植物抗病虫性、抗逆性和品质等方面的重要手段。迄今为止,已获得百余种转基因植物。如抗虫棉等农作物新品种,已在农业生产中大面积推广应用。植物基因转化的受体为植物原生质体、愈伤组织、悬浮细胞等,几乎所有的植物基因工程的研究最终都离不开应用植物组织培养技术和方法,它是植物基因工程中不可缺少的技术手段。转基因技术饱受争议,它作为一种改良作物性状的技术无疑是先进的、高效的,但其产品的安全性需要经过严格的论证后方可在生产上推广应用。

(四)植物次生代谢产物生产

从各种植物中提取的次生代谢产物可用于各个产业,但由于自然资源匮乏和人类需求增加,导致植物天然产物供不应求,这使得利用植物组织或细胞的大规模培养技术来生产这些有价值的产品具有重要意义。利用组织或细胞培养可以生产蛋白质、糖类、脂肪、药物、香料、生物碱、天然色素及其他生物活性物质等有机化合物。目前已从人参、紫杉等200多种植物的组织或细胞培养中获得500多种有效代谢化合物,包括一些重要药物。

(五)种质资源的离体保存

世界种质资源不断更新换代,大量有用基因不断消失。近年来,研究利用植物组织和细胞培养法低温保存种质,给保存和抢救濒危植物带来了希望。利用植物组织培养进行离体低温或冷冻保存种质资源,可长期保存,并有利于种质资源的远距离交换。

四、植物组织培养的学习方法

植物组织培养是一门技术性很强的课程,需要多做多练多思考。一种有效的学习方法是以项目为载体,在实践中学习。即以小组为单位,导师立项,合作研究学习。通过相互讨论,共同设计并完成项目的实施达到学习目的,并通过这种学习方式提高团队意识与合作精神。植物在试管中生长和在露地上生长一样,有其生长的内在规律。要更好地理解和把握许多现象的本质和规律,要求在项目实施的过程中学会观察、比较和分析。观察是学习植物组织培养的一种基本方法。通过认真细致地观察,了解植物培养过程中的形态结构变化和生长规律,系统地加以描述和记录,并进行数据记载分析,为今后的深入学习积累有用的第一手资料。比较也是学习植物组织培养的重要方法。通过对不同外植体、不同培养基、不同培养条件等系统地比较,才能鉴别它们的异同,从而能更深入地分析,并得出植物组织培养的一般规律,成功培养目标植物。

另外,对于初学植物组织培养的大学生而言,一定要在认真听课、钻研教材和阅读有关参考资料(包括网络资源)的基础上,实事求是地、细致地进行实验工作,有效地进行自学,才能为提高分析和解决问题的能力打下基础。

本章小结

植物组织培养的概念有广义和狭义之分,前者包括对植物细胞、组织、器官等外植体的培养,后者仅指对植物的组织及培养产生的愈伤组织的培养。

植物组织培养的类型根据外植体来源可分为植株培养、胚胎培养、器官培养、细胞培养和原生质体培养;根据培养过程可分为初代培养、继代培养和生根培养;根据培养基状态可分为固体培养和液体培养。

植物组织培养具有环境条件可控,能够周年生产,生长周期短,繁殖速度快,可自动化控制,实现工厂化生产等优点。

植物组织培养经历了探索阶段、奠基阶段和迅速发展三个阶段。目前已成为现代生物技术中应用最为广泛的技术之一,在植物快繁、植物脱毒、新品种选育及次生代谢物质生产等多个领域发挥着重要作用,取得了巨大的社会效益和经济效益。

思考题

1.什么叫植物组织培养？它包括哪些类型？

2.植物组织培养有哪些特点？

3.植物组织培养主要有哪些方面的应用？

第一章　植物组织培养的基本原理与基本条件

知识目标

◆ 掌握细胞的分化特性，了解影响细胞分化的因子。

◆ 掌握影响植物脱分化和再分化的因素。

◆ 理解植物细胞全能性、细胞分化等概念。

◆ 了解植物组织培养实验室设计原则和工作原理。

能力目标

◆ 能根据细胞全能性的特性完成植物组织培养实验设计。

◆ 能根据植物组织分化和器官分化特点制订具体实验操作流程。

◆ 能够合理利用组织培养原理，获得实验结果的观察与分析能力。

◆ 学会植物组织培养实验室的规划与建设。

第一节　植物组织培养的基本原理

一、植物细胞的全能性

（一）细胞的全能性

1.细胞是生命活动的基本单位

对细胞的认识经历了漫长的过程。1665 年，英国学者罗伯特·胡克（Robert Hooke）首次观察并描述了植物细胞的结构，提出了"cell"这一术语；1677 年，荷兰学者安东尼·列文·虎克（Antony van Leeuwenhoek）描述了细胞核的结构；1838 年，德国植物学家施莱登（M. J. Schleiden）和动物学家施旺（M. J. Schwann）提出了著名的细胞学说，极大地促进了细胞学、生物学乃至现代生命科学的发展。

细胞是构成有机体的基本单位。构成高等生物体的细胞既具有分工与协同的相互关系，又保持着形态与结构的独立性，能够进行独立的生命活动。同时，细胞是代谢与功能的基本单位。构成生物有机体的每个细胞都有独立的、有序的和自动控制性很强的代谢体系,细胞代谢和结构完整性的任何破坏,都会导致细胞功能的紊乱。细胞是有机体生长与发育的基础,是遗传的基本单位,并具有遗传的全能性,没有细胞就没有完整的生命。"矿质营养学说"诞生后,人们发现,在适宜培养条件下,离体细胞能够存活,具有新陈代谢特性。例如绿色细胞具有光自养能力,固氮植物细胞具有固氮特性,培养细胞具有该物种的"药物生物合成的能力"等,为组织培养技术发展奠定基础。

2.细胞全能性的概念

细胞全能性的概念是德国科学家哈伯兰特(Haberlandt)于1902年提出的,此后,随着不断实践与相关学科的发展,全能性的概念逐步完善。翟中和院士在《生命科学和生物技术》一书中的阐释是"每一个细胞,不论低等生物或高等生物的细胞,单细胞生物或多细胞生物的细胞,结构简单或复杂的细胞,未分化或分化的细胞(除个别终末分化的细胞外)、性细胞或体细胞都包含着全套的遗传信息,即全套的基因,也就是说它们具有遗传的全能性"。生物体的细胞具有使后代细胞形成完整个体的潜能的特性叫细胞全能性。

3.细胞全能性表现的差异

(1)不同类型细胞的全能性差异。不同类型细胞全能性表现差异很大。受精卵是未经分裂和分化的细胞,是个体发育的起点,在自然条件下能够分化出各种细胞、组织,形成一个完整的个体。从不同来源比较,受精卵具有最高全能性,生殖细胞的全能性较高,体细胞全能性较低;从分化程度比较,分化程度低的细胞全能性大于分化程度高的细胞;从成熟度比较,幼嫩细胞全能性大于衰老细胞;从分裂能力比较,分裂能力强的细胞全能性大于分裂能力弱的细胞。

(2)植物细胞全能性与动物细胞全能性差异。动物细胞和植物细胞有很多相同或相似的结构体系和功能体系,例如细胞膜、核膜、染色质、核仁、线粒体、高尔基体、内质网、核糖体、微管与微丝等。同时,它们也有很大的结构和发育差异,例如植物细胞有细胞壁、液泡、叶绿体以及其他质体,动物细胞没有;植物细胞在有丝分裂后普遍有一个明显的体积增大与成熟的过程,而动物细胞不及植物细胞明显;植物细胞不常见到的中心体,在动物细胞中常见。

植物细胞和动物细胞在分化特性上具有明显差异,导致植物细胞全能性一般比动物细胞强。高等动物细胞随着进化,其功能逐渐趋向于专一、明确,以具有单向或多向分化潜能的细胞代替全能性细胞,仅存的少量全能性细胞几乎都来自胚胎。在分化特性上,动物细胞的分化一般都是不可逆的,成体期的高等动物除了一些组织和器官保留了部分未分化的细胞(干细胞)之外,其余均为分化终末细胞。至今人们还没能成功地将单个已经分化的动物体细胞培养成新个体。这是因为动物细胞的发育潜能随着分化程度的提高而逐渐变窄。但这种分化潜能的变化是对细胞整体而言的,对细胞核来说仍然保持着全能性。植物细胞则不然,只要具有一个完整的膜系统和一个有生命力的核,即使是已经高度成熟和分化的细胞,也仍保持着回复到分生状态的能力。大多数植物的体细胞具有全能性,至今离体培养已经在160多种植物上获得成功。因而,植物细胞全能性一般比动物细胞强。许多低等动物和植物一样,除生殖细胞外,其组织已表现出全能性,这点主要体现在无性生殖及其再生上。

(二)植物细胞的全能性(totipotent)的概念

1.植物细胞的全能性的概念

德国植物学家 Haberlandt 根据细胞学说,不仅提出单个植物细胞全能性概念,而且首次进行了细胞培养试验,提出了激素作用理论和看护培养设想。故后人称之为"植物组培之父"。

植物细胞全能性是指植物体的每个活细胞携带着一套完整的基因组,并具有发育成完整植株的潜在能力。完整植株中的细胞完成了细胞分化后,由于受到其所在环境的束缚,不能表现其全能性,但仍然保持着潜在的全能性,一旦脱离母体植株,成为离体状态,只要给予适宜的条件,全能性就能表现出来,发育成完整的植株。

2.植物细胞全能性表现的条件

植物细胞全能性表现的第一个条件是给予离体损伤刺激,即是将已分化组织中的不分裂的静止细胞从母体植株上分离下来。科学研究表明,无论是体细胞还是性细胞,必须从植物体其余部分的抑制性影响下解脱出来,植物组织或细胞才有可能表现全能性。离体是细胞脱分化的重要条件之一。

植物细胞全能性表现的第二个条件是给予离体后的细胞适宜的培养基,培养基中的营养物质包括细胞生长的必需元素、维生素、氨基酸和一定碳源等,培养基中的生长物质主要是生长素类和分裂素类物质。

植物细胞全能性表现的第三个条件是给予适宜的环境条件,包括温度、光照、湿度、气体等环境因子。

人工条件下实现植物细胞全能性的过程,就是植物组织培养。植物组织培养主要任务就是用人为的方法创造出一个适宜于生长发育的理想条件,使细胞的全能性得到充分发挥。

3.植物细胞全能性的表达过程

(1)植物的生活史。植物一生的起点是从受精卵开始的,受精卵经过早期发育发展成合子胚,在合子胚中分化形成不同的组织,构成不同的器官,从而成为一个完整的植物体(图1-1)。

图1-1　植物的生活史简图

植物组织是指植物体中的一群来源相同、形态结构相似或不同、行使共同生理功能的细胞群。植物组织有不同类型。在成熟的植物体内,总保留一部分不分化的细胞,终生保持分裂能力,这种具有分裂能力的细胞群即是分生组织。分生组织按存在部位可分为顶端分生组织、侧生分生组织和居间分生组织。按来源和性质分为原分生组织、初生分生组织和次生分生组织。原分生组织是从胚胎中保留下来的分生组织,处于未分化状态,具有持久的分裂能力,位于根、茎顶端的最前端,是产生其他组织的最初来源,顶端分生组织中包括原分生组织和初生分生组织;初生分生组织是由原分生组织衍生来的,分布在根与茎的顶端,其形态上已经出现初步分化,居间分生组织属于初生分生组织;次生分生组织是已经分化的细胞,通过恢复其分裂能力后,再次转变成的分生组织,一般侧生分生组织属于次生分生组织。成熟组织是分生组织分裂来的细胞构成,这些细胞已经发生了分化,失去了分裂能力。成熟组织也称为永久组织,其分化程度不同,因而发生脱分化能力不同。一般细胞分化程度较低的成熟组织容易脱分化,转化为分生组织。

植物器官是由多种不同组织构成的具有特定形态结构和生理功能的结构单位,可分为营养器官和生殖器官。营养器官是与植物的营养生长有关的器官,包括根、茎、叶;生殖器官是与植物的生殖生长和繁殖后代有关的器官,包括花、果实和种子等。植物体就是不同器官构成的完整个体。

(2)植物细胞全能性的表达途径。细胞全能性是细胞分化的理论基础,细胞分化是细胞全能性的具体体现。植物组织培养是实现植物细胞全能性的途径。植物细胞的全能性在一系列的研究中不断得到证实。早在1958年,英国科学家Steward等用胡萝卜根的愈伤组织细胞进行悬浮培养,成功诱导出胚状体并分化为完整的小植株,不但首次使细胞全能性理论得到证实,而且为植物组织培养的技术程序奠定了基础。1965年,Vasil & Hildebrandt由分离培养的烟草单细胞成功培育出完整再生植株,从细胞水平证实了植物细胞具有全能性。1971年,Takebe在烟草上首次由原生质体获得了再生植株,再次证实植物细胞的全能性。原生质体培养为外源基因的导入提供了理想的受体,促进了体细胞融合技术的发展从细胞水平深入到分子水平。

植物组织培养的起点是母体上分离的外植体,通过脱分化形成愈伤组织,愈伤组织通过再分化产生成熟组织,形成器官,最终构成完整再生植株(图1-2)。

图1-2　外植体生长发育一般过程

脱分化是将来自已分化组织的已停止分裂的细胞从植物体部分的抑制性影响下解脱出来,恢复细胞的分裂活性的过程。再分化是经脱分化的组织或细胞在一定的培养条件下又转变为各种不同细胞类型的过程。

植物细胞全能性实现的途径有两种。一种是器官发生途径,另一种是胚状体途径。器官发生途径是通过器官分化的方式由愈伤组织分化出芽和根,单极性的芽和根通过维管组织相连接构成完整再生植株;胚状体(embryoid)是在植物组织培养中起源于非合子细胞经过胚胎发生和胚胎发育形成的胚状结构,其主要特征是有根、芽双极性,胚根的顶端是封闭的,且和母体愈伤组织或外植体的维管组织间无直接联系。一般认为,胚状体是单细胞起源的,但也有人认为其来源可能是多个细胞。胚状体途径是愈伤组织直接分化形成类似合子胚的胚状体,由胚状体直接发育成完整植株。

并非所有基因型的所有细胞在任何条件下都具有良好的培养反应而表现出全能性。即使是植物细胞,也并不意味着任何细胞均可以直接产生植物个体。一些高度分化的植物细胞,因全能性很弱而无法进行组织培养。在生物体内,细胞没有表现出全能性,而是分化为不同的组织、器官,可能的原因是:①细胞丧失了全能性;②基因的表达有选择性;③不同的细胞内基因不完全相同;④在个体发育的不同时期,细胞内的基因发生了变化。

二、植物细胞的分化

(一)植物细胞分化现象

1.细胞生长与细胞分化
细胞的生长、分化和发育三者交叉或者重叠进行,没有明确的界限,但根据它们的性质和表现,三者是可以区分开来的。生长是量变,是发育和分化的基础;分化是某些部位发生的质变;发育则是器官或者植物体整体水平上有序的一系列量变和质变的总和,发育包含了生长和分化过程。细胞的生长是细胞体积和重量增加的过程,是植物细胞分化的基础。细胞分化是从一般转变成特殊的过程,是指细胞在形态、结构和功能上发生差异,即从一种同质性的细胞类型转变成形态结构和功能与原来细胞不相同的异质细胞类型的过程。

分化可在细胞水平、组织水平和器官水平上表现出来。

细胞分化表现为两方面,一是细胞结构变化,例如,细胞核形状及外表变化和染色体的凝集、线粒体外形及数量改变等;二是细胞代谢及生化变化,例如,气体交换率增加、核糖体出现、RNA 积累、DNA 合成和有关酶的增加等。植物细胞分化是植物发育过程中重要的基本环节。植物细胞分化的研究重点是维管组织的分化,特别是木质部的分化。导管分子的分化过程已经成为研究植物组织培养中细胞分化问题的一个模式系统。

2.植物组织分化

组织分化是在细胞分化的基础上,可以分化出各种各样的植物组织。其中,拟分生组织和维管组织是两种重要的组织,是形成不定芽和不定根的基础。愈伤组织在适宜的分化条件下培养,从结构解剖上看,首先在若干部位成丛出现类似形成层的细胞群,这些就是拟分生组织。拟分生组织是指培养物中出现的类似分生组织的细胞群,它是脱分化后的培养物发生一系列细胞分裂而产生的一团小型、薄壁、液泡小的细胞组织,也叫作生长中心或分生组织结节。拟分生组织可以从一个细胞或几个细胞形成,可以起源于愈伤组织的表面,也可以起源于组织内部。在拟分生组织形成的同时或稍后,愈伤组织中会分化出维管组织结节。维管组织结节是指一个区域的愈伤组织转化为韧皮分子和木质分子的混合结构(类似形成层)。这种形成层状的细胞向外延伸与拟分生组织连接,形成芽原基或根原基。拟分生组织具有可塑性,可能形成根,也可能形成茎。

3.植物器官分化

器官分化是指形态上可观察到的器官,也称器官发生。植株形成器官分化主要指根和芽的分化。是否能够发生器官分化,与前培养有关,如脱分化、细胞分化、组织分化等。有了细胞和组织分化才会有器官分化。

(二)植物细胞的脱分化和再分化

脱分化是指成熟的细胞转变为分生状态,进而分裂形成无分化的细胞团,即形成愈伤组织的过程。再分化是指脱分化后的细胞再次分裂、分化并形成不同组织、进而构成器官和植株的过程。

愈伤组织是指由外植体组织增生的细胞产生的一团不定型的疏散排列的薄壁细胞。愈伤组织的细胞的大小、形状、液泡化程度、胞质含量和细胞壁特性具很大差异,在细胞水平已分化,但没有组织、器官水平分化,因而无可见的组织结构。胚性细胞是保持着未分化状态和旺盛的分裂能力的一类细胞,这类细胞彼此相似、细胞核大、细胞质浓稠、细胞间无间隙,主要分布于胚及各种顶端分生组织中。愈伤组织中一旦分化出类似的胚性细胞,对再分化有利。

(三)细胞分化的特性

细胞分化和细胞分裂是两种不同的生命活动,细胞分化具有如下特性:

（1）细胞分化基本上可以分为：形态结构分化和生理生化分化。形态结构上的分化是发生在组织和器官水平的分化，生理生化上的分化发生在细胞水平上的分化。

（2）在胚胎发育过程中，逐渐由"全能"到"多能"，最后向"单能"的趋向是细胞分化的普遍规律。但发育中的植物不存在部分基因组永久关闭的情况，即不同组织的细胞保持潜在的全能性，只要条件合适，这种全能性即可表现出来。

（3）在完整的植株中，细胞发育的途径一旦被"决定"（determination），通常不易改变，但离体培养可以通过脱分化而丧失这种"决定"。细胞分化具有严格的方向性，细胞在发生可识别的形态特征变化之前，由细胞的内部的变化和周围环境的影响，其分化的方向已经确定，并朝向特定的方向分化，细胞预先做出了发育的选择，称为细胞决定。决定先于分化，并制约着分化的方向和潜能，一旦决定，分化的方向一般不会在中途发生改变，最终在形态、结构和功能上表现出稳定的差异。细胞决定可以通过胚胎移植实验予以证明。

（4）极性（polarity）与分化关系密切。极性是植物分化和形态建成过程中的一个基本特征，是指在植物的器官、组织或者细胞中，在形态结构或者生理生化上存在一种梯度的差异。极性建立后难以逆转，是细胞不均等分裂造成的。

（5）生理隔离或机械隔离对细胞分化有促进作用。组织培养中发生胚状体的细胞一般处于外植体的表面、愈伤组织的表面或者愈伤组织中一些死细胞包围着的小的空间中；体细胞悬浮培养中很容易发生胚状体。这些实验现象都是细胞的孤立化导致脱分化的有力证明。细胞的孤立化（isolation）是诱发细胞获得胚性的重要因素。处于完整植株中的细胞接受周围细胞所产生的种种影响，制约其全能性的表达，而一旦割断胞间连丝，就为全能性表达创造了条件。事实上，生理隔离或机械隔离就是让细胞孤立化，细胞孤立化的过程就是消除细胞位置效应的过程。

（6）细胞分裂对细胞分化有重要作用。实验发现分裂旺盛的细胞，其分化能力相对较强。

（7）细胞分化具有稳定性。细胞分化一旦启动，即使诱导分化的因子不复存在，分化仍然继续进行，不可能自动由分化态恢复到未分化态。

（8）细胞分化具有可逆性。细胞分化不会自动发生逆转，但是在一定条件下，具有增殖能力的组织中的已分化的细胞可以逆转，重新回复到胚性状态，即发生脱分化。

（9）细胞分化具有时空性。细胞在不同的发育阶段可以有不同的形态和功能，这就是所谓的分化时间性；同源细胞一旦分化，不同部位的细胞由于所处的环境和位置的差异，导致其形态和功能上分化的差异，这就是所谓的分化空间性。例如，植物细胞的细胞壁无论对细胞的分化还是脱分化都是至关重要。植物细胞分化的基础是细胞间通过各种接触而得以交流，并且特定的位置赋予特异的诱导信息。处在特定发育阶段特定位置的细胞，在其内环境（包括自身的细胞壁和相邻细胞）或位置效应的影响下，特定的基因被激活，一方面使细胞本身表现出一系列生命活动，另一方面产生并分泌一些信号分子，这些分子通过胞间连丝进行胞间通讯或直接定位于细胞壁中，从而对细胞本身以及相邻细胞的进一步发育产生影响。

（10）细胞核染色体和 DNA 的变化对细胞分化有影响。

（11）植物生长调节剂在细胞分化中有明显的调节作用。

（四）细胞分化的原因

为什么遗传信息相同的细胞会分化成形态结构和生理功能不同的组织呢？分化的原因是什么呢？随着研究深入到基因水平，分子遗传学相关研究为细胞分化的原因找到答案。细胞分化的实质是基因的差异表达。由于细胞内的基因并不是同时表达的,而是在一定时间和空间上的有序表达,因而在个体发育过程中会相继出现新的细胞类型。在一定时间内有的基因进行表达,有的则由于处于沉默状态不表达;而在另一时间内,原来活化的基因可能继续处于活化状态,也可能出现基因关闭的状态,原来关闭的基因也有可能处于活化状态。有研究表明在植物细胞壁中的确存在决定细胞分化的信号分子,不同细胞以及同一细胞不同部位的细胞壁可能存在异质性。正是这种异质性决定了细胞特定的位置效应,从而启动其特定的基因,使之沿着特定的方向分化。

关于细胞分化原因分子遗传学上有几种观点。第一种观点是认为,细胞分化是基因选择性表达的结果。有证据表明,细胞分化是由于基因选择性表达各自特有的专一性蛋白质而导致细胞形态、结构与功能的差异。第二种观点认为,细胞分化是通过严格而精密调控的基因表达实现的。分化细胞基因组中所表达的基因大致可分为两种基本类型:一类称为管家基因(house-keeping genes),是所有细胞中均要表达的一类基因,其产物是对维持细胞基本生命活动所必需的。例如,微管蛋白基因、糖酵解酶系基因、核糖体蛋白基因。另一类称为组织特异性基因,是不同的细胞类型进行特异性表达的基因,其产物赋予各种类型细胞特异的形态结构特征与特异的生理功能。例如,具有形成层特异性表达的基因的表达与调控被认为直接决定着形成层原始细胞的不同分化方向,从而产生次生维管组织内的细胞特异性。第三种观点认为,细胞分化是组合调控引发组织特异性基因的表达。例如,Prigge 等在木本植物次生维管系统形态建成的基因调控与信号转导研究中,mRNA 原位杂交结果显示,$HD\text{-}ZIP \text{ III}$ 基因家族的 5 个成员在维管组织中都有表达,其中尤以 $ATHB15$ 和 $ATHB8$ 两个基因在维管组织中的表达最为明显;Kim 等研究发现当拟南芥过量表达 1 个不被 miRNA166 剪切降解的 $ATHB15$ 突变 cDNA 时,次生分化减弱,木质化组织比例相对缩小,维管束数目减少,说明 $ATHB15$ 可能对木质部生成起着负调控作用。Baima 等研究提出 $ATHB8$ 的过量表达则导致拟南芥木质部的合成增加。由此可见,$ATHB15$ 和 $ATHB8$ 两个基因可能在控制木质部发育的过程中具有相反的调节作用。

(五)细胞分化的影响因子

细胞分化受到不同内外因子的影响。例如,细胞极性、细胞位置、植物激素、光照、温度、水分等。

1.受精卵细胞质的不均一性影响细胞分化

受精卵每次分裂,细胞核物质经复制倍增并均等分配到两个子细胞中,而卵中的细胞质分布及其在子细胞中的分配是不均等的,还含有多种 mRNA,这种不均等性对胚胎的早期发育影响很大,一定程度上决定了细胞的分化。

2.细胞核影响细胞分化

细胞质对细胞分化的决定作用是要通过调控细胞核的基因表达来实现的。

3.细胞间相互作用影响细胞分化

在胚胎发育过程中,一部分细胞对邻近的另一部分细胞产生影响,并决定其分化方向,即是所谓的胚胎诱导。

4.植物细胞壁影响细胞分化

5.激素影响细胞分化

胚胎发育晚期,细胞分化受到激素的调节。激素通过细胞受体起作用,不同激素作用的靶细胞不同,作用机制也不同。

6.外界环境影响细胞分化

环境温度、化学药物的作用对分化有一定的影响。

(六)影响器官分化的因素

1.培养基中添加生长物质的种类、浓度及其配比对器官分化的影响

这是最主要的影响因素。不同植物组织在茎芽分化过程中对生长素和细胞分裂素的要求是不同的,所要求的水平取决于这两类物质的内生水平。细胞离体后,以异养方式生存,所以必须给予营养物质。此外,还必须给予生长物质的刺激,以打破抑制,恢复分裂能力。抑制假说认为,静止细胞仍然保存着在分生组织状态时的那种细胞分裂潜能,只不过存在一种抑制物质或抑制力,使细胞分裂能力不能表现。如果去除这种抑制,细胞就恢复到分裂状态。这种抑制剂的作用原理及作用位点尚不清楚,但其抑制效能可能会在生长调节物质(激素)的作用下而消失,从而使细胞恢复分裂能力,实现脱分化。不同植物细胞内,抑制剂的质和量可能是不同的。因此,在组织培养中,因植物不同,需要在培养基中按适宜浓度和适宜配比添加不同类型的生长调节物质。

2.培养基中添加其他天然复合物的影响

为了促进愈伤组织和器官的生长,在培养基中常加入某些化学成分不明的天然营养混合物。常用的物质如水解酪蛋白(CH)、水解乳蛋白(LH)、椰乳(CM)、麦芽浸出物(ME)和酵母浸出物(YE)等含有氨基酸等其他物质的成分复杂的物质。这些添加物对细胞和组织的增殖与分化有明显促进作用,但对器官分化作用不明显。

3.物理因素的影响

如培养温度、光照时间、光照强度等均对器官分化有一定影响。

三、植物的形态建成

(一)细胞的形态建成

植物分生组织细胞分裂产生等径或近似等径的细胞,伴随着细胞扩大和分化才形成各种特定的细胞形态,这个过程就是细胞的形态建成。细胞的形态建成过程非常复杂。在一定条件下,植物细胞接受内外界刺激,产生信号物质,并通过信号传导启动控制细胞形态建成的基因,在许多基因的互作和多条代谢途径的制约下使细胞形成特定的形状。

(二)形态建成过程中的细胞生理生化

植物生长调节剂对愈伤组织的形态建成起着非常重要的作用。Skoog 和 Miller 提出了"激素平衡"学说:较高浓度的生长素有利于根的形成,抑制芽的形成;较高浓度的激动素促进芽的形成,抑制根的形成。

植物细胞脱分化、再分化和形成完整植株是植物细胞全能性理论实现的基础。组织形态

变化的基础是细胞的生理生化变化,分生细胞的分化是愈伤组织再生的细胞学基础,而细胞内生理生化变化是分生细胞分化的前提。组织培养过程中过氧化物酶同工酶谱带的变化说明,植物形态建成的过程也是不同基因活性改变的过程,酶带的宽窄、多少、出现的顺序与愈伤组织的增殖、分化的特异性蛋白质及催化器官发生等特有反应有关。植物组织培养过程可溶性蛋白含量、过氧化物酶活性及其同工酶酶谱等细胞生理生化变化,与植物组织形态建成的关系密切。

(三)光形态建成

光是绿色植物光合作用所必需的环境因子,同时光也是直接调节植物整个生长发育过程的重要因子。依赖光控制细胞的分化、结构和功能的改变,最终汇集成组织和器官的建成的过程称为光形态建成,亦称光控制发育过程。光形态建成是"低能反应",在较弱的光照强度、较短的光照时间下即可完成。光作为一个信号去激发光受体,推动细胞内的一系列反应,最终表现为形态结构的变化。光敏色素是红光受体,研究证明光敏色素影响植物一生的形态建成,如种子萌发、根原基起始、叶分化和扩大、向光敏感性、节间延长、花色素形成、花诱导、光周期、性别表现等。黄化植株每天在弱光下数十分钟就能使茎叶转绿,但组织的进一步分化与光照时间与强度有关,各种组织和器官只有在比较充足的光照下才能正常分化。

(四)接触形态建成

接触形态建成是指植物的生长发育受机械刺激的调节。例如振动刺激黄瓜幼苗,能降低株高,增加瓜数和瓜重。风、雨对田间植物的机械刺激能使植株矮壮,沙粒对花生果针的刺激使子房膨大等,这种机械刺激影响植株生长发育的现象,称为植物的接触形态建成。

第二节　植物组织培养的环境条件

植物所具有的全能性只是一种可能性,要使这种可能性变成为现实,即使植物细胞、组织或器官离体后,经脱分化,形成愈伤组织并再生植株,必须在离体损伤后给予一定的营养物质及激素的刺激,置于适宜的环境条件下,才能进行脱分化、再分化,表达全能性。环境条件主要是温度、光照、湿度和气体等环境因子。

一、温度

植物有一定的生态适应性,因而植物的生长发育都有最适宜的温度条件。在确定某种植物的培养温度时,要考虑该植物原来适宜的生态环境,才可能获得最佳的培养效果。植物对温度的适应性分不同层次,有植物群体水平上的温度适应性、植物个体水平上的温度适应性和植物细胞水平上的温度适应性。

温度是植物组织培养成功的重要环境因子,在适宜的温度下,培养物才能生长良好,完成脱分化、分化,表达全能性。不同起源或者不同植物类型对温度的要求不同,起源热带植物较耐高温植物,所需培养温度较高,生长在高寒地区的植物较耐低温,培养温度较低。一般植物培养温度在 25℃ 左右。多数植物适宜生长温度为 20～30℃,低于 15℃ 时生长停止,高于 35℃ 正常生长发育受到抑制。植物组织培养过程中同一植物不同的培养目标下对温度适宜性有差异。例如,烟草愈伤组织在 33℃ 时生长很快,但不能形成茎芽的分化,而是在 18℃ 时最适合茎芽分化。烟草花药培养中,在 5℃ 下预处理 48h 后进行培养,能促进体细胞胚的形成。一个培养室往往不能同时满足不同植物的组织培养要求,可以考虑分隔成不同空间,单独控温;少量的培养物可以用智能型光照培养箱单独进行控温培养。此外,同一培养室,不同高度的培养架上有一定温差,上层和下层的温差可以达到 2～3℃,可以适当加以利用。

二、光照

光是植物形态建成的重要影响因子,光照对植物细胞、组织和器官的生长分化具有很大影响。光照的影响主要表现在光照强度、光照时间和光质等方面。

(一)光照强度

一般培养室条件下的光照强度为 1 000～5 000 lx。高光照强度对烟草茎芽的形成具有抑制作用。戴红燕等研究发现,光照强度减弱,缩短了金荞麦营养生长时间,提早进入生殖生长阶段,生殖生长时间明显延长,整个生育期延长,光照强度的减弱会造成单株叶片数量、叶面积、一级分枝数、光合产物减少,下降幅度随光照强度减弱程度的增加而增大,适度遮光增加了茎的高度,生长前期叶面积增大。红光抑制植物的生长,在组培苗生长的后期加强光照强度,抑制茎的增长,可使组培苗生长更健壮,提高移栽成活率。

(二)光照时间

培养物对光照时间的要求,不同植物也各有不同。有的植物需要在黑暗条件下诱导愈伤组织,有的植物在光照条件下诱导愈伤组织,其植株再生率更高。大多数试管植物适宜的照光期是 16～18 h/d。一般培养条件中设置的光照时间为 12～16 h/d。一般来说,在外植体接种初期的脱分化阶段,在黑暗条件下有利愈伤组织生长,而器官分化往往需要在光照条件下完成。植物在不同的培养目标和培养阶段下,对光照时间或者光暗的要求不同。百合原球茎在黑暗条件下长出小球茎,在光照条件下长出叶片;天竺葵的愈伤组织只有在 15～16 h 光照和 8～9 h 黑暗的光周期下才能分化茎芽,培养在连续光照条件下愈伤组织表现为白色,不能发生器官的分化。

(三)光质

光质被认为是影响植物光形态建成的重要因子。不同种类植物对光质的反应有一定差异。Read 等研究发现,培养在红光下及远红光下的杜鹃组培苗比在传统的日光灯下更易于生根。光质还可通过影响光合色素及其他物质含量来影响组培苗的光合作用;不同光波对器官分化的影响明显。蓝光明显促进绿豆下胚轴愈伤组织的形成,红光和远红光有促进芽苗分化的作用。蓝光能促进烟草茎芽分化,红光能促进生根。

不同光质比例光源相比,含有较大红光比例的 LED 光源对大花蕙兰和蝴蝶兰组培苗的影响优于含有较大蓝光比例的 LED 光源。

三、湿度

植物组织培养中的湿度影响主要是培养容器内的湿度和培养室的湿度。在培养容器内，一般可维持96％以上相对湿度条件。已有研究表明，组培苗长期培养在较高的相对湿度下，叶片的解剖结构会发生变化，如不正常的气孔形态、气孔数目和较薄的表皮蜡质层等。同时发现，在该条件下，叶肉细胞较小，细胞间隙大并呈不连续和不规则形排列。这些形态学上的非正常状态将会降低幼苗移栽成活率。不同植物对高相对湿度的适应性不同，反应的敏感程度也不一样。使用半透气的盖子或者封口膜是降低培养容器内湿度的可行措施，但以培养基不会因过分失水而出现干裂为宜。

但是培养室的湿度根据季节变化很大，自然条件下夏季湿度较高，冬季湿度较低。湿度太高或者太低，对培养物的生长都有不利的影响。一般培养室保持70％左右的相对湿度，较利于培养物生长，可以根据情况人为控制，湿度低了可以用增湿设备如加湿器等增加，湿度高了可以通过通风或者去湿机降低。

四、其他

(一)气体

组织培养中气体的影响，主要是容器内的 O_2、CO_2 和乙烯等气体的浓度对培养物生长的影响。在一个密闭的培养容器内，照光期开始后 CO_2 质量浓度虽会急剧下降，但植物叶绿体仍保持进行光合作用的潜力；照光期开始后，培养容器内 CO_2 质量浓度不足会限制光合作用进行；同时，植物培养物的呼吸需要一定 O_2，O_2 在调节器官发生中起作用。据研究 O_2 浓度影响体细胞胚的发生和根芽的发生。培养物呼吸释放 CO_2，也释放少量乙醇、乙醛等气体，这些气体在容器中累计浓度过高会影响培养物的生长发育。同时，培养容器中的乙烯是影响组培苗生长的又一重要气体，许多研究证明，容器内乙烯的存在对组培苗生长有不利影响。乙烯含量与培养基中含有的具生长素和细胞分裂素活性物质的浓度有关，也受培养容器内 CO_2 质量浓度和被培养物的光合能力控制。现代培养器的封口处均设置有滤膜，可以很好解决空气流通的问题，改善了气体条件。

(二)培养基的pH

培养基的 pH 主要从两方面影响植物的培养，一方面影响植物的生长状态，另一方面影响培养基的凝固状态。pH 高于 7.0 或者低于 4.5 时，培养物的生长会出现停滞。植物生长对pH 要求也不完全相同，例如有人观察到玉米胚乳愈伤组织在 pH 为 7.0 时鲜重增长最快，pH 为 6.1 时干重增长最快。一般培养基的 pH 调至 5.8～6.0，培养基的 pH 高于 6.0 时，培养基变硬，低于 5.0 时，琼脂不能凝固。

(三)渗透压

碳源在培养基中提供所需要的碳骨架和能源，并可调节培养基的渗透压，一般维持在1.5～4.1 MPa。培养基中添加糖类物质质量浓度一般在 2.0 ％～5.0 ％ 比较适宜，过低、过高都不利。

第三节　植物组织培养实验室

一、实验室的基本组成与设计

1.组织培养实验室设计原则

实验室设计的基本原则是保证无菌操作,达到工作方便,防止污染。在选址上应选择清洁、远离污染的地方,商业用途的组织培养室还应考虑在交通便利的地方建设。在具体设计组织培养实验室时,为方便日后工作,避免由于某些环节安排不当引起的混乱,应按组织培养操作流程来设计各功能区,功能区的顺序根据每个环节的联系紧密度进行合理排列组合。

组织培养的基本操作流程与步骤是:①培养基母液的配制与保存;②培养基制备;③培养基灭菌;④无菌操作与接种;⑤培养物的培养;⑥培养物的观察与拍照;⑦组织培养组培苗移栽。

2.实验室组成

组织培养实验室一般由操作室、灭菌室、接种室、培养室、观察室等构成。

3.各功能实验室的大小

实验室的大小取决于工作的目的和规模。如果是一般研究型的实验室,规模不宜太大,只要设计的功能区能满足研究之需即可。如果是以工厂化生产为目的,实验室规模设计应该充分考虑预计的生产规模,不宜太小,否则会限制生产,影响效率。

(1)操作室的大小。操作室需要 $60\sim80\ m^2$,其内可单独设置一间大小约为 $10\ m^2$ 的药品室,提供一个干燥、洁净、通风和能避光的空间,保证不同药品的分类安全存放;外面的部分空间为操作室,是药品配制、培养基配制与分装、器具洗涤与干燥、玻器存放、去离子水制备的场所。

(2)灭菌室的大小。可视规模而定,一般研究型实验室提供 $10\sim15\ m^2$ 的空间,足够容纳 $3\sim4$ 台高压灭菌锅同时工作即可。如果条件有限,没有单独的房间作为灭菌室,在有充分的安全保障的条件下,灭菌工作也可在操作室内。

(3)接种室大小。接种室宜小不宜大,一般 $7\sim8\ m^2$,要求地面、天花板及四壁尽可能密闭光滑,易于清洁和消毒。配置拉动门,以减少开关门时的空气扰动。接种室要求干爽安静,清洁明亮。在适当位置吊装 $1\sim2$ 盏紫外线灭菌灯,用以照射灭菌。安装一台小型空调,使室温可控,这样可使门窗紧闭,减少与外界空气对流。

接种室门口设有缓冲间,面积 $1\ m^2$ 为宜。进入接种室前在此更衣换鞋,以减少进出时带杂菌入接种室。缓冲间安一盏紫外线灭菌灯,用以照射灭菌。

(4)培养室的大小。可根据需要按培养架的大小、数目及其他附属设备而定。其设计以充分利用空间和节省能源为原则。培养室的高度比培养架略高为宜,周围墙壁要求有绝热防火性能。

（5）观察室的大小。一般要求洁净度无尘的干燥性好的房间作为细胞学观察室，根据实验室的显微设备的具体情况，灵活安排，面积 10～20 m²。

二、实验室功能

（一）操作室

1.主要功能
是完成所使用的各种药品的贮备、称量、溶解、配制、培养基分装等工作。

2.主要设备
药品柜、防尘橱（放置培养容器）、冰箱、天平、蒸馏水器、酸度计及常用的培养基配制用玻璃仪器。

（二）灭菌室

1.主要功能
完成各种器具的洗涤、干燥、保存、培养基的灭菌等。

2.主要设施设备
水池、操作台、高压灭菌锅、干燥灭菌器（如烘箱）等。

（三）接种室

1.主要功能
植物材料的消毒、接种、培养物的转移、组培苗的继代、原生质体的制备以及一切需要进行无菌操作的技术程序。

2.主要设备
紫外光源、超净工作台、消毒器、酒精灯、接种器械（接种镊子、剪刀、解剖刀、接种针）等。

（四）培养室

1.主要功能
培养室是将接种的材料进行培养生长的场所。

2.主要设备
组织培养架（配备有控温控光控湿装置）、振荡器或振荡培养箱、光照培养箱、人工气候箱、紫外光源等。

（五）观察室

1.主要功能
用于对培养物的观察分析与培养物的计数等。

2.主要设备
双筒实体显微镜、显微镜、倒置显微镜等。
其他小型仪器设备：分注器、血球计数器、移液枪、过滤灭菌器、电炉等加热器具、磁力搅拌器、低速台式离心机等。

三、实验室管理

实验室管理的原则是安全、高效、规范、开放。安全主要是指用电用水安全、药品管理安全、仪器使用安全等;高效主要是指管理科学高效,实验室与器材利用节约高效;规范主要是指管理流程规范、实验室及其设备使用规范;开放主要是指打破传统的封闭式管理,提高实验室利用效率,采用预约的方式,全面对教师、学生或者其他使用者开放,充分发挥实验室功能。

(一)植物组织培养室的日常管理

培养室应配备专人负责日常管理,主要任务有:制定实验室使用制度,保证实验室安全规范使用;建设信息化管理平台,对实验室、仪器、药品、玻器、易耗品等的使用进行科学管理,并及时更新信息;保持各个实验室的清洁卫生,定期进行培养室和接种室的整体灭菌消毒,保证实验室是无尘无菌的状态;及时正确处理污染物,防止交叉污染;具体负责玻器与其他小器具的保管;负责定期请专业人员进行实验室仪器的维护与保养。

(二)实验室仪器的维护与管理

定期做好主要仪器设备的维护与保养工作。高压灭菌锅应定期进行压力测试和密封性检查,及时更换密封圈等易损配件;定期进行超净工作台的保养维护工作,检测气流速度和台面空气洁净度。

(三)药品管理

实验用的药品专门保存在专用的药品柜中,防止吸潮、光解和人为引起的药品混杂。

第四节　植物组织培养常用仪器设备及使用

植物组织培养是在严格无菌的条件下进行的,要做到无菌的条件,需要一定的设备、器材和用具,同时还需要人工控制温度、光照、湿度等培养条件。

一、玻璃器皿

(一)度量器皿

1.刻度移液管

用于准确取量液体。清洁干燥后备用。常用有 0.1 mL、0.2 mL、0.5 mL、1 mL、2 mL、5 mL 和 10 mL 等规格。用于精确取量的带刻度的玻器不能用高温干燥法,以防玻器变形失去精确性。

2.量筒

用于量取母液等用量较大的液体。常用有 5 mL、10 mL、50 mL、100 mL、250 mL、500 mL 和 1 000 mL 等规格。

3.烧杯

用于配制培养基,可加热定容。

4.容量瓶

常用有 10 mL、25 mL、50 mL、100 mL、200 mL、250 mL、500 mL 和 1 000 mL 等规格,颜色有无色透明和棕色遮光两种,棕色容量瓶用于见光易分解的物质的溶液定容。

5.注射器

用于较为简易的取量,取用方便,规格有 0.1～50 mL 不等。配合过滤器,可用于少量不耐热物质的溶液进行针头过滤灭菌。

(二)储备器皿

1.储液瓶

用于储备各种母液,常用有 50 mL、100 mL、250 mL、500 mL 和 1 000 mL 等规格,颜色有无色透明和棕色遮光两种。按储备液中物质是否见光分解选择使用。

2.蒸馏水瓶

用于储备蒸馏水或者去离子水。有 100 mL、500 mL、1 000 mL 等规格的小型拧盖瓶,也有 10～20 L 等不同规格的大储水瓶。

(三)培养器皿

1.试管

占位小,培养基用量少,无菌操作时不易污染,可用于进行数量有限的、体积不大的少量培养物的培养,例如茎尖培养、花药培养、胚的培养等。一般用脱脂棉和纱布做成试管塞,进行封口使用。

2.三角瓶

规格有 50 mL、100 mL、150 mL、200 mL、250 mL、500 mL、1 000 mL 是常用的培养器皿,可用于固体培养或者液体培养,一般用于数量较多、生长较快的培养物的培养,例如,无菌苗的培养、愈伤组织的继代扩增培养、丛生芽的生长培养、成熟胚的培养等,根据不同培养物的大小选择不同规格的三角瓶,用专用的透气膜封口使用。

3.培养瓶

有各种规格和形状的培养瓶,主要特点是由于带有配套的可随手拧紧达到密封的瓶盖,操作十分方便。可进行成苗后的芽苗增殖生长培养和生根培养等。

4.培养皿

主要用于愈伤组织培养、细胞培养、原生质体培养,即可用于固体培养,也可用于浅层液体培养或者固体-液体培养。接种后需要用专用的无菌封口膜封口。

(四)其他玻璃器皿

1.玻棒

实验室常备器皿,用于溶液分装导流和溶解搅拌。

2.吸管

培养基配制时调节 pH 时,用于吸取 HCl 和 NaOH 液体。

3.漏斗

分装液体或者培养基时用。

4.载玻片和盖玻片

用于显微制片观察愈伤组织或者悬浮培养物。

二、器械用具

(一)接种用具

1.剪刀

用于将外植体分段切割。

2.解剖针

用于植物材料的解剖,例如,茎尖剥取、胚的剥取、微小种子的去壳等操作。

3.镊子

解剖时用于固定植物材料,接种时夹取外植体接种到相应的培养器皿中等操作。常用的有不同规格的镊子,有眼科尖嘴镊子、枪头镊子和钝头镊子(图1-3a)。

4.手术刀

用于切取植物材料,例如茎尖、下胚轴、胚等外植体的剥取。

5.打孔器

用于外植体的切取,例如叶片。

6.接种针与接种环

用于愈伤组织继代时的接种等(图1-3a)。

7.扁头小铲

用于继代分散松碎的愈伤组织或者极小的外植体。

(二)其他常用器具

1.洗耳球

配合移液管用,也用于镜头等的清洁。

2.试管架

用于放置试管和其他物品如玻棒、漏斗、移液管等。

3.玻器晾干架

用于倒置晾干洗净后的玻器。

4.计数器

用于细胞计数等。

5.真空抽滤器

和真空泵配合用于较大量溶液的抽滤灭菌。

6.针头过滤器

结合注射器用于少量热敏性溶液的过滤灭菌。

7.细菌滤膜

不同规格的滤膜,结合真空过滤器或者针头过滤器进行使用。

8.器械架

无菌操作期间用于放置灭菌消毒后的器具(图1-3b)。

9.小型喷雾器

用于酒精喷雾,进行超净工作台的消毒灭菌。

10.吸水纸

放置在培养皿中一起灭菌后的吸水纸,可以用于某些无菌植物材料的吸水降湿,例如,芝麻种子灭菌后放置在无菌的吸水纸上吸干明水,利于无菌苗的生长。

11.铁丝篮子

用于盛放培养基进行高压灭菌。也可用于盛放小器械或者刚洗过的器皿晾干。

12.封口膜

用于培养皿和三角瓶的封口。一般培养皿封口膜有无菌的专用封口膜;三角瓶封口膜可以购置中间有过滤膜的通气性良好专用膜,特点是透气性好,保湿性差;也可以在市场上购买耐高温、耐高压的聚丙烯薄膜使用,特点是透气性差,保湿性很好。

 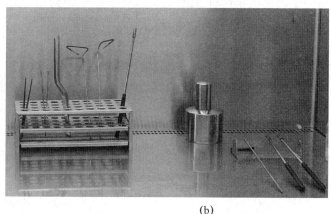

(a)   (b)

图1-3 灭菌后的镊子、接种环等置于器械架(a)和试管架(b)上冷却

三、仪器设备

(一)称量用设备

1.电子天平

应配备有精确度分别为0.1 g、0.01 g、0.001 g和0.000 1 g的电子太平,不同精确度的天平分别满足蔗糖、琼脂、大量元素、微量元素、调节物质等的称量需要。

2.托盘天平

可用于大量称取蔗糖、琼脂等时使用。

(二)贮备保存设备

1.普通冰箱

用于需要低温保存的药品或者溶液的保存。规格可根据实验室需要确定。

2.冰柜

用于需要低温保存的药品或者溶液的保存,或者植物种子材料的较长时间保存。规格可根据实验室需要确定。

3.超低温冰箱

用于长期保存植物材料以及生长物,例如,茎尖、腋芽、愈伤组织等。

(三)培养基配制用设备

1.磁力搅拌器

用于加速物质溶解。

2.酸度计

调节储备液和培养基 pH 用,有笔式和台式两种类型。

3.微波炉

加热溶解琼脂用。

4.恒温水浴锅

加热溶解琼脂用。

5.电炉

用于溶解加热制备培养基,或者加热压力锅进行少量器具的蒸汽灭菌。

6.培养基灌装仪

用于培养基的自动分装。

(四)灭菌消毒用设备

1.高压灭菌锅

高压灭菌的原理是:在密闭的蒸锅内,其中的水蒸气不能外溢,压力不断上升,使水的沸点不断提高,锅内温度也随之增加,在 0.1 MPa 的压力下,锅内水蒸气温度达 121℃。在此蒸汽温度下,可以很快杀死各种细菌及其高度耐热的芽孢(图 1-4)。

2.烘箱

烘干洗过的器具和对部分玻器进行干热消毒。

3.真空泵

用于溶液或者液体培养基的抽滤灭菌。

4.紫外光源

用于接种室的灭菌消毒和部分器械用具的灭菌。

5.接种器械灭菌器

用于接种过程中对接种环、镊子等器具的消毒灭菌(图 1-5)。

图 1-4　高压灭菌锅　　　　　　　　　　　图 1-5　接种器械灭菌器

（五）无菌操作设备

1.超净工作台

超净工作台的工作原理是由电动机带动鼓风装置运转，使空气经过两层过滤装置，过滤掉真菌和细菌后的洁净空气吹在整个操作台面上，一般工作风速控制在 30 m/min，这个气流速度即能保证工作台面上的酒精灯正常使用，保证操作正常进行，同时又能阻止工作台面以外的污浊空气流到台面，从而始终保持台面上是无菌的环境。

超净工作台应放置在洁净的工作环境中，一般都是放置无菌接种室内，并保持工作环境中空气的洁净度良好，否则，由于灰尘太多会导致工作台的空气过滤装置的堵塞，失去过滤作用，可能由此引起培养物的污染。

超净工作台应经常检查风速，目前有些超净工作台安装了智能自检装置，每次开机时会自动检查风速，确保仪器正常运转。工作前，先开启紫外灭菌光源，再开机运转 20 min，待台面吹出的空气都是稳定的无菌洁净空气，才开始接种工作（图 1-6）。

图 1-6　超净工作台

2.空气过滤装置

要求高的无菌接种室，可以装备墙面空气过滤装置，定期对整个接种室的空气进行抽滤更换，确保空间内的洁净，可以很好地控制污染，延长超净工作台的使用寿命。空气过滤装置的过滤网需要定期清洁或者更换。

(六)生长培养设施与设备

1.空调

一般根据培养室的大小安装 1～2 台壁挂式空调,保证培养温度。

2.智能型光照培养箱

智能型光照培养箱可以放置在培养室内,如果空间不允许也可以单独放置在方便的空间,用于需要特定温光条件的培养物的培养或者培养量小的培养物的培养。

3.智能型人工气候箱

特点是可以控光周期、温度和湿度,用于对温度光照和湿度均有较高要求的培养物的培养。

4.振荡培养箱

用于液体培养或者细胞悬浮培养,通过振荡增氧或振荡分散培养物。培养时将容器固定在盘架上,进行往复式或旋转式振荡。振荡培养箱可以控温,也可设置培养的光暗周期。

5.恒温生长箱

用于控温培养。

6.组织培养架

组织培养架是供大批量的培养材料培养增殖生长的场所。培养架大多由金属制成,一般设 5 层,最低一层离地高至少为 10 cm(太低容易引起污染),其他每层间隔一般为 30～40 cm,有的培养架具有可调节性能,可以根据培养物的高度和培养的需要,自由调节每层的间隔距离;培养架架高 1.7 m 左右。培养架长度可以根据培养室的结构而定,同时考虑日光灯的长度进行设计,如采用 40 W 日光灯,则长 1.3 m,30 W 的长 1 m,宽一般为 60 cm(图 1-7)。

图 1-7　组织培养架

组织培养室人工光源传统主要采用荧光灯,荧光灯的发光效率不高,热效应明显,不利于培养室温度控制。发光二极管(LED)是一种新型组培光源,比传统日光灯光源具有更强的透射性,其有效发光效能也明显高于传统的日光灯,具有高效、节能、可控性好的、散热少等特点,白光 LED 发射的光谱在 420～490 nm 和 510～710 nm 范围内最强,也与植物光合色素吸收光谱吻合,是理想的组织培养光源。研究表明组培苗生长的最佳 LED(红光)和 LED(蓝光)的配比为 8:2。培养架的顶部可以采用反光膜以增强光照强度。每层架的隔板可以木板或者玻璃板。

培养室最重要的因子是温度,一般保持在 20~27℃,具备产热装置,并安装窗式或立式空调机。由于热带和寒带等不同种类植物对培养温度要求不同,最好设计不同的培养室,满足不同培养温度要求。

培养室室内湿度要求恒定,相对湿度保持在 70%~80% 为好,可根据面积大小安装几台加湿器来维持一定湿度。

可安装定时开关钟控制光照时间,一般需要每天光照 10~16 h,也有的需要连续照明。短日照植物需要短日照条件,长日照植物需要长日照条件。现代组织培养实验室实现了温度、光照和湿度的全自动控制,在设计中充分考虑采用天然太阳光照,不但可以节省能源,而且组培苗接受太阳光生长良好,驯化易成活。

(七)培养物解剖与观察用设施与设备

1.解剖镜

用于解剖小的外植体,例如,茎尖和芽体的解剖与切取。

2.显微镜

用于观察细胞和愈伤组织。

3.低速台式离心机

用于沉淀细胞确定体积或者原生质体的清洗。

本章小结

细胞是有机体生长与发育的基础,是遗传的基本单位。生物体的细胞具有使后代细胞形成完整个体的潜能的特性,叫细胞的全能性。卵细胞全能性最高,分化程度较低、成熟度较低和分裂能力较强的细胞全能性较高;植物细胞全能性大于动物细胞。植物细胞离体后,在一定的环境条件下,在人工配制培养基上培养,能表现全能性。植物细胞全能性表现的途径有器官发生途径和胚状体途径。

细胞分化是在个体发育中,由一种相同的细胞类型经细胞分裂后逐渐在形态、结构和功能上形成稳定的差异,产生不同的细胞类群的过程;分化可在细胞水平、组织水平和器官水平上表现出来。细胞分化具有渐进性、稳定性、可逆性、时空性等特性,分化的原因主要是组合调控引发组织特异性基因的表达的结果。

植物形态建成受内部因子例如激素的调控和外部因子例如光照、接触等的影响。影响植物组织培养的环境因子有温度、光照、湿度和气体等。

组织培养实验室设计的基本原则是保证无菌操作,达到工作方便,防止污染。实验室一般由操作室、灭菌室、接种室、培养室、观察室等构成。

思考题

1.什么是细胞的全能性?

2.细胞分化的特点有哪些?

3.在完整的植物体中的体细胞为什么不能自动表现全能性?

4.什么叫胚状体? 胚状体分化的条件是什么?

5.植物器官分化的途径有哪些?

6.影响脱分化和再分化的因素是什么?

7. 设计以组培苗为生产目的的商用植物组织培养室建设方案。

8. 实验室管理的主要原则是什么?

9.高压灭菌的基本原理是什么?

10.使用超净工作台的注意事项有哪些?

第二章　植物组织培养的基本技术

知识目标

◆ 掌握培养基的组成、种类和制备方法。

◆ 掌握无菌技术基本知识及无菌操作技术的程序与方法。

◆ 掌握植物组织培养中常见问题及解决措施。

能力目标

◆ 能根据常用配方的特点选择基本培养基。

◆ 能熟练进行培养基配制与灭菌。

◆ 能进行规范的无菌操作。

◆ 能正确识别并解决植物组织培养中出现的常见问题。

植物组织培养是一项技术性较强的工作。为了确保组织培养工作顺利进行,除了具备基本的实验设备条件,还要求熟练掌握植物离体培养的基本技术,包括培养基的配制、外植体的选择与处理、无菌操作技术等。配制培养基的目的是人为提供离体培养材料的营养源。没有一种培养基能够适合一切类型的植物组织或器官,在建立一项新的培养系统时,首先必须找到一种合适的培养基,培养才有可能成功。因此培养基的配制是组培生产中经常性的工作之一,为了方便快速配制培养基,同时保证各物质成分的准确性及配制时的快速移取,通常预先配制出所需培养基的浓缩液即母液,然后再进行培养基的制备。

第一节　培养基及其制备

培养基(medium)是供微生物、植物和动物组织生长和维持用的人工配制的养料,一般都含有碳水化合物、含氮物质、无机盐(包括微量元素)以及维生素和水。植物组织培养所选用的培养基是否适宜,是组织培养能否成功的关键因素之一。配制培养基的目的是人为提供离体培养材料的营养源,培养基成分制约着离体培养植物的组织生长和形态发生。在离体培养条件下,不同的植物种类对营养有不同的要求,甚至同一种植物不同部位的组织对营养的要求也不相同,只有满足了它们各自的特殊要求,它们才能很好地生长。配制的不同培养基,是为满足不同类型植物材料对营养的不同需要。因此,要想对某种植物进行离体培养,就必须选择并制备出适合其生长和增殖的培养基。每种培养基配方都包括多种成分,其中有些成分用量很少,如果配制培养基时即时称量,不仅费时费工,也不够准确,因此可以根据配方特点预先配制成一定浓度的浓缩液,用时加以稀释,这种浓缩液就称之为培养基母液或培养基贮备液。

一、培养基的组成

培养基经人工配制而成,在植物组织培养过程中提供离体材料充足养分的介质。植物组织培养过程中,外植体生长所需的营养和生长因子,主要由培养基供应。绝大多数植物组织培养所用的培养基都包含无机盐(大量成分、微量成分)、有机成分(维生素、氨基酸、碳源)、生长调节物质、水、琼脂等成分,有时还会另外添加一些复杂成分的有机物,如水解酪蛋白、水解乳蛋白及天然提取物(椰乳、酵母提取物、番茄汁、麦芽汁、马铃薯汁等)。所有这些物质,可概括为5大类。

(一)水分

水分是培养基的主要成分,配制培养基时一般用离子交换水、蒸馏水和重蒸馏水等,以保障母液及培养基成分的精确性,防止贮藏过程中发霉变质。由于处理后的自来水本身含有一定量的无机盐如钙盐、镁盐等,还含有来源于水槽、水管等的可溶性无机物质和单宁、工业废料等可溶性有机物质、微生物和泥沙尘埃等微粒,所以不能采用自来水制备培养基母液。但工厂化生产中可用自来水配制培养基。

(二)无机化合物

无机化合物是指植物在生长发育时所需要的各种矿质元素,除了碳、氢、氧外,已知还有12种元素对植物的生长是必需的。这些矿质营养元素(盐)为植物生命活动提供必需的营养元素。根据植物生长需求量分为大量元素和微量元素两类。

1.大量元素

大量元素主要包括氮(N)、磷(P)、钾(K)、钙(Ca)、镁(Mg)、硫(S)。它们以无机盐的形式存在于各种培养基中,对植物细胞和组织生长都是必不可少的。其中,氮是构成蛋白质的主要成分,存在于叶绿素、维生素、核酸、磷脂、辅酶以及生物碱中,作为组成植物体中许多基本结构物质的组分,是生命不可缺少的物质,故氮又称为生命元素。主要以硝态氮(NO_3^-)和铵态氮(NH_4^+)两种形式被使用,常用KNO_3、NH_4NO_3或$Ca(NO_3)_2$提供,有时也添加氨基酸来补充氮素。植株缺氮时,主要表现症状是植株矮小、分枝少、花少,且幼叶向老叶吸收氮素,老叶出现缺绿病,严重时变黄枯死,但幼叶可较长时间保持绿色。

磷是磷脂的主要成分,主要参与植物生命活动中核酸和蛋白质的合成、光合作用、呼吸作用以及能量的贮存、转化等重要生理生化过程。常用磷酸盐来提供,主要有KH_2PO_4或NaH_2PO_4。磷在植物体内能从一个器官转移到另一个器官,进行重新分配。在老叶中含量较少,而在幼叶、花和种子中含量较多,缺磷时植物蛋白质合成受阻,植株生长缓慢,植株短而粗,叶色深绿,有时呈红色(缺磷有利于花色素的积累)。

钾是许多酶的催化剂,与碳水化合物合成、转移以及氮素代谢等有密切关系,在培养基中含量要求较高,钾的含量增加时,蛋白质合成增加,维管束、纤维组织发达,对胚的分化有一定的促进作用。浓度以 $1\sim3$ mmol/L 为宜,常用的含钾化合物有 KCl 或 KNO_3。缺钾时植株变弱易倒伏,叶色变黄、卷曲,逐渐坏死。

钙、镁、硫也是培养基中必需的大量元素。钙是构成细胞壁的一种成分,可保护质膜不受破坏,在植物体内主要以离子形式存在,部分以结合态草酸钙、植酸钙和果胶酸钙存在。缺钙时首先表现在幼嫩组织,严重时引起幼叶尖端弯曲坏死,最后顶芽死亡。镁是叶绿素的组成成分,是许多与光合作用、呼吸作用、核酸合成等有关酶的活化剂,镁在植物体中可以移动,主要存在于幼嫩组织和器官中,缺镁时,叶绿素不能合成,由此产生的缺绿病表现为叶脉之间变黄,严重时形成褐斑坏死。硫是含 S-氨基酸和蛋白质的组成成分,还是辅酶 A、硫胺素、生物素等重要物质的结构成分。缺少硫元素时一般表现在幼叶中,植株叶片呈黄绿色。浓度以 $1\sim3$ mmol/L为宜,常以 $MgSO_4$ 和钙盐的形式供给。

2.微量元素

微量元素需要量小,在植物体内含量占干物重的 0.01% 以下,但仍然是植物细胞和组织生长不可缺少的无机元素。主要包括铁(Fe)、氯(Cl)、硼(B)、锰(Mn)、锌(Zn)、铜(Cu)、钴(Co)、钼(Mo)、碘(I)等。其中铁盐是用量较多的一种微量元素,铁对叶绿素的合成和延长生长起重要作用,铁元素不易被植物直接吸收和利用,通常以硫酸亚铁($FeSO_4$)与乙二胺四乙酸二钠盐(Na_2-EDTA)形成螯合铁的形式添加,以避免 Fe^{2+} 氧化产生氢氧化铁沉淀发生。植物在缺铁的状态下主要表现为细胞分裂停止,绿叶变黄,进而变白。

氯是一种奇妙的矿质养分,常以 Cl^- 的形式被植物吸收并存在于植物体内。氯在光合作用中可促进水的裂解,也是渗透调节的活跃溶质,通过调节气孔的开关来间接影响光合作用和植物生长,在植物体内的移动性很高。

硼能促进生殖器官的正常发育,在花粉管的萌发和生长中起重要作用,参与蛋白质合成和糖类运输,并调节和稳定细胞壁结构,促进细胞伸长和细胞分裂。缺硼时植株主要表现为根尖不能正常地延长,叶片失绿,叶缘向上卷曲,顶芽死亡。

锰主要参与植物的光合、呼吸代谢过程,可影响根系生长,对维生素 C 的形成以及加强茎的机械组织有良好的作用。锰元素缺失时植株叶片上出现失绿斑点或条纹,一些禾本科植物则是在基部的叶片上出现灰绿色斑点。

锌元素是各种酶的构成要素,可增强光合作用效率,参与生长素代谢、叶绿素的合成与防止叶绿素降解,促进生殖器官发育和提高抗逆性。双子叶植物缺锌时主要表现在节间和叶片生长下降而导致叶丛病;禾本科植物如玉米缺锌时,叶片沿中脉失绿和出现变黄、变小白斑等症状。

铜主要促进花器官的发育,常以 Cu^{2+} 和 Cu^+ 形式被植物吸收,在植物体内也可以以两种价态而存在。铜是几种与氧化还原有关的酶或蛋白的组分,缺铜时植株生长矮化,幼叶黄化,顶端分生组织坏死。

钼是氮素代谢的重要元素,参与繁殖器官的建成。钼素的生理影响突出表现在氮素方面,当固氮的豆科植物缺钼时,明显地表现出缺氮素症状,许多植物种的最典型缺钼症状是新叶片明显缩小并呈不规则形状,即所谓鞭毛状,成熟叶片沿主脉局部失绿和坏死。

植物缺乏任何一种必需元素都会引起特有的病症。根据这些病症,既可以帮助认识植物必需元素的生理作用,又可采取相应的施肥措施。

（三）有机化合物

对于植物组织培养中幼小的培养物而言，由于其光合作用的能力较弱，为了维持培养物正常的生长、发育与分化，培养基中除了提供无机营养成分外，还必须添加糖类、维生素、氨基酸等有机化合物。

1.糖类（sugar）

常用的糖类物质有蔗糖、葡萄糖、果糖和麦芽糖等，其中蔗糖使用最为普遍，它是植物组织培养最适合的碳源，浓度一般为 2%～5%。蔗糖在高温高压灭菌时，会有一少部分分解成葡萄糖和果糖。葡萄糖同样有利于植物组织生长，而果糖产生的效力较低。不同糖类对培养物生长的影响不同，一般来说，以蔗糖为碳源时，离体培养的双子叶植物的根生长更好，而以葡萄糖为碳源时，单子叶植物的根生长更好。

2.维生素（vitamin）

植物合成的内源维生素，在各种代谢过程中起着催化剂的作用。当植物细胞和组织离体生长时，也能合成一些必需的维生素，但不能达到植物生长的最佳需要量。因此，必须在培养基中补充一种或几种维生素，有利于植物细胞的生长发育，使植物组织生长健壮。常用的维生素浓度为 0.1～1.0 mg/L，主要有盐酸硫胺素（维生素 B_1）、烟酸（维生素 B_3）、泛酸钙（维生素 B_5）、盐酸吡哆醇（维生素 B_6）、抗坏血酸（维生素 C），有的培养基中还需添加生物素（维生素 H）、叶酸（维生素 M）、核黄素（维生素 B_2）、生育酚（维生素 E）等。其中，维生素 B_1 是所有细胞和组织必需的基本维生素，可全面促进植物生长；维生素 C 可防止褐变，维生素 B_6 能促进根的生长。尽管植物细胞或组织培养所需要的这些维生素含量很低，但在低密度细胞培养时使用效果显著。

3.肌醇（inositol）

肌醇又名环己六醇，在糖类的相互转化中起重要作用，在组织培养过程中能促进愈伤组织的生长以及胚状体和芽的形成，对组织和细胞的繁殖、分化具有促进作用，还能促进细胞壁的形成。一般使用浓度为 50～100 mg/L。

4.氨基酸（amino acid）

氨基酸作为一种重要的有机氮化合物，与无机氮有所不同的是，它可直接被细胞吸收利用，对外植体的芽、根、胚状体的生长分化有良好的促进作用。常用的氨基酸主要有甘氨酸、精氨酸、谷氨酸、谷氨酰胺、丝氨酸、酪氨酸、天冬酰胺以及多种氨基酸的混合物，如水解乳蛋白（LH）、水解酪蛋白（CH）等。实验表明，培养基中加入单一的氨基酸对细胞生长有抑制作用，而几种氨基酸混合使用常有益于细胞生长。

5.有机添加物（organic addition）

有些培养基中还加入一些天然的化合物，如椰乳（CM）（100～200 g/L）、酵母浸出物（0.5%）、番茄汁（5%～10%）和马铃薯泥（100～200 g/L）等，其有效成分为氨基酸、酶、蛋白质等，这些天然化合物对细胞和组织的增殖和分化有明显的促进作用，但对器官的分化作用不明显，其成分复杂不确定，因此，在培养基的配制中应合理选择。此外，用确定的有机物质，如单一的氨基酸可以较好地替换天然提取物。如在玉米胚乳愈伤组织培养中，可以有效地用天冬酰胺替换培养基中的酵母提取物和番茄汁。

(四)植物生长调节物质

植物生长调节剂(plant growth regulator)是培养基中的关键性物质,用量虽然微小,但其作用很大。根据组织培养的目的、外植体的种类、器官的不同和生长表现来确定植物生长调节剂的种类、浓度和比例关系,可以调节植物组织的生长发育、分化方向和器官的发生,影响到植物的形态建成、开花、结实、成熟、脱落、衰老和休眠以及许许多多的生理生化活动。主要包括生长素、细胞分裂素、赤霉素、脱落酸和多效唑等。随组织不同,诱导根或茎芽的植物生长调节剂比例也不同,这可能与外植体细胞中合成的内源激素水平有关。

1.生长素(auxin)

生长素在植物组织培养过程中的主要作用是促进细胞分裂和伸长,诱导愈伤组织的产生,促进茎尖生根以及诱导植物不定胚的形成。常用的生长素有吲哚乙酸(IAA)、萘乙酸(NAA)、吲哚丁酸(IBA)、2,4-二氯苯氧乙酸(2,4-D)等。各种生长素的生理活性有很大差异,在组织中移动的程度或靶细胞也不同。IAA是植物组织中存在的天然生长素。生长素与细胞分裂素配合使用,共同促进不定芽的分化、侧芽的萌发与生长。2,4-D使用过量会有毒害,且往往抑制芽的形成,常用于细胞启动脱分化阶段;而诱导分化和增殖阶段一般选用IAA、NAA、IBA,浓度为$0.1\sim10$ mg/L。生长素通常溶于95%乙醇或0.1 mol/L的NaOH(KOH)溶液中。

2.细胞分裂素(cytokinin)

细胞分裂素是一类腺嘌呤衍生物,在组织培养中主要促进细胞分裂和扩大,诱导胚状体和不定芽的形成,延缓组织衰老促进蛋白质合成。最常用的细胞分裂素是6-苄氨基腺嘌呤(6-BA)和玉米素(ZT)等,玉米素是天然的细胞分裂素。在植物组织培养过程中,细胞分裂素与生长素的比值可控制器官发育模式,增加生长素浓度,有利于胚胎发生、愈伤组织诱导和根的形成;增加细胞分裂素浓度则促进芽的分化。细胞分裂素通常溶于低浓度的HCl或NaOH。

3.赤霉素(gibberellins,GA)

天然的赤霉素有100多种,在培养基中添加的主要是GA_3。其作用可促进细胞生长和打破休眠,增加愈伤组织生长,对组织培养中器官和胚状体的形成具有抑制作用,在器官形成后,可促进器官或胚状体的生长。赤霉素虽易溶于水,但溶水后不稳定,易分解,在配制的过程中宜先用95%乙醇配制成母液在冰箱中保存备用,或者现用现配,过滤灭菌加入到培养基中。

4.脱落酸(abscissic acid,ABA)

脱落酸具有抑制生长、促进休眠的作用,在植物组织培养中,适量的外源ABA可明显提高体细胞胚的数量和质量,抑制异常体细胞胚的发生,ABA耐热稳定,但对光敏感。

除上述生长调节物质外,还有多胺(polyamines,PA)、多效唑(PP333)、油菜素内酯(brassinolide,BR)、茉莉酸(jasmonic acid,JA)及其甲酯、水杨酸(salicylic acid,SA)等。多胺对植物的生长发育、形态建成以及抗逆性有重要调节作用,常可用于调控部分植物外植体的不定根、不定芽、花芽、体细胞胚的发生发育以及延缓衰老、促进原生质体分裂及细胞形成等。多效唑具有控制生长、促进分蘖和生根等生理效应,可促进组培苗的壮苗、生根,提高抗逆性及移栽成活率。茉莉酸及其甲酯、水杨酸对诱导试管鳞茎、球茎、块茎及根茎等变态器官的形成具有促进作用。

(五)其他成分

根据培养目的和培养材料不同,在组织培养过程中还需加入一些其他成分,如培养基的凝固剂、活性炭、抗生素、抗氧化物质、诱变剂等。

1. 凝固剂(coagulant)

在培养基中,除营养成分外,为了使培养材料能在培养基上固定和生长,需要加入凝固剂,形成固体培养基(solid media),如果未加入凝固剂,则称为液体培养基(liquid media)。在静止液体培养基中,组织或细胞浸没在培养基中,易发生缺氧而死亡。凝固剂具有支撑培养组织生长的作用。琼脂(agar)是常用的凝固剂,它是一种由海藻得来的多糖类物质,比其他凝胶剂的优点多,本身不与培养基组分起反应,也不会被植物细胞分泌的各种酶降解,在所控制的培养温度中保持稳定。琼脂本身不提供任何营养成分,仅溶于95℃的热水中,温度降到40℃以下时凝固。一般使用浓度是 3～10 g/L。浓度过高,培养基变硬,培养材料不容易吸收到培养基中的营养物质;浓度过低,培养基硬度不够,培养材料在培养基中不易固定,易发生玻璃化现象。常用的琼脂有琼脂条、琼脂粉、琼脂糖等,与琼脂条相比,琼脂粉价格较高,杂质少、透明度好、使用方便;而琼脂糖用量少,在原生质体培养基中应用较多。

2. 活性炭(active carbon)

活性炭具有很强的吸附能力,主要作用是利用其吸附能力,吸附由培养物分泌的抑制物质及琼脂中所含的杂质,减少一些有害物质的影响,防止酚类物质引起组织褐变而死亡,为植物再生创造一个良好的环境。活性炭能显著地改变培养基的成分比例,间接影响植物的再生,在微繁殖、体细胞胚发生、花药培养、原生质体培养中发挥一定的作用,可促进某些植物生根,降低玻璃化苗的产生频率。但对物质吸附无选择性,既吸附有害物质,也吸附必需的营养物质,在使用时不能过量,应在 0.5%～3%。

3. 抗生素(antibiotics)

抗生素是微生物在代谢过程中产生的,在低浓度下就能抑制他种微生物的生长和活动,甚至杀死其他微生物。培养基中添加抗生素可防止菌类污染,减少培养材料损失。在使用中应注意:不同抗生素能有效抑制的菌种具有差异性,因此必须有针对性地选择抗生素种类;在有些情况下,必须几种抗生素配合使用才能取得较好的效果;当所用抗生素浓度高到足以消除内生菌时,有些植物的生长发育往往也同时受到抑制;在停用抗生素后,污染率往往显著上升,这可能是原来受抑制的菌类又滋生造成的。常用的抗生素主要包括青霉素、链霉素、土霉素、四环素、氯霉素、卡那霉素、庆大霉素等,用量一般为 5～20 mg/L,经过滤除菌后方可使用。

4. 硝酸银

离体培养基中植物组织会产生和散发乙烯,乙烯在培养容器中的积累会影响培养物的生长和分化,严重时甚至导致培养物的衰老和落叶。硝酸银通过竞争性结合细胞膜上的乙烯受体蛋白,从而可起到抑制乙烯活性的作用。因此,在许多植物组织培养时,在培养基中加入适量硝酸银,能起到促进愈伤组织器官发生或体细胞胚胎发生的作用,并使某些原来再生困难的物种分化出再生植株。此外,硝酸银对克服组培苗玻璃化、早衰和落叶也有明显效果。但也有研究指出,硝酸银并非总能抑制乙烯的积累。由于低浓度的硝酸银能引起细胞坏死,从而产生的乙烯大于同一组织内非坏死细胞所产生的数量,因此,不要把培养物长期保存在含硝酸银的培养基上,否则,会导致再生植株畸形。使用浓度一般在 1～10 mg/L。

（六）培养基的 pH

培养过程中植物细胞和组织生长发育要求最适的 pH，在制备培养基时，一般用 1 mol/L 的 HCl 或 NaOH 把 pH 调节到实验需要范围。高压灭菌后，培养基的 pH 会稍有下降，在高压灭菌前一般调到 5.0～6.0，最常用的 pH 为 5.8～6.0。当 pH 高于 6.0 时，使琼脂培养基硬化；低于 5.0 时，琼脂凝固效果不好。大多数组织培养基的缓冲能力差，pH 波动大，对低密度培养的单细胞或细胞群体的长期培养和生长不利。

二、培养基的种类

Sacks（1680）和 Knop（1681）对绿色植物的成分进行分析和研究，根据植物从土中主要吸收无机盐营养，设计出了由无机盐组成的 Sacks 和 Knop 溶液，至今仍在作为基本的无机盐培养基得到广泛的应用。到 20 世纪 60 年代后，大多采用 MS 等高浓度培养基以及改良的培养基。培养基可分为不同种类，主要根据培养基的态相、培养物的培养过程、培养基的作用以及培养基的营养水平这几个方面进行分类。

（一）按培养基的物理状态分类

1.固体培养基
天然固体营养基质制成的培养基，或液体培养基中加入一定量的凝固剂而呈固体状态的培养基。固体培养基所需要的设备简单，使用方便，只需一般化学实验室的玻璃器皿和可供调控温度与光照的培养室。但在固体培养基中，培养物固定在一个位置上，只有部分材料表面与培养基接触，不能充分利用培养容器中的养分，而且，在生长过程中，培养物排出的有害物质的积累会造成自我毒害，必须经常转移。

2.液体培养基
是一类呈液体状态的培养基，在实验室和生产实践中用途广泛，尤其适用于原生质体培养。液体培养基不含任何凝固剂，操作方便。液体培养基需要转床、摇床设备，通过振荡培养，给培养物提供良好的通气条件，有利于外植体的生长，避免了固体培养基的缺点。

（二）按培养物的培养过程分类

1.初代培养基
初代培养基是指用来第一次接种从植物体上分离下来的外植体的培养基。
2.继代培养基
继代培养基是指用来接种继初代培养之后的培养物的培养基。

（三）按培养基的作用分类

1.诱导培养基
诱导培养基又称脱分化培养基，主要用于外植体培养，诱导其产生愈伤组织的培养基。
2.增殖培养基
增殖培养基主要用于转接扩繁的培养基。增殖过程是植物组织培养中决定繁殖速度快慢、繁殖系数高低的关键阶段。增殖使用的培养基对于一种植物来说，每次几乎完全相同。培养物在适宜的环境条件、充足的营养供应和生长调节剂作用下,排除了其他生物的竞争,繁殖速度会大大加快。

3.生根培养基

生根培养基主要用于促进组培苗生根的培养基。当材料增殖到一定数量后,就要使部分培养物分流到生根培养阶段。若不能及时将培养物转到生根培养基上去,就会使久不转移的苗子发黄老化,或因过分拥挤而使无效苗增多造成抛弃浪费。生根培养是使无根苗生根的过程,其目的是使生出的不定根浓密而粗壮。

(四)按培养基的营养水平分类

1.基本培养基

基本培养基只含有大量元素、微量元素和有机营养物。基本培养基的配方种类很多(表2-1),根据培养基的成分及其浓度特点,可以分为:

表 2-1　常用培养基配方

化合物名称	培养基含量/(mg/L)					
	MS	B5	N6	WPM	Nitsch	White
NH_4NO_3	1650				720	
KNO_3	1900	2527.5	2830	400	950	80
$(NH_4)_2SO_4$		134	463			
$NaNO_3$						
KCl						65
$CaCl_2 \cdot 2H_2O$	440	150	166	96	166	
$Ca(NO_3)_2 \cdot 4H_2O$				556		300
$MgSO_4 \cdot 7H_2O$	370	246.5	185	370	185	720
K_2SO_4				900		
Na_2SO_4						200
KH_2PO_4	170		400	170	68	
$FeSO_4 \cdot 7H_2O$	27.8		27.8	27.8	27.85	
$Na_2\text{-EDTA}$	37.3		37.3	37.3	37.75	
$Na_2\text{-Fe-EDTA}$		28				
$Fe_2(SO_4)_3$						2.5
$MnSO_4 \cdot H_2O$				22.3		
$MnSO_4 \cdot 4H_2O$	22.3	10	4.4		25	7.0
$ZnSO_4 \cdot 7H_2O$	8.6	2.0	1.5	8.6	10	3.0
$CoCl_2 \cdot 6H_2O$	0.025	0.025				
$CuSO_4 \cdot 5H_2O$	0.025	0.025		0.025	0.025	
MoO_3					0.25	
$Na_2MoO_4 \cdot 2H_2O$	0.25	0.25		0.25		

续表 2-1

化合物名称	培养基含量/(mg/L)					
	MS	B5	N6	WPM	Nitsch	White
KI	0.83	0.75	0.8		10	0.75
H_3BO_3	6.2	3.0	1.6	6.2		1.5
$NaH_2PO_4 \cdot H_2O$		150				16.5
烟酸	0.5	1.0	0.5	0.5		0.5
盐酸吡哆醇(维生素 B_6)	0.5	1.0	0.5	0.5		0.1
盐酸硫胺素(维生素 B_1)	0.1	10	1.0	0.5		0.1
肌醇	100	100		100	100	
甘氨酸	2.0		2.0	2.0		3.0

(1)高盐成分培养基。包括 MS、LS、BL、BM、ER 培养基,高盐成分的培养基中无机盐浓度高,尤其钾盐、铵盐和硝酸盐含量均较高;微量元素种类较全,浓度较高,元素间的比例较适合;缓冲性能好,营养丰富,不需要再加入水解蛋白等有机成分。其中,MS 培养基应用最为广泛,其营养成分和比例均比较合适,广泛用于植物的器官、细胞、组织和原生质体培养,也常用在植物脱毒和快繁等方面。与 MS 培养基基本成分较接近的还有 LS、RM 培养基,LS 培养基去掉了甘氨酸、盐酸吡哆醇和烟酸;RM 培养基把硝酸铵的含量提高到 4 950 mg/L,磷酸二氢钾提高到 510 mg/L。

(2)硝酸盐含量较高的培养基。包括 B5、N6、LH 和 GS 培养基等。其特点是除含有较高的钾盐外,还含有较低的铵态氮和较高的盐酸硫胺素。B5 培养基是 1968 年由 Gamborg 等为培养大豆组织而设计的,它的主要特点是含有较低的铵盐,较高的硝酸盐和盐酸硫胺素。铵盐可能对不少培养物的生长有抑制作用,但它适合于某些双子叶植物特别是木本植物的生长。N6 培养基是 1974 年由中国科学院植物研究所朱至清等学者为水稻等禾谷类作物花药培养而设计的,KNO_3 和 $(NH_4)_2SO_4$ 含量高,不含钼,成分较简单。目前在国内已广泛应用于小麦、水稻及其他植物的花药、细胞和原生质体培养。

(3)中等无机盐含量的培养基。其特点是大量元素含量约为 MS 培养基的一半,微量元素种类减少而含量增加,维生素种类比 MS 培养基多,如增加了生物素、叶酸等。适用于花药培养和枣类植物的培养,主要有 H、Nitsch 和 Miller 培养基等。

(4)低无机盐类培养基。低无机盐类培养基的特点是无机盐含量很低,一般为 MS 培养基的 1/4 左右,有机成分含量也很低。包括改良 White、WS(Wolter 和 Skoog,1966)、克诺普液和 HB(Holly 和 Baker,1963)培养基等。White 培养基是 1943 年由 White 设计的培养基,1963 年做了改良,提高了 $MgSO_4$,增加了硼素。这是一个低盐浓度培养基,它的使用也很广泛,无论是对生根培养还是胚胎培养或一般组织培养都有很好的效果。

2.完全培养基

完全培养基是在基本培养基的基础上,根据试验的不同需要,附加一些物质,如植物生长调节物质和其他复杂有机添加物等。

三、培养基的制备

在组织培养过程中,配制培养基是基本工作,根据配方要求,每种培养基往往需要十多种化合物,浓度不同,性质各异,特别是微量元素和植物生长调节物质的用量极少,称量不准确且容易出现误差。配制培养基最简单的方法是用一些蒸馏水溶解含有无机和有机养分的培养基粉末,培养基粉末在水中完全混合后,再加入蔗糖、琼脂(熔化)和其他有机添加物,最后将培养基体积定容后调节 pH,将培养基高压灭菌。粉末状培养基常用于植物快速繁殖,植物所需要的养分都是按照标准培养基配方配制而成的。还有一种简便的方法是配制贮备液,可先将各种药品配成浓缩一定倍数的母液(stock solution),放入冰箱内保存,用时再按比例稀释,这样比较方便,且精确度高。

(一)母液的配制与保存

母液的配制常常有两种方法,一种是将培养基的每个组分配成单一化合物母液,这种方法便于配制不同种类不同的培养基;另一种是配成几种不同的混合液,主要用于大量配制同种培养基。配制培养基所用药品应采用纯度等级较高的分析纯或化学纯,以免带入杂质和有害物质而对培养材料产生不利影响,药品称量、定容都要准确。配制母液用水要用纯度较高的蒸馏水或去离子水。配制好后,在容器上贴上标签。将母液至于冰箱低温(2~4℃)保存,尤其是生长调节物质和有机物更应如此。母液一般配成大量元素、微量元素、铁盐、有机物质、植物生长调节剂等几种,其中,维生素、氨基酸类可以分别配制,也可以混合配制。一般大量元素比使用液浓度高 10~50 倍,微量元素等可高 100~500 倍。过高的浓度和不恰当的混合会引起沉淀,影响培养效果。

1.大量元素母液

含有 N、P、K、Ca、Mg、S 六种元素的混合溶液,一般配成 10 倍或 50 倍母液,使用时再分别稀释 10 或 50 倍。配制时要防止在混合各种盐类时产生沉淀,为此各种药品必须在充分溶解后才能混合。在混合时要注意加入的先后次序,把 Ca^{2+} 与 SO_4^{2-}、PO_4^{3-} 错开以免产生 $CaSO_4$、$Ca_3(PO_4)_2$ 沉淀。另外在混合各种无机盐时,其稀释度要大,慢慢地混合,同时边混合边搅拌。

2.微量元素母液

除 Fe 以外的 B、Mn、Cu、Zn、Mo、Cl 等盐类的混合溶液一般配成 100 倍或 200 倍的母液。配制时分别称量、分别溶解,充分溶解后再混合,以免产生沉淀。

3.铁盐母液

铁盐容易发生沉淀,需要单独配制。铁盐以螯合物的形式容易被吸收,一般用硫酸亚铁($FeSO_4 \cdot 7H_2O$)和乙二胺四乙酸二钠($Na_2\text{-}EDTA$)配成 100 倍或 200 倍的铁盐螯合剂母液,比较稳定,不易沉淀,配制时称取一定量 $FeSO_4 \cdot 7H_2O$ 和 $Na_2\text{-}EDTA$,分别加热使之充分溶解,再将两种溶液混合在一起,定容后放在棕色瓶中保存比较稳定。

4.有机物母液

主要是维生素、氨基酸类物质,按配方分别称重、溶解,混合后加水定容,一般配成 100 倍或 200 倍的母液,琼脂、蔗糖等用量大的有机物质不需要配制母液,配制培养基时按量称取,随取随用。

5.植物生长调节剂母液

不同植物生长调节剂对培养物生长发育的作用不同,因此,每种植物生长调节剂必须单独配制母液,母液浓度一般为 1 mg/mL,用时稀释,一次可配成 50 mL 或 100 mL。绝大多数生长调节物质不溶于水,需加入稀酸或稀碱等物质促溶,必要时可以加热并不断搅拌促使溶解。常用的生长调节物质的溶解一般是先溶解于少量酸、碱或有机溶剂中,再用蒸馏水定容。如生长素类物质 NAA、IBA、IAA 一般用少量 95% 乙醇溶解,然后用加热的蒸馏水定容;2,4-D 溶解于 95% 的乙醇或 0.1 mol/L 的 NaOH 中,用去离子水或蒸馏水定容,贮于棕色瓶中,低温保存。细胞分裂素类如 KT、6-BA 可先用少量 1 mol/L 盐酸溶解,然后用加热的蒸馏水定容;TDZ(苯基噻二唑基脲)溶于浓度小的 NaOH 中,然后用蒸馏水定容。ZT 先溶于少量 95% 乙醇中,然后用蒸馏水定容,贮于棕色贮液瓶中,贴好标签后放入冰箱低温保存。GA₃ 最好用 95% 的乙醇配制成母液存于冰箱,使用时用去离子水或蒸馏水稀释到所需的浓度。ABA 难溶于水,易溶于甲醇和乙醇,可用 95% 的甲醇或乙醇溶解,由于光照易造成 ABA 生理活性降低,因此,配制时最好在弱光下进行。其他如叶酸可先用少量氨水溶解,再用去离子水或蒸馏水定容;多效唑和油菜素内酯可用甲醇或乙醇溶解。

母液配制前应根据培养基配方以及所需母液量制成母液配制表,按表逐项配制,表 2-2 为常见的 MS 基础培养基的 4 种母液成分配制表。

表 2-2　MS 培养基母液配制参考表

母液名称	化学药品名	规定用量/(mg/L)	扩大倍数	母液称取量/g	母液体积/mL	配制培养基吸取量/(mL/L)
大量元素	硝酸钾(KNO₃)	1 900		19		
	硝酸铵(NH₄NO₃)	1 650		16.5		
	硫酸镁(MgSO₄·7H₂O)	370	10	3.7	1000	100
	磷酸二氢钾(KH₂PO₄)	170		1.7		
	氯化钙(CaCl₂·2H₂O)	440		4.4		
微量元素	硫酸锰(MnSO₄·4H₂O)	22.3		2.23		
	硫酸锌(ZnSO₄·4H₂O)	8.6		0.86		
	硼酸(H₃BO₃)	6.2		0.62		
	碘化钾(KI)	0.83	100	0.083	1000	10
	钼酸钠(Na₂MoO₄·2H₂O)	0.25		0.025		
	硫酸铜(CuSO₄·5H₂O)	0.025		0.002 5		
	氯化钴(CoCl₂·6H₂O)	0.025		0.002 5		
铁盐	硫酸亚铁(FeSO₄·7H₂O)	27.8	100	2.78	1000	10
	乙二胺四乙酸二钠(Na₂-EDTA)	37.3		3.73		
有机成分	甘氨酸(glycine)	2		0.2		
	肌醇(inositol)	100		10		
	盐酸硫胺素(thiamine HCl)	0.1	200	0.01	500	5
	盐酸吡哆醇(pyridoxine HCl)	0.5		0.05		
	烟酸(nicotinic acid)	0.5		0.05		

所有的贮备母液都应贮存于适当的塑料瓶或玻璃瓶中,分别贴上标签,标注母液名称、配制倍数及日期等信息,置于冰箱中低温(2～4℃)保存,最好在1个月内用完。特别注意生长调节物质及有机类物质,贮存时间不能太长。一些生长调节物质如吲哚乙酸、玉米素(ZT)、脱落酸(ABA)、赤霉素(GA₃)以及某些维生素等遇热不稳定的物质不能与其他营养物质一起高温灭菌,而要进行过滤灭菌。在使用这些母液之前,须轻轻摇动瓶子,如果发现沉淀悬浮物或微生物污染,必须立即将其淘汰并重新配制。

(二)培养基的配制

配制培养基前应准备好不同型号的烧杯、容量瓶、三角瓶等玻璃器皿和酸度计、高压灭菌锅、电炉等仪器设备。所有盛装培养基的试管、玻璃瓶都应做好标记,以免高压灭菌和长期贮存后混淆。除母液以外,还要准备好培养基中添加的碳源、凝固剂等其他成分,根据配制培养基的体积和母液浓缩的倍数计算所需母液和其他附加物的量,具体步骤如下:

1.吸取母液、加入蔗糖并定容

先检查各种母液是否有沉淀,避免使用已失效的母液。根据母液倍数或浓度计算需要各种母液的量,用专用的移液管,依次加入大量元素、微量元素、铁盐、有机物和植物生长调节物质的母液,根据培养基的配方称取所用的蔗糖,取适量的蒸馏水放入容器中定容。配制固体培养基时可将琼脂和蔗糖依次加入其中,加热溶解混匀。对于某些特殊原因必须在高温高压灭菌后加入的植物生长调节剂和某些维生素,可通过过滤灭菌的方法加入。

2.调节 pH

培养基配制好后,应立即调节 pH,一般用 1 mol/L HCl 或 1 mol/L NaOH 调节 pH 至所需值,大多数植物都要求 pH 为 5.6～5.8 的条件下进行培养。调整 pH 时一般用酸度计或 pH 试纸,酸度计准确度高,对精密实验等研究有利;如用 pH 试纸时,测试应在放入琼脂后进行,且 pH 试纸应保存在干燥处,以免受潮、吸湿而影响读数的准确性。

3.培养基的分装、封口

将调节好的培养基趁热分装到经洗涤并晾干的培养容器中,若为固体培养基,琼脂在大约40℃时凝固。分装时要掌握好分装量,一般分装到培养容器中的培养基应占该容器的 1/4～1/3 为宜,100 mL 的容器中装入 25～40 mL。根据不同的培养目的确定培养基的多少,操作过程应尽量避免将培养基粘到容器内壁及容器口,否则容易引起污染。培养基分装后应立即用封口材料封口,以免引起培养基水分蒸发和污染。常用的封口材料有棉花塞、铝箔、硫酸纸、耐高温塑料薄膜。

4.培养基灭菌

分装后的培养基应尽快灭菌,灭菌不及时,会造成杂菌大量繁殖,使培养基失去效用。

第二节　无菌技术

植物组织培养要求严格的无菌条件和无菌操作技术。细菌和真菌污染在培养过程中最为常见。这些微生物在自然环境中无所不在,一旦接触到培养基,获得最适宜的生长条件,其生长速度比培养的组织快得多。而且由于微生物污染,不但消耗了大量的营养物质,在其生长代谢过程中会产生很多有毒害的物质,直接影响培养植物组织的生长发育,有些微生物甚至直接利用植物组织作为代谢原料,使所培养组织坏死直至其失去培养价值。因此,要保证培养瓶内完全无菌,需要整个操作过程在无菌的条件下进行。

一、洗涤技术

新玻璃器皿只有在彻底清洗之后才能应用。清洗玻璃器皿的传统办法是用洗液(重铬酸钾和浓硫酸混合液)浸泡约4 h,然后用自来水彻底冲洗,直到不留任何酸的痕迹。不过现在都使用特制的洗涤剂。把器皿在洗涤液中浸泡足够的时间(最好过夜)以后,先以自来水彻底冲洗,然后再以蒸馏水漂洗。如果用过的玻璃器皿在管壁上或瓶壁上粘固着干掉了的琼脂,最好将它们置于高压灭菌锅中在较低的温度下先使其融化。若要重新利用曾装有污染组织或培养基的玻璃器皿,极重要的一环是不开盖即把它们放入高压锅中灭菌,这样做可以把所有污染微生物杀死。即使带有污染物的培养器皿是一次性消耗品,在把它们丢弃之前也应先进行高压灭菌,以尽量减少细菌和真菌在实验室中的扩散。将洗净的器皿置于烘箱内在大约70℃下干燥后,贮存于防尘橱中。在进行干燥的时候,各种玻璃容器如三角瓶和烧杯等都应口朝下放,以使里面的水能很快流尽。如果要同时干燥各种器械或易碎的较小的物件,应在烘箱的架子上放上滤纸,将它们置于纸上。

二、消毒与灭菌技术

灭菌技术是植物组织培养中的关键技术。培养基本身、外植体、培养容器、接种过程中使用的器械、接种室的环境、培养室的环境带菌都会导致培养基污染。因此,无菌的培养环境以及培养过程中的无菌操作都会影响植物组织培养的成败。

(一)常用的消毒与灭菌方法

用物理、化学的方法来杀死所有微生物的方法,被称为灭菌;杀死病原微生物的方法,被称为消毒。灭菌与消毒相比,要求更高,处理更难。灭菌必须选用能杀灭抵抗力最强的微生物(细菌芽孢)的物理方法或化学灭菌剂,而消毒只需选用具有一定杀菌效力的物理方法、化学消毒剂或生物消毒剂。植物组织培养过程中常用的灭菌方法主要有以下几种。

1.高压灭菌法

应用最普遍,效果亦很可靠。其原理是在密闭的蒸锅内,其中蒸汽不能外溢,压力不断上升,使水的沸点不断提高,从而锅内温度也随之增加,在 0.1 MPa 的压力下,锅内温度达到 121℃。在此蒸汽温度下,可以很快杀死各种细菌及其高度耐热的芽孢。高压蒸汽灭菌法可用于能耐高温的物品,如金属器械、玻璃、搪瓷、敷料、橡胶制品等。

2.灼烧灭菌法

适用于金属器械(镊子、剪刀、解剖刀等),将器械浸入 95% 的酒精中,然后在酒精灯火焰上灼烧灭菌,冷却后立即使用。

3.干热灭菌法

适用于玻璃器皿及耐热用具,利用烘箱加热到 160～180℃持续 90 min 来杀死微生物。干热灭菌的物品要预先洗净并干燥,用耐高温的塑料或锡箔纸包扎好,以免灭菌后取用时重新污染。灭菌时应逐渐升温,达到预定温度后开始记录时间,烘箱内放置的物品数量不宜过多,以免妨碍热对流和穿透;到指定时间断电后,待充分冷却,才能打开烘箱,以免因骤冷而使器皿破裂。

4.紫外线灭菌法

紫外线的波长为200～300 nm,其中以260 nm 的杀菌能力最强,要求距照射物以不超过1.2m 为宜。

5.熏蒸灭菌法

使用化学药剂为气体状态扩散到空气中,以杀死空气和物体表面的微生物,方法简便,空间关闭紧密即可。熏蒸前需将房间关闭紧密,按 10 mL/m³ 用量,将甲醛置于广口容器中,加 5 g/m³ 高锰酸钾氧化挥发。熏蒸时,房间可预先喷湿以加强效果。

6.喷雾灭菌法

主要应用于物体表面,可用 70%～75%酒精反复擦涂或喷雾,或 1%～2%的来苏儿溶液以及 0.25%～1%的新洁尔灭,适合桌面、墙面、双手以及植物材料表面等。

除上述几种灭菌方法外还有过滤灭菌法、化学灭菌法等。

(二)接种室和培养室的消毒与灭菌

为了确保植物组织培养环境的无菌,应对环境进行定期或不定期的灭菌。接种室(无菌操作室)主要用于外植体的消毒、接种、继代培养物的转移等,是植物组织培养研究中的关键部分。接种室的清洁与否会直接影响培养物的污染率、接种工作效率,因此,应经常灭菌。培养室提供适宜的温度、光照、湿度、气体等条件来满足培养物的生长繁殖,要保持干净,并定期进行灭菌。

常用的方法有物理方法灭菌和化学方法灭菌。物理方法主要采用空气过滤和紫外线照射。对要求严格的工厂化组织培养育苗可采用空气过滤系统对整个车间进行空气过滤灭菌,操作要求严格而且资金投入高,一般较少采用。

接种室和培养室均可采用紫外灯进行灭菌。对接种室的微环境(超净工作台)进行灭菌的最简单的方法是利用紫外灯照射杀死微生物,从而消灭污染源。还可采用空气过滤灭菌的方法配合使用紫外灯照射灭菌,一般照射 20～30 min 即可。但紫外灯对生物细胞有较强的杀伤作用,亦是物理致癌因子之一,使用时应注意防护。紫外线的穿透能力差,一般的普通玻璃就可以阻挡。

利用化学杀菌剂进行环境灭菌,主要是利用 70%～75%酒精或 0.1%新洁尔灭进行喷洒,70%～75%酒精具有较强的杀菌力、穿透力和湿润作用,一方面可直接杀死环境中的微生物;另一方面也可使飘浮在空气中的尘埃下落,防止尘埃上面附着的微生物污染培养基和培养材料。对于超净工作台,在紫外灯灭菌后,还需用 70%酒精对操作平台表面进行擦拭。如果污染严重,可对环境进行彻底的熏蒸灭菌。

(三)常用器具的消毒与灭菌

常用器具消毒与灭菌的方法主要有紫外辐射、表面杀菌、干热灭菌、高压蒸汽灭菌灯。干热灭菌法适用于金属器械、玻璃培养瓶和铝箔等,即将拭净或烘干的金属器械用锡箔纸包好,盛在金属盒内,放于烘箱中在 120℃温度下灭菌 2 h,取出来后冷却并置于无菌处备用。干热杀菌的缺点是空气流通不畅,热穿透性差。因此,干热灭菌时,玻璃容器在烘箱内不应堆放太满、太挤,以妨碍空气流通,造成温度不均匀,而影响灭菌效果。灭菌后冷却速度不能太快,以防玻璃器皿因温度骤变而破碎,应等到烘箱冷却后,方能打开烘箱门取出玻璃容器,否则,外部的冷空气就会被吸入烘箱,使里面的玻璃器皿受到污染,甚至有炸裂的危险。

高压灭菌是高压下水蒸气杀菌的一种方法,高压灭菌比干热灭菌耗能少、节约时间,灭菌效果也比干热灭菌好,处于高压灭菌的过热蒸汽下,几乎所有的微生物都能被杀死。具体方法是将需要灭菌的接种器械、玻璃器皿包扎好,置入蒸汽灭菌器中进行高温高压灭菌,灭菌温度为 121℃,维持 15～25 min。纱布、塑料瓶塞、过滤器和移液管等都可用高压灭菌法灭菌,一些塑料如聚丙烯、聚甲基戊烯、同质异晶聚合物种类的实验器皿可以反复进行高压灭菌,不过,一些聚碳酸酯塑料随着高压灭菌次数的增加,其机械强度降低。

一些常用的金属器械如镊子、剪刀、解剖刀、解剖针等,可以不经预先灭菌,采用火焰灭菌法。即把金属器械放在 75% 酒精中浸一下,然后放在火焰上燃烧灭菌,待冷却后再使用。这一步骤应当在无菌操作过程中反复进行,以避免交叉污染。每次使用超净工作台的时候都得把要用到的器具、器皿和材料预先放入超净工作台中。在火焰灭菌过程中,主要注意酒精使用安全,酒精易燃,如果不慎在火焰旁溢出酒精,很可能立即引起火灾。

玻璃器皿等常常与培养基一起灭菌,若培养基已灭过菌,而只需要单独进行容器灭菌时,玻璃器皿可采用湿热灭菌法,即将玻璃器皿包扎好后,置入蒸汽灭菌器中进行高温高压灭菌,灭菌的温度为 121℃,维持 15～25 min。也可采用干热灭菌法,在烘箱内对器皿进行杀菌处理,是一种彻底杀死微生物的方法,灭菌时间 150℃下处理 40 min 或 120℃下处理 120 min。若发现有芽孢杆菌,则应为 160℃下处理 90～ 120 min。

(四)培养基的灭菌技术

培养基通常以高压灭菌和过滤灭菌方法消毒,蒸馏水、微量和大量营养元素以及其他稳定的混合物消毒采用高压灭菌法,而不耐热化合物溶液消毒采用过滤消毒方法。培养基原料和盛装容器均带菌,在分装和封口过程中也会引起污染,故分装封口后的培养基一定要立即灭菌。

1.高压灭菌法

高压灭菌具体操作程序如下:

(1)检查。灭菌前先检查好灭菌锅内是否放了足量的水,严禁无水加热,水量不足应及时加入蒸馏水。仔细检查压力表、安全阀、放气阀、密封圈等是否正常完好。

(2)装培养基。将分装好的培养基放入高压灭菌锅的消毒桶内,培养基在桶内不要过分倾斜,以免取出时碰到瓶口或流出,如需做成斜面,冷却前斜放即可。其他需要灭菌的接种用具,可用锡箔纸包好一并灭菌。

(3)加热灭菌。盖好灭菌锅盖,拧紧锅盖控制阀,检查排气阀有无故障,然后关闭排气阀,打开电源加热。当压力指针达到 0.05 MPa 时,打开排气阀,排尽锅内的冷空气。再关闭气阀,此时锅内全是水蒸气了,排尽空气的目的是保证在 0.1 MPa 压力下,锅内水蒸气温度为 121℃。当高压锅的温度达到 121℃,压力为 0.105 MPa 时,保持此压力 15～25 min 进行灭菌。然后切断电源慢慢冷却,如急用时,在压力降到 0.05 MPa 时,可缓慢打开排气阀放气。待压力指针恢复到零后,开启压力锅并取出培养基,在室温下冷却。如果用的是自动灭菌锅,则只需要设定好灭菌程序就会自动按设定程序进行灭菌,待压力回零温度降到90℃左右时就可以开启灭菌锅取出培养基。

使用高压灭菌锅时应注意以下几点:①使用前应仔细阅读说明书,严格按要求操作;②先在高压蒸汽灭菌锅内加水,加水量严格按说明书的要求;③不可装的太满,否则因压力与温度不对应,造成灭菌不彻底;④增压前必须排除锅内冷空气,保证高压锅内升温均匀;⑤在高压灭菌过程中,要保持压力恒定,不能随意延长灭菌时间和增加压力。⑥当压力逐步降到零后,才能开启压力锅,避免产生危险。当冷却被消毒的溶液时,如果压力急剧下降,超过了温度下降的速率,就会使液体滚沸,从培养基中溢出,此时务必缓慢放出蒸汽,才不会使压力降低太快,以免引起激烈的减压沸腾,导致容器内培养基溢出,培养基玷污棉塞、瓶口等造成污染;⑦高压锅在工作时,必须有人看守,如果发生异常情况,应采取应急措施,避免发生安全事故。

(4)取出培养基。打开锅盖,取出培养基。开锅不能过早,否则不仅会使容器内的培养基"沸腾"而导致操作失败,更容易造成烫伤等危险,因此在操作时应该特别小心。取出后的培养基放于室内平台中自然冷却,固体培养基待凝固后再使用。

2.过滤灭菌法

有些物质在高温条件下不稳定或容易分解,如植物生长调节剂、维生素、抗生素、酶类等溶液,应采用过滤灭菌。过滤灭菌的原理,是空气或液体通过过滤膜后,杂菌、芽孢等因大于滤膜口径而被阻,通过滤膜的液体是无菌的,达到灭菌的目的,但不能除去病毒小分子。对于不耐热的溶液(如生长素、赤霉素等)常用细菌过滤灭菌器进行过滤灭菌。过滤灭菌使用的滤膜孔径通常为 $0.2\ \mu m$ 或 $0.45\ \mu m$。如果过滤溶液量较大,常常使用抽滤装置;过滤液量小时,可用注射器。使用前将过滤器(或注射器)、滤膜(预先灭菌)、接液瓶等包装好后先用高压灭菌锅灭菌,然后在超净工作台上按无菌操作的要求安装过滤器、滤膜,将需要过滤的溶液装入滤器(或注射器)中进行真空抽滤(或推压注射器活塞杆过滤)灭菌。

(五)外植体的消毒与灭菌技术

一般而言,进行植物快速繁殖所选用的外植体最好是茎尖。在选择外植体进行组织培养时,还要考虑到培养材料的来源是否有保证,是否容易成苗。应根据培养目的来选择外植体,尽量选择受到污染较轻的茎尖、嫩叶、花蕾等部位作为外植体。外植体表面灭菌处理的步骤如下:首先,自来水刷洗、冲洗采来的植物材料;其次,用洗衣粉浸泡 30 min(时间长短依植物种类和植物材料的幼嫩程度而异),期间不断搅动,然后用自来水冲洗干净;最后在超净工作台上进行最后的灭菌处理。

(1)对外植体进行灭菌处理的具体操作步骤。

①用 75%的酒精进行初次消毒。将外植体放在一个经过灭菌的玻璃瓶或烧杯中,向其中倒入 75%的酒精没过外植体,并不断搅动或轻晃以除去外植体表面的气泡,10~30 s 后,倒去酒精。用 75%的酒精处理外植体的时间不要太长,因为酒精渗透能力很强,长时间处理会使植物材料受到损害。

②用无菌水冲洗 2~3 次。

③再用 2%~10%的次氯酸钠溶液或 0.1%的氯化汞等消毒剂进行深层消毒(其间不断搅动或轻晃)。

④再用无菌水冲洗 3~4 次,冲洗次数依消毒剂的不同而异。酒精、次氯酸钠、次氯酸钙、

双氧水等由于附着力相对较弱,故冲洗 3 次即可;如用氯化汞消毒,消毒后难以除去残余的汞,因此消毒后要多次冲洗,最少在 4 次以上。

⑤用无菌滤纸吸干外植体表面的水分,即可用于接种。灭菌的基本原则是既要把植物材料上附着的微生物杀死,同时又不伤害材料,还要易被无菌水冲洗干净或能自行分解,不会遗留在培养材料上而影响生长。由于灭菌剂对植物材料也是有毒的,因此应正确选择灭菌剂的种类、浓度和处理时间,以及用无菌水冲洗的次数,以尽量减轻对植物材料的伤害,常用消毒剂的使用和效果见表 2-3。

表 2-3　常用消毒剂的使用和效果

消毒剂	使用浓度 /%	消毒难易程度	消毒时间 /min	灭菌效果	说明
次氯酸钠	2	易	5～30	很好	使用最广泛
次氯酸钙	9～10	易	5～30	很好	经常使用,需要随配随用
漂白粉	饱和溶液	易	5～30	很好	不稳定,吸湿性强,封口应严密
氯化汞	0.1～1	较难	2～10	最好	剧毒,需要进行特殊处理并弃置废液
酒精	70～75	易	0.2～2	好	70%～75%的乙醇有很好的浸润效果
过氧化氢	10～12	最易	5～15	好	需要随配随用
溴水	1～2	易	2～10	很好	接触时间应短(小于 10 min)
苯扎溴铵	0.01～0.1	易	5～30	很好	禁止与普通肥皂配伍,0.1%以下浓度对皮肤无刺激性
硝酸银	1	较难	5～30	好	需要特殊的废液处理
抗生素	4～50 mg/L	中	30～60	较好	成本较高
配合使用					两种以上消毒剂配合使用时,通常是酒精预处理数秒,然后用氯化汞或次氯酸钠等进行消毒;对特别难处理的材料用次氯酸钠或次氯酸钙处理后,接着用过氧化氢或氯化汞来处理

消毒时间的长短要根据不同的植物材料以及使用的消毒剂的不同而异。不同植物及同一植物不同部位的组织,其带菌程度不同,它们对不同种类、不同浓度的消毒剂的敏感度也不一样。

(2)常用的一些消毒剂类型。

①酒精。酒精是最常用的表面灭菌药剂。70%～75%的酒精杀菌能力、穿透力最强,并且具有一定的湿润作用,可排除材料上的空气,利于其他消毒剂的渗入,与其他灭菌药剂配合使用时间常为 10～30s,与其他消毒剂配合使用效果极佳。但应严格掌握对植物材料的处理时间,否则酒精的穿透力会危及植物自身组织细胞。酒精对人体无害,亦可使用作为接种者的皮肤消毒剂环境灭菌。

②氯化汞($HgCl_2$)。氯化汞也称升汞,是剧毒的重金属杀菌剂,汞离子与带负电荷的蛋白质结合,使菌体蛋白质变性,酶失活而达到消毒灭菌效果。氯化汞使用浓度一般为 0.1%～0.2%,处理 6～12 min,灭菌效果极好。但由于氯化汞对人畜具有强烈的毒性,处理不当会对环境造成污染,故不优先选择其作为杀菌剂。

③次氯酸钠（NaClO）。次氯酸钠是利用有效氯离子来杀死细菌,是一种较好的表面灭菌剂。常用浓度是有效氯离子的 1%,灭菌时间 5～30 min。市售商品名称为"安替福尼",可用其配制 2%～10% 的 NaClO 溶液,处理后再用无菌水冲洗 4～5 次即可。其分解后产生的氯气对人体无伤害,在灭菌之后易于除去,不残留,对环境也无污染,使用范围较广泛。次氯酸钠具有强碱性,长期处理植物材料会对植物组织造成一定破坏,故使用者应严格注意消毒时间。

④漂白粉。漂白粉是一种常用的低毒高效的消毒剂,也是一种强氧化剂,其有效成分为 $Ca(ClO)_2$,能分解产生杀菌的氯气,并挥发掉,灭菌后很容易除去,对植物组织无毒害作用。一般将植物组织浸泡在 5%～10% 或其饱和溶液（有效成分的含量为 10%～20%）中 20～30 min 即可达到消毒的目的。处理后植物组织用无菌水冲洗 3～4 次。漂白粉应密封储存,遇水或潮湿空气会引起燃烧爆炸,应严防吸潮失效,现配现用为宜。使用中应注意密闭操作,加强通风,避免与还原剂、酸类接触。

⑤双氧水。双氧水即过氧化氢溶液,利用其强氧化性破坏组成细菌的蛋白质从而达到灭菌效果,杀灭细菌后剩余的物质是无任何毒害和刺激作用的水。不会形成二次污染。且它在外植体表面易除去,叶片的灭菌中应用普遍,使用浓度一般为 6%～12%,但会影响人体呼吸道系统,使用时应注意防护。双氧水还特别易分解,高纯度双氧水的基本形态是稳定的,当与其他物质接触时会很快分解为氧气和水。

⑥苯扎溴铵。苯扎溴铵即新洁尔灭,是一种广谱型表面活性灭菌剂,具有洁净、杀菌消毒的作用,广泛用于杀菌、消毒、防腐、去垢、增溶等方面。它对绝大多数植物外植体伤害很小,灭菌效果很好,性质稳定,可贮存较长时间。使用时一般稀释 200 倍,将外植体浸入 30 min 或更久亦可。

三、无菌操作技术

(一)无菌室空气污染状况检验

为保证接种工作在无菌条件下进行,无菌操作室或接种室要用甲醛和高锰酸钾按 2:1 的比例定期熏蒸灭菌。用甲醛和高锰酸钾封闭消毒期间,不宜进入消毒空间。消毒后通风换气,等气味散尽后再出入。使用前用 20% 新洁尔灭(苯扎溴铵溶液)对接种室内墙壁、地板及设备擦洗,用 70% 酒精喷雾(使灰尘迅速沉降),用紫外线灭菌 20 min 或更长,照射期间注意接种室的门要关严。当接种室在用紫外线消毒期间,工作人员不要处在正消毒的空间内,更不要用眼睛注视紫外灯,也要避免手长时间在开着紫外灯的超净工作台内进行操作。一般接种室用紫外线消毒后,不要立即进入,因为此时室内充满高浓度的臭氧,会对人体尤其是呼吸系统造成伤害。应在关闭紫外线灯 15～20 min 后再进入室内。

(二)无菌操作方法及要求

无菌操作需在无菌的环境下进行。操作前将界面上的细菌与病毒等微生物杀灭,操作过程中界面与外界隔离,避免微生物的侵入。在执行无菌操作时,必须明确物品的无菌区和非无菌区。

1.工作人员的无菌技术

工作人员要经常洗头、洗澡、剪指甲,保持个人清洁卫生。在接种室穿医护用的特制工作衣帽。工作衣帽使用前后挂于预备间,并用紫外线照射灭菌。接种前,最好用肥皂水或新洁尔灭洗手,然后用70％酒精擦洗或喷洒。

2.接种器械的无菌技术

接种时首先要用紫外线照射超净工作台面,然后用70％酒精喷雾或擦拭工作台面。工作前打开风机15~30 min。先对器械支架进行灼烧消毒,然后对接种工具如手术剪、手术刀、镊子等进行灼烧消毒,一般先用70％酒精浸渍、擦拭或喷洒后在酒精灯上灼烧,放在器械支架上冷却待用。接种一定数量后,接种器械要重新灼烧灭菌,避免因沾有植物材料或琼脂等引起双重污染和交叉污染。通常采用两套接种工具,使用一套时,另一套灼烧后冷却。接种器械灼烧时要远离装酒精的容器,更不能刚刚烧完就插入装酒精的容器中,也要避免不小心将容器或酒精灯碰到后引起失火,另外,酒精灯点燃后,不宜用酒精溶液喷洒超净工作台。

3.接种操作的无菌技术

接种前超净工作台面要用75％酒精擦洗和喷雾灭菌,所使用的解剖刀、镊子、培养皿等也要事先经过高温灭菌处理。将消毒的外植体切成一定的大小。叶片、花瓣的直径通常切成0.5~1 cm,茎尖约0.5 mm(如培养脱毒苗,越小越好,但过小较难分化)。

外植体接种的具体操作步骤如下:

(1)左手拿三角瓶,右手轻轻取下封口膜,将三角瓶的瓶口略向下倾斜靠近酒精灯外火焰,并将瓶口外部在火焰上旋转灼烧几秒钟,将灰尘杂物固定在原处。

(2)用镊子将外植体送入瓶底,外植体在三角瓶内的分布要均匀,以保证必要的营养面积和光照条件。茎尖、茎段等基部插入固体培养基中,叶片通常是叶背接触培养基,由于叶背面气孔多,利于吸收水分和养分。

(3)镊子用完后放回消毒酒精中,盖上封口膜。

(4)所有材料接种完毕,包扎好封口膜,做好标记,注明接种植物和处理名称,接种日期,即可放入培养室进行培养。

需要注意的是,接种时,接种员双手不能离开工作台,不能说话、走动和咳嗽等。无菌物品必须保存在无菌包或灭菌容器内,不可暴露在空气中过久。打开包塞纸和瓶塞时注意不要污染瓶口。无菌包一经打开即不能视为绝对无菌,应尽早使用。凡已取出的无菌物品虽未使用也不可再放回无菌容器内。装有无菌盐水、酒精或新洁尔灭的棉球罐每周消毒一次,容器内敷料如干棉球、纱布块等,不可装得过满,以免取用时碰在容器外面被污染。

在近酒精灯火焰处打开培养瓶瓶口,并使培养瓶倾斜,以免微生物落入瓶内。瓶口可以在拔塞后或盖前灼烧灭菌,接种工作宜在近火焰处进行。手不能接触接种器械的前半部分(即直接切割植物材料的部分),接种操作时(包括拧开或拧上培养瓶盖时),培养瓶、试管或三角瓶宜水平放置或倾斜一定角度(45°)以下,避免直立放置而增大污染机会。手和手臂应避免在培养基、培养材料、接种器械上方经过。已经消毒的植物材料接种时不慎掉在超净工作台上,不宜再用。接种期间如遇停电等事件使超净工作台停止运转,重新启动时应对接种器械及暴露的植物材料重新消毒。

切割外植体时,可在预先消毒后的培养皿、盘、滤纸或牛皮纸上进行,如果需要将组织切割成大小或重量均匀的小片(小块)时,可以使用塑料包裹或在铝箔纸上利用天平无菌称量等。在解剖茎尖或分生组织时,动作要快而准确,避免材料损伤过多或在空气中暴露过久而褐化或干死。

(三)无菌操作程序

1.接种室消毒

在接种前用甲醛与高锰酸钾混合熏蒸接种室,打开超净工作台紫外灯照射 30 min,正式接种前半小时,打开紫外灯和风机,20~30 min 后接种。

2.进入接种室

操作人员先洗净双手,在缓冲间换好专用实验服,并换穿拖鞋等,用 75％酒精擦拭工作台面和双手。

3.摆放接种用具

培养基、接种用具(无菌水、镊子、解剖刀、酒精棉、酒精灯、培养皿、小烧杯等)分别放入超净工作台中。

4.手及台面消毒

用 70％酒精棉球擦拭双手,特别是指甲处,然后按一定顺序擦拭工作台面。

5.培养材料灭菌

将接种材料预先放入烧杯,置入超净台进行表面消毒。

6.接种用具灭菌

先用酒精棉球擦拭接种工具,再将镊子和剪刀浸泡在 95％酒精并取出从头至尾在酒精灯火焰上灼烧一遍,然后反复过火尖端处,对培养皿要过火烤干。

7.接种

把培养材料迅速放入培养瓶,扎上瓶口,操作期间应经常用 75％酒精擦拭工作台和双手,接种器械应反复在 75％酒精中浸泡和在火焰上灭菌。

8.接种完毕后要清理干净工作台,用紫外灯灭菌 30 min

第三节 植物组织培养中常见问题与解决措施

植物组织培养过程中的三大难题分别是污染、褐变和玻璃化,其中污染问题最为突出。在初代培养中外植体污染的问题解决不好,后续的工作就无法开展。在培养的过程中出现污染,特别是大规模的污染会导致组织培养的失败。

一、污染及其防止措施

污染是指在组织培养过程中,培养基和培养材料滋生杂菌,导致培养失败的现象。在组织培养中污染是经常发生。污染的原因主要来自两个方面:一是由于外植体材料带入的病菌;二是组织培养过程中各技术环节操作不规范,如培养基、培养容器和接种器具消毒不彻底,接种室和培养室不合要求、操作时不遵守操作规程等,都可能导致污染。

污染带来的危害有很多,比如导致初代培养失败,继代培养增殖系数低,组培苗死亡或者生长速度慢,玻璃化加剧,移栽困难,成活率低,甚至失败。

（一）污染的类型

按病原污染可分为两大类，即细菌污染和真菌污染。

1.细菌污染

细菌污染的特点是菌斑呈黏液状，一般接种 1～2 d 即可发现。细菌污染主要是在培养材料附近出现黏液状物体，或出现浑浊的水渍状痕，或出现泡沫的发酵状，或是在材料附近的培养基中出现浑浊和云雾状痕迹等。

细菌污染除了由外植体带菌或培养基灭菌不彻底外，与操作人员的不慎有很大关系。工作人员使用了没有充分灭菌的工具或呼吸中呼出的细菌造成的污染，也可能是超净工作台灭菌不彻底。还有可能是手接触材料或器皿边缘，使细菌落入材料或器皿造成的污染。

2.真菌污染

真菌污染的特点是在污染部分长有不同颜色的霉菌，常出现白、黑、黄和绿等不同颜色菌丝块，一般在培养 3～10 d 或更长时间才可发现。

真菌性污染一般多由周围环境不清洁、超净工作台的过滤装置失效、操作不慎等原因引起。在接种的时候由于培养瓶的口径过大，使瓶口边缘的真菌孢子落入瓶内或去掉封口膜的橡皮筋时扬起了真菌的孢子，导致接种室的空气污染。真菌污染蔓延速度较快。

（二）污染的防止

组织培养中防止污染是关键，着重要注意以下环节。

1.选择合适的植物材料作外植体

用于植物组织培养的外植体，通常应选择生长健壮、无杂菌感染、无病虫害的植株，杂菌感染与外植体大小、植物种类、植物栽培状况、分离的季节及操作者的技术有关，不能一概而论。一般是田间生长的材料比室内的材料带菌多；带泥土的材料比干净的材料带菌多；多年生木本材料比 1～2 年生草本植物带菌多；一年中雨季期间的植物带菌多，一天中阳光最强时的材料带菌少。

因此，在选择材料时尽可能选择室内培养的材料。田间取得的材料先在培养室内培养长出新芽时，取其新长出的部分；对于木本植物材料，可将取回的枝条插入清水中使其萌动；对于一些较易污染的材料，可在取材前用杀菌剂、抗生素等处理。由于有些污染在短时间内不会被发现或是表现出来，所以还要对培养物做更进一步的检测和处理。

2.彻底消毒灭菌

培养基灭菌时，要检查高压蒸汽灭菌锅的温度、压力、时间和正确使用情况，保证灭菌彻底。过滤灭菌要检查过滤膜的膜孔径、过滤灭菌器的灭菌处理及过滤灭菌器操作是否正确。采用微波灭菌要检查微波频率是否稳定。

对于灭菌较困难的材料在不伤害外植体活性的前提下可以进行多次灭菌，将切好的外植体先后两次放入不同种灭菌液中灭菌一段时间。一般这种方法既可以达到彻底灭菌的目的，又可以减轻对外植体表面的伤害。对于一些经过两次灭菌效果还不太理想的材料可进行 3 次或以上灭菌，以达到灭菌效果。

一般的化学药剂只能杀死外植体表面的菌，对外植体内部所带菌的消灭通常较难。为了达到内部灭菌的目的，可在培养基中添加链霉素、青霉素、土霉素等抗生素来解决。

3.控制培养环境和规范操作

培养室和接种室应保持清洁、干燥、密闭,定期进行灭菌。可采用紫外灯照射、甲醛熏蒸、75%酒精或5%次氯酸钠喷雾等方法灭菌,操作人员要注意手的消毒和操作规范。进行大规模的组织培养最好安装能过滤空气装置,如能灭菌的空调。

使用超净工作台前,先用75%酒精擦拭台面,放入接种要用到的东西,开启换气开关和紫外灯25～30 min。接种前操作人员必须认真地把手洗干净,再用75%酒精棉球擦拭双手。接种用的镊子和解剖刀或接种针也要经常在酒精灯的火焰上灼烧灭菌,或是在灭菌器里灭菌15 s。接种时要戴口罩,避免口中的微生物吹入。接种完后,将瓶口置于酒精灯火焰上转动,使瓶口各部分都烧到,目的是固定或杀死留在瓶口上的病菌和微生物,再封口。

二、褐变及其防止措施

褐变是指外植体在培养过程中,自身组织从表面向培养基释放褐色物质,以致培养基逐渐变成褐色,外植体也随之进一步变褐而死亡的现象。褐变也是植物组织培养中常见的现象。褐变主要发生在外植体的初代培养、愈伤组织的继代、悬浮细胞培养以及原生质体的分离与培养等时期。

(一)褐变的成因

褐变包括酶促褐变和非酶促褐变,目前认为植物组织培养中的褐变主要由酶促引起的。多酚氧化酶(PPO)是植物体内普遍存在的一类末端氧化酶,它催化酚类化合物形成醌和水,醌再经非酶促聚合,形成深色物质,对外植体材料产生毒害作用,影响其生长与分化,严重时导致死亡。

影响褐变的因素很复杂,随植物的种类、基因型、外植体取材部位及生理状态和培养条件等的不同,褐变的程度也不同。

影响褐变的因素有:

(1)植物种类及基因型。不同种植物、同种植物不同类型、不同品种在组织培养中褐变发生的频率及严重程度都存在很大差别。木本植物、单宁或色素含量高的植物容易发生褐变,因为酚类的糖苷化合物是木质素、单宁和色素的合成前体,酚类化合物含量高,木质素、单宁或色素形成就多,同时高含量的酚类化合物也导致了褐变的发生。因此,木本植物一般比草本植物容易发生褐变。在木本植物中,核桃单宁含量很高,组织培养难度大,往往会因为褐变而死亡。苹果中普通型品种"金冠"茎尖培养时褐变相对较轻;而柱形的"芭蕾"品种褐变都很严重。研究表明,后者酚类化合物含量明显高于前者,因此,在植物组织培养中应尽量采用褐变程度轻的材料进行培养,以达到培养的目的。

(2)外植体部位及生理状态。外植体的部位及生理状态不同,接种后褐变的程度也不同。在荔枝无菌苗不同组织的诱导试验中,茎最容易诱导出愈伤组织,培养2周后长出浅黄色的愈伤组织;叶大部分不能产生愈伤组织,诱导出的愈伤组织中度褐变;而根极大部分不能产生愈伤组织,诱导出的愈伤组织全部褐变。苹果顶芽作外植体褐变程度轻,比侧芽容易成活。石竹和菊花也是顶端茎尖比侧生茎尖更易成活。由此可知,幼龄材料一般比成龄材料褐变轻,因前者比后者酚类化合物含量少。

植物体内酚类化合物含量和多酚氧化酶的活性呈季节性变化,植物在生长季节都含有较多的酚类化合物。多酚氧化酶活性和酚类含量基本是对应的,春秋季较弱,随着生长季节的到来,酶活性逐渐增强。所以,一般选在早春和秋季取材。

(3)外植体受伤害程度。外植体组织受伤害程度可影响褐变。为了减轻褐变,在切取外植体时,尽可能减少其伤口面积,伤口剪切尽可能平整些。除了机械伤害外,接种时各种化学消毒剂对外植体的伤害也会引起褐变。如酒精处理时间过长、浓度过高也会对外植体产生伤害;氯化汞对外植体伤害比较轻。一般来讲,外植体消毒时间越长,消毒效果越好,但褐变程度也越严重,因而消毒剂的种类、浓度及消毒处理时间应掌握在一定范围内,才能保证较高的外植体存活率。

(4)培养基成分及培养条件。在初代培养时,培养基中无机盐浓度过高可引起酚类化合物的大量产生,导致外植体褐变,降低盐浓度则可减少酚类化合物外溢,减轻褐变。无机盐中有些离子,如 Mn^{2+}、Cu^{2+} 是参与酚类化合物合成与氧化酶类的组成成分或辅助因子,盐浓度过高会增加这些酶的活性,酶又进一步促进酚类合成与氧化。为了抑制褐变,使用低盐培养基,可以收到较好的效果。培养基中加入生长调节物质不当,也会使材料产生褐变。培养基中低 pH 可降低多酚氧化酶活性和底物利用率,从而抑制褐变。升高 pH 则明显加重褐变。此外,培养条件不适宜,光照过强或高温条件下,均可使多酚氧化酶活性提高,从而加速培养组织的褐变。高浓度 CO_2 也会促进褐变,其原因是环境中的 CO_2 向细胞内扩散,使细胞内积累过多的碳酸根离子,碳酸根离子与细胞膜上的钙离子结合使有效的钙离子减少,导致内膜系统紊乱和瓦解,使酚类物质与 PPO 相互接触,褐变发生。

(5)培养时间过长。接种后,培养物培养时间过长,如果未及时继代转移,培养物也会引起褐变,甚至导致全部死亡,这在培养过程中是常见的现象。可能是由于接种后培养时间过长,培养物周围积累酚类物质过多造成的。

(二)褐变的防止

1.选择适宜的外植体

选择适宜的外植体是防止褐变的重要手段,不同时期、不同年龄的外植体在培养中褐变的程度不同,成年植株比实生幼苗褐变的程度严重,夏季材料比冬季、早春和秋季的材料褐变程度强。取材时还应注意外植体的基因型及部位,选择褐变程度小的品种和部位作外植体。

2.对外植体进行预处理

对较易褐变的外植体材料进行预处理可以减轻酚类物质的毒害作用。其处理方法是:外植体经流水冲洗后,放置在 5℃ 左右的冰箱内低温处理 12~14 h,消毒后先接种在只含蔗糖的琼脂培养基中培养 3~7 d,使组织中的酚类化合物先部分渗入培养基中,用适当的方法清洗后,再接种到适宜的培养基上,这样可使外植体褐变减轻。

3.选择适宜的培养基和培养条件

选择适宜的无机盐成分、蔗糖浓度、激素水平、pH 及培养基状态、类型等是十分重要的。低浓度的无机盐可以促进外植体的生长与分化,减轻外植体褐变程度。初期培养可在黑暗或弱光下进行,因为光照会提高 PPO 的活性,促进多酚类物质的氧化。另外,还要注意培养温度不能过高,保持较低温度(15~20℃)也可减轻褐变。

4.添加褐变抑制剂和吸附剂

褐变抑制剂主要包括抗氧化剂和 PPO 的抑制剂。前者包括抗坏血酸、半胱氨酸、柠檬酸、聚乙烯吡咯烷酮(PVP)等,后者包括 SO_2、亚硫酸盐、氯化钠等。在培养基中加入褐变抑制剂,可减轻酚类物质的毒害。其中 PVP 是酚类化合物的专一性吸附剂,常用作酚类化合物和细胞器的保护剂,可用于防止褐变。此外,0.1%～0.5%活性炭对吸附酚类氧化物的效果也很明显,但活性炭也吸附培养基中的生长条件物质,从而影响外植体的正常发育。因此,加入活性炭的培养基中应适当改变激素配比,在防止褐变的同时外植体能够正常发育。

5.连续转移

在外植体接种后 1～2 d 立即转移到新鲜培养基中,可减轻酚类化合物对培养物的毒害作用,连续转移 5～6 次可基本解决外植体的褐变问题。此法比较经济,简单易行,是首选克服褐变的方法。

三、玻璃化及其防止措施

在进行植物组织培养时,经常会出现组培苗生长异常,叶、嫩梢呈透明或半透明的水浸状,植株矮小肿胀、失绿、叶片皱缩呈纵向卷伸、脆弱易碎。这种现象称为“玻璃化现象”,又称“过度水化现象”。这种“玻璃苗”有时发育出大量短而粗的茎,节间很短,或几乎没有节间,输导组织虽可看到,但导管和管胞木质化不完全。叶片厚而狭长,有时基部较宽,叶表缺少角质层或蜡质,不具有栅栏组织,只有海绵组织。玻璃化现象是植物组织培养过程中一种生理失调或生理病变,很难继续继代培养和扩繁,移栽后很难成活。已成为茎尖脱毒、工厂化育苗和材料保存等方面的严重阻碍,是进行组织培养工作的一大难题。

(一)玻璃化现象的产生

组培苗玻璃化的根本原因尚无定论。一般而言,培养条件与玻璃化现象的发生有关,如培养基成分(细胞分裂素水平较高)、弱光照、高温、高湿及透气性差、继代次数增多等都和玻璃化现象息息相关,而且不同的种类、品种间外植体的部位不同等,组培苗的玻璃化程度也有所差异。

实验证明,细胞分裂素浓度过高,或细胞分裂素与生长素比例过高,均易导致玻璃化苗的产生。细胞分裂素浓度过高有以下三种情况:一是培养基中一次性加入过多的细胞分裂素;二是细胞分裂素与生长素比例失调,细胞分裂素含量远远高于生长素,而使植物过多吸收细胞分裂素;三是在多次继代培养时,愈伤组织和组培苗体内累积过量的细胞分裂素。

培养基中琼脂和蔗糖浓度与玻璃化成负相关,琼脂或蔗糖浓度低时,玻璃化苗比例增加,水浸状严重;随着琼脂或蔗糖浓度的增加,玻璃化苗比例减少。

(二)玻璃化的防止

(1)利用固体培养基,增加琼脂浓度,降低培养基的衬质势,造成细胞吸水阻遏,可降低玻璃化。

(2)适当提高培养基中蔗糖含量或加入渗透剂,降低培养基中的渗透势,减少培养基中植物材料获得的水分,造成水分胁迫。

(3)适当降低培养基中细胞分裂素和赤霉素的浓度。

(4)增加自然光照,试验发现,许多植物的玻璃化苗放于自然光下几天后,茎、叶变红,玻璃化逐渐消失,原因是自然光中的紫外线等能促进组培苗成熟、加快木质化。

（5）控制温度,适当低温处理,避免过高的培养温度,采用昼夜变温交替比恒温效果好。

（6）适当降低培养瓶内的相对湿度。

（7）改善培养容器内的通风换气条件,如用棉塞、滤纸、牛皮纸、封口纸等通气性较好的材料做瓶盖。

（8）改变培养基的成分,适当增加培养基中 Ca、Mg、Mn、K、P、Fe、Cu、Zn 等元素含量,提高硝态氮的含量,降低氯离子和铵态氮的含量。

（9）可在培养基中添加其他物质,如马铃薯汁等。

四、其他问题

除上述污染、褐变、玻璃化现象外,组培过程中还常常发生变异和畸形、增殖率过低、组培苗瘦弱徒长、组培苗不生根或生根率低下以及组培苗移栽后死亡率高等现象。

在组培过程,由于激素、环境等因素的作用和影响,使组培苗的外部形态和内部生理发生变化,引起的畸形、矮化、丛生、叶片增厚等变化。发生变异和畸形的原因主要有激素的种类和浓度决定,其次温度过高也会有一定的影响。不同种类和品种发生变异的频率和程度各不相同。在环境条件不适时,也会发生一些形态上的变异和畸形。应根据每种植物的组培情况,通过降低细胞分裂素浓度,调整生长素和细胞分裂素的比例,改善环境生长条件等措施来减轻变异和畸形的发生频率和程度。

增殖率的高低直接影响实验研究的目的。过高会造成小苗密集丛生,不能分株;过低,繁殖系数不够。因此在培养过程中,要根据需要调整增殖率的高低。增殖率高低主要与品种特性、激素浓度和配比有关。不同的植物,同一植物的不同部位之间,本身就存在着长势和增殖率的明显差异。为了避免在试验研究中,特别是在大规模生长中出现增殖率过低或过高,对一种植物进行组培时,首先要设计一定范围的激素配比试验,然后根据各个材料的长势确定配方,并观察每一代的长势随时进行调整。

组培苗徒长的主要表现:节间明显伸长,叶片变细、变薄、变嫩并出现黄化,这种苗过渡培养时,会出现萎蔫或烂根,极易死亡。造成这种现象的原因:一是细胞分裂素浓度过高,产生的不定芽过多,来不及继代就会变成细弱苗木;二是温度和湿度过高,导致组培苗的生理代谢受到干扰,常常会使苗木细弱;三是光照不足,组培苗会发生徒长,致使苗木瘦弱。最后是通风不良,在通风不良的情况下,培养瓶内的湿度太大,也会造成组培苗细弱。

组培苗不生根或生根率低下与材料基因型差异、激素种类和浓度以及不定芽的基部受到伤害有关。植物基因型不同,其分化能力不同,即使同一种植物的不同部位,其分化能力也是有差异的。对多数草本植物来说生根较为容易,而对一些木本植物必须加入一定生长素才能生根。因此,在进行组培实验时,尽量选择分化能力强的植物和部位作为外植体。不同的外植体对不同的激素和不同的激素浓度的敏感性不同。在进行生根的培养时,为了使组培苗生根良好,就要经过多次实验的比较筛选出最佳的激素种类和浓度。在无菌操作的过程中,有时用力不当或接种工具太热往往会使不定芽基部的细胞受损,造成生根困难。

组培苗移栽后死亡率高主要与组培苗本身质量差、环境条件不佳和移栽后管理不当有关。

本章小结

培养基是经人工配制而成,在植物组织培养过程中提供离体材料充足的养分的介质。绝大多数植物组织培养所用的培养基主要包含无机盐、有机成分、生长调节物质、水、琼脂等成分。

按培养基的物理状态可分为固体培养、基液体培养基；按培养物的培养过程可分为初代培养基、继代培养基等。常用的培养基有 MS、B5 等，其中 MS 培养基可满足绝大多数植物的营养和生理需要。

培养基制备包括母液的配制与保存和培养基的配制与灭菌。配制母液是为了节省配制培养基时称取化学药品的时间和精力，保证各物质成分的准确性及配制时快速移取，提高工作效率。配制培养基有移母液、称蔗糖和琼脂、熬制培养基、定容、pH 测定、分装、封口、灭菌等步骤。

植物组织培养要求严格的无菌条件和无菌操作技术。接种室和培养室、器具器皿需要进行消毒灭菌，培养基和外植体也需要进行消毒与灭菌。植物组织培养过程中的三大难题分别是污染、褐变和玻璃化。其中控制污染尤其重要，污染的防止着重要做好外植体的选择、灭菌消毒及操作规范等环节。

思考题

1.培养基的主要成分有哪些？植物生长调节物质在植物组织培养中有什么作用？

2.为什么要配制母液？如何配制？

3.常用的灭菌方法有哪些？灭菌时要注意哪些事项？

4.怎样进行植物外植体的消毒？接种时应注意哪些事项？

5.植物组织培养过程中产生污染的主要原因是有哪些？如何防止？

第三章 植物组织培养的常用类型

知识目标

◆ 了解常用组织培养类型的基本原理。

◆ 掌握愈伤组织培养、器官培养、花药培养的技术及应用。

能力目标

◆ 能进行常见花卉、蔬菜的器官培养。

◆ 能进行水稻、小麦的胚及花药培养。

第一节 愈伤组织培养

愈伤组织(callus),原是指植物在受伤后于伤口表面形成的一团薄壁细胞,在组织培养中,则指在人工培养基上由外植体组织的增生细胞产生的一团不定型的疏松排列的薄壁细胞。愈伤组织培养(callus culture)是指将母体植株上的各个部分切下,接种到无菌的培养基上,进行愈伤组织诱导、生长和发育的一门技术。愈伤组织培养是一种最常见的培养形式,一般情况下,植物组织均能诱发形成愈伤组织。

一、愈伤组织的形态结构

用植物组织培养方法获得的愈伤组织,能够快速地增殖,成为一个无一定形态的细胞团结构,同时,也可以出现各种不规则的形状。用光学显微镜对愈伤组织进行观察研究发现,愈伤组织是有许多异质细胞集合而成的一个无一定形态结构的细胞聚集体。根据愈伤组织的性质和特点,可以将它们的结构分为致密和松脆两种类型。大多数愈伤组织是具有疏松结构的柔软组织,由许多小型细胞聚合而成(图 3-1)。愈伤组织的细胞形状多样性,与培养时间的长短,培养基中所含成分等一系列因素有着密切的关系。处在生长阶段的愈伤组织,一般类似于薄壁组织,而且较小型的、液泡较大的、处于活跃分裂状态的细胞的数量很大。

愈伤组织的颜色不一致,并且常常变化,即使是从同一种类植物的组织或器官中诱导的愈伤组织,它们的颜色也可能不一样,有无色透明、淡绿色和黄色等多种颜色。色素的种类和含量,在很大程度上是受培养基中所提供的营养物质状况以及外界环境条件如光线等的影响。

优良的愈伤组织通常具备以下特性:①高度的胚性或再分化能力,从这些愈伤组织容易得到再生植物。②容易散碎,用这些愈伤组织建立优良的悬浮系,并且能从中分离出全能性的原生质体。③旺盛的自我增殖能力,可用这些愈伤组织建立大规模的愈伤组织无性系。④经过长期继代保存而不丧失胚性,有可能对它们进行各种遗传操作。

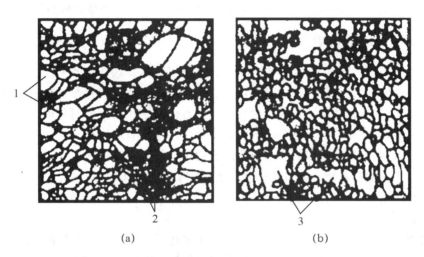

(a)   (b)

图 3-1 致密愈伤组织(a)与疏松愈伤组织(b)细胞结构比较
1.巨大细胞 2.管状细胞 3.细胞间隙(引自桂耀林,马成,1985)

二、愈伤组织的诱导与分化

愈伤组织的诱导就是使已分化的植物细胞脱离原来的发育轨道,失去原有状态和功能,恢复到未分化的状态的过程。一般双子叶植物比单子叶植物及裸子植物组织容易形成愈伤组织。幼年组织细胞比成年组织容易,二倍体比单倍体容易。外植体可选用植物根、茎、叶、花和种子等,培养过程中植物生长调节剂是重要的成分。一般要在培养基中添加 2,4-D、NAA、IAA、IBA、BA 等。有些天然物也对愈伤组织的诱导和维持十分有益,如椰子汁、酵母提取物、番茄汁等。植物细胞形成愈伤组织大致经历三个时期:诱导期、分裂期、分化期,即脱分化恢复分裂,持续分裂增生和进一步再分化形成植株。

(一)诱导期

诱导期是细胞正在准备分裂的时期。其主要目的是通过一些刺激因素和激素的诱导使原本处于静止期的细胞合成代谢活化,进而发生分裂。2,4-D 对于细胞中 RNA 的转录合成有明显的促进作用,常被用于愈伤组织的诱导。

(二)分裂期

分裂期是指细胞通过分裂不断增生子细胞的过程。这个时期的愈伤组织细胞分裂快,结构疏松,缺少有组织的结构,维持其不分化的状态,颜色浅而透明。来源于不同植物或同一种植物不同部位的愈伤组织,在颜色、结构和生长习性上都可能存在差异。

(三)分化期

分化期是指愈伤组织细胞停止分裂,细胞内发生一系列形态和生理上的变化,形成一些不同形态和功能的细胞的时期。分化期愈伤组织有其生长特点,例如,细胞分裂部位和方向发生改变,由原来局限在组织外缘的平周分裂转为组织内部较深层局部细胞的分裂;易形成瘤状或片状的拟分生组织;细胞的体积相对稳定,不再减少;出现了各种类型的细胞等等。

三、愈伤组织的继代培养

一般在愈伤组织长到 2～3 cm 时才将其与外植体分离,将其切成 4～8 个小块继续培养,如果起始愈伤组织的大小或形状不规则,可选取生长迅速的部位继代培养。若要进行愈伤组织的分化和再生,则应选择生长较慢的愈伤组织。每一次继代培养的时间取决于愈伤组织的生长速度。一般在 25～28℃ 下进行固体培养时,每隔 4～5 周进行一次继代培养。通过继代培养,可使愈伤组织无限期地保持在不分化的增殖状态。

由于代谢产物的积累会产生毒害作用,如果长时间不继代培养,就会使愈伤组织变成褐色。一般在继代培养时应切除褐色的组织。有些褐色的愈伤组织经多次继代培养也能恢复活力而正常生长。

一般来说,在固体培养时愈伤组织的增殖只发生在不与琼脂接触的表面,而与琼脂接触的一面极少有细胞增殖,只是细胞分化形成紧密的组织块。因此,整个愈伤组织小方块变成了一个不规则的馒头状的组织块(图 3-2),它是愈伤组织表面或近表面瘤状物生长的结果。

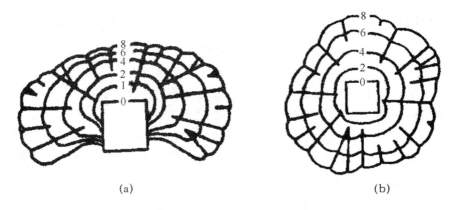

(a) (b)

图 3-2　烟草愈伤组织在 8 周培养期间形态的变化
(a)与琼脂培养基垂直方向的切面　(b)与琼脂培养基平行方向的切面
图中数字表示培养周数(引自李浚明,2002)

四、愈伤组织的形态发生

经过启动、分裂和分化期产生的愈伤组织,细胞分裂常以无规则方式发生,并产生无明显形态或极性的无序结构组织块,这时虽然在愈伤组织中发生了细胞分化,形成维管化组织和瘤状结构,但并没有器官发生。只有满足某些条件,愈伤组织的细胞才会发生再分化,产生芽或根的分生组织,甚至胚状体,进而发育成完整植株。

愈伤组织的形态发生途径主要有器官发生途径和胚状体发生(也叫体细胞胚胎发生)途径两种,在少数情况下也有两条途径同时存在的现象。

(一)器官的发生

指细胞或愈伤组织,通过形成不定芽再生成植株。这是组织培养中常见的器官发生方式。生长素与细胞分裂素的比值是根和芽形成的控制条件,生长素与细胞分裂素比例决定分化的方向:比例高利于根的形成,比例适中利于愈伤组织的形成与增殖,比例低则利于芽的形成。

器官发生形成小苗有如下四种方式:①愈伤组织仅有根或芽器官的分别形成,即无根的芽或无芽的根。②多数情况先形成芽,后在其茎的基部长根。③先长根,再从根的基部长芽。这种情况较难诱导芽的形成,尤其对于单子叶植物。④先在愈伤组织的邻近不同部位分别形成芽和根,然后两者通过维管组织结合起来形成一株小植株。这种方式少见。

(二)体细胞胚的发生

指在组织培养中,由一个非合子细胞(体细胞),经过胚胎发生和胚胎发育过程(经过原胚、球形胚、心形胚、鱼雷胚和子叶胚 5 个时期),形成的具有双极性的胚状结构。由外植体经胚状

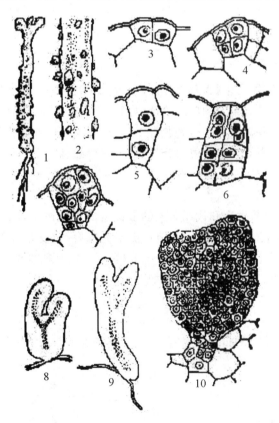

图 3-3　石龙芮幼苗下胚轴产生胚状体的过程
1.培养 1 个月的幼苗,下胚轴产生许多胚状体　2.下胚轴一部分放大
3.两个表皮细胞,可由此产生胚状体　4～7.原胚的发生过程
8.心形胚状体　9～10.已分化子叶、胚根及原形成层的胚状体

体形成完整植株经历三个不同发育阶段:第一个阶段外植体细胞脱分化发生细胞分裂,进而形成愈伤组织。这一阶段同器官发生方式一样。第二阶段胚状体形成。细胞经脱分化后,发生持续细胞分裂增殖,并顺次经过原胚期、球形胚期、心形胚期、鱼雷形胚期和子叶期,进而成为成熟的有机体,如图 3-3 所示。第三阶段胚状体再发育成完整植株。

胚状体发生途径具有两极性,即在发育的早期阶段,从其方向相反的两端分化出茎端和根端;而不定芽和不定根都为单向极性。

在植物组织培养中,器官发生方式和胚状体发生方式是愈伤组织形态发生的两种最常见和最重要的方式。胚状体发生方式比器官发生方式有更多的优点,如胚状体产生的数量比不定芽多;胚状体可以制成人工种子,便于运输和保存;胚状体的有性后代遗传性更接近母体植株。这些对组织培养应用于育种是十分有利而重要的。

第二节　器官培养

器官培养包括离体的根、茎、叶、花器和果实的培养。以器官作为外植体进行离体培养是植物组织培养中植物种类培养成功最多,实用性最强,应用的范围最广的一种类型。

一、器官培养的意义

器官培养不仅是研究器官生长、营养代谢、生理生化、组织分化和形态建成的最好材料和方法,而且在生产实践上具有重要的应用价值,如利用茎、叶和花器培养建立的组培苗,进行名贵品种的快速繁殖;利用茎尖培养可得到脱毒组培苗,解决品种的退化问题,提高产量和质量;将植物器官作诱变处理,用器官培养可得到突变株,进行细胞突变育种。

二、根的培养

离体根培养是进行根系生理和代谢研究的最优良的实验体系,因为根系生长快,代谢强,变异小,加上无菌,不受微生物的干扰,并能根据研究需要,改变培养的成分来研究其营养吸收、生长和代谢的变化。另外,由根细胞可再生成植株,不仅证明根细胞的全能性,而且也能产生无性繁殖系,用于生产实践。其培养方法如下。

(一)培养基

多为无机离子浓度低的 White 培养基,其他培养基如 MS、B5 等也可采用,但需将其浓度稀释到 2/3 或 1/2。

(二)培养过程

1.根无性繁殖系的建立

将种子进行表面消毒,在无菌条件下萌发,待根伸长后从根尖一端切取长 1.2 cm 的根尖,接种于培养基中,如图 3-4 所示,于 25～27℃进行暗培养。这些根的培养物生长很快,几天后发育出侧根。待侧根生长约 1 周后,即切取侧根的根尖进行扩大培养,它们又迅速生长并长出侧根,又可切下进行培养,如此反复,就可得到从单个根尖衍生而来的离体根的无性系。这种根可用来进行根系生理生化和代谢方面的实验研究。

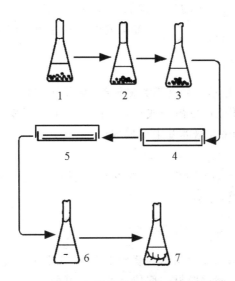

图 3-4 番茄离体根培养的过程
1.种子用 70％酒精消毒 1 min 2.用饱和漂白粉液消毒 10 min 3.用无菌水洗 3 次
4.将 6～10 粒种子放入培养皿中的湿滤纸上 5.培养皿放入暗培养直至胚根长至 30～40 mm
6.切取 10 mm 长的根尖用无菌的接种环接种于培养液中 7.在 25℃下培养直到长出侧根

2.植株再生培养

根段的离体培养也可以用来再生植株。第一步诱导形成愈伤组织,第二步在再分化培养基上诱导芽的分化。

(三)影响离体根生长的因素

1.基因型

不同植物的根对培养的反应不同。有些植物的根能快速生长并产生大量的健壮侧根,可以进行无限生长,如番茄、烟草、马铃薯、小麦等的离体根;有些植物的根能较长时间培养,但不是无限的,如萝卜、向日葵、豌豆、荞麦等的离体根;有些植物的根却很难生长,如一些木本植物的离体根。

2.营养条件

离体根的生长要求培养基中具备全部的必要元素,即植物生长所需要的大量元素和微量元素,离体根能利用单一的硝态氮或铵态氮。

微量元素对离体根的影响很大。缺硫会使离体根生长停滞;缺铁时导致酶活性受阻,破坏根系的正常活动;锰也是离体根培养所必需的,浓度以 3 mg/L 为宜,过高有毒害作用;缺硼会降低根尖细胞的分裂速度,阻碍细胞伸长;碘离子有利于番茄离体根的生长,缺碘会导致生长停滞。

常用蔗糖作为碳源,其效果优于葡萄糖,使用浓度为 2％～3％。维生素以维生素 B_1 和维生素 B_6 最为重要,缺少它们根的生长受限。

3.生长物质

不同植物离体根对植物生长调节物质的反应有一定的差异。生长素对离体根的生长的效应最为明显,一般情况下,加入适量的生长素能促进根的生长。对生长素需求因植物种类而异:有些植物种的离体根生长依赖于生长素,如黑麦的一些变种;而有些植物种不需要生长素,如番茄等。

4.pH

在番茄的离体根培养中,用单一硝态氮为氮源时,培养基 pH 为 5.2,而当用单一铵态氮为氮源时,pH 为 7.2 时最适。用天门冬酰胺或谷氨酰胺作为单一氮源,番茄根的生长速度在 pH 为 5.2 的培养基中比在 pH 为 6.8 培养基中增加数倍。

5.光照和温度

离体根培养的温度以 25～27℃为佳。一般情况下离体根须进行暗培养,但也有光照能够促进一些植物根系生长的报道。

三、茎的培养

离体茎培养是指从几微米到几十微米的茎分生组织,几十毫米的茎尖或更大的芽,幼嫩的茎段和小块块茎的无菌培养。根据取材的部位茎的培养可分为茎尖培养和茎段培养。

(一)茎尖培养

茎尖培养是切取茎的先端部分或茎尖分生组织部分,进行无菌培养。这是组织培养中用得最多的一个取材部位。茎尖培养根据培养目的和取材大小可分为微茎尖培养和普通茎尖培养。微茎尖指茎的顶端分生组织及其周缘部分,带有 1～2 个叶原基的生长锥,其长度不超过 0.5 mm。普通茎尖指较大的茎尖(如几毫米到几十毫米)、芽尖及侧芽。

普通茎尖培养的培养技术简单,操作方便,茎尖容易成活,成苗所需时间短。茎尖培养步骤如下:

1.取材

挑选杂菌污染少、生长不久的嫩梢上的茎尖。木本植物可在取材前对茎尖喷几次灭菌药剂,以保证材料少带菌。用于普通茎尖培养,可先从植物的茎、藤或匍匐枝上切取 2 cm 以上的顶梢。

2.消毒

将采集到的茎尖切成 1～2 cm 长,并将其大叶除去,休眠芽预先剥除外层鳞片。将茎尖置于流水冲洗 2～4 h,再在 75% 的酒精中处理 30 s,然后在 0.1% 氯化汞中浸 5～8 min,最后用无菌水冲洗数次,准备接种。

3.接种

为了减少污染,可在接种前再剥掉一些叶片。有些植物的茎尖由于多酚氧化酶的氧化作用而变褐。所以在接种时,动作要敏捷,随切随接,减少伤口在空气中暴露的时间,也可将切下的茎尖材料在 1%～5% 维生素 C 溶液中浸泡处理后接种。

4.培养的方法和程序

①培养基。多数茎尖培养采用 MS 作为基本培养基,或略加修改,或补加其他物质。常用的其他培养基有 White、Heller 等。一般培养基中需添加一定量的生长素,如 2,4-D,IAA,

NAA等,它们能有效地促进芽的生长发育,浓度不能太高,一般用0.1 mg/L左右,高于此浓度,往往产生畸变芽或形成愈伤组织。不同植物对生长素的反应是不同的。茎尖在培养过程中会出现生长速度太慢、太快和正常等三种生长类型。生长太慢型即接种后茎尖不增大,只是茎尖逐渐变绿,出现绿色小点,细胞逐渐老化而进入休眠状态,或者逐渐变褐死亡。其原因是生长素浓度太低,或是温度不适;生长太快型是接种后茎尖迅速增大,在茎尖基部产生愈伤组织,并迅速增殖,而茎尖不伸长,久之茎尖也形成愈伤组织,从而丧失发育成苗的能力。其原因:一是生长素浓度过高,引起细胞疯狂分裂而导致愈伤组织的形成;二是光照太弱或温度太高。生长正常型是接种后茎尖基部稍增大并形成少量愈伤组织,茎尖颜色逐渐变绿,并逐渐伸长,叶原基发育成可见的小叶,进而形成小苗。

②培养条件。接种到培养基上的茎尖,置于培养室中培养,每天照光16 h,光照度1 500～3 000 lx,温度通常在(25±2)℃。并且应根据不同植物种类,或者随培养过程的不同,给予适当的昼夜温差等处理。由于生长点培养时间较长,琼脂培养基易干燥,通过定期转移培养物至新鲜培养基中和封严包口等加以解决。一般茎尖培养在40 d左右可长成新梢,进行继代培养。

③继代培养。茎尖长成的新梢,可切成若干小段,转入到增殖培养基中。30 d左右,新梢又可切成小段,再转入新培养基,这样一代代继续下去,便建立和维持了茎尖无性系。继代培养可用MS基本培养基。也可边进行继代培养边进行诱导生根。取比较长的新梢(如1 cm以上)转入生根培养基,较短的新梢进行继代培养。

④诱导生根。诱导生根通常采用1/2MS培养基,并加入一定的生长素类调节物质,如NAA、IBA等。注意较高浓度的生长素对生根有抑制作用。如果新梢周龄较大、木质化程度较高,则用IBA处理的时间应适当延长或将其浓度提高。

⑤移植。在生根培养1个月左右,多数新梢即可获得生长健壮而发达的根系。移植时可根据生根情况来进行。若发现新梢基部生有较浓密的根系,就可驯化移栽。移栽时通过几天的炼苗后,从试管中取出小植株,轻轻洗掉培养基,栽入塑料营养钵或育苗盘中。

(二)茎段的培养

茎段培养指不带芽和带1个以上定芽或不定芽的,包括块茎、球茎在内的幼茎切段的无菌培养。培养茎段的主要目的是快繁,其次也可探讨茎细胞的生理特点,以及育种上进行突变体的筛选。茎段培养用于快速繁殖的培养技术简单易行,繁殖速度较快,通过芽生芽方式增殖的苗木质量好,无病,性状均一,使不能进行有性繁殖的植物实现快速繁殖。

1.材料的选择和处理

取生长健壮无病虫的幼嫩枝条或鳞茎盘(若是木本植物取当年生嫩枝或一年生枝条),剪去叶片,剪成3～4 cm的小段,用自来水冲洗1～3 h,在无菌条件下用75%酒精灭菌30～60 s,再用0.1%的氯化汞浸泡3～8 min(处理时间因材料年龄和有无蜡质覆盖等而定),用无菌水冲洗数次。通常茎的基部比顶部切段的成活率低,侧芽比顶芽的成活率低,所以应优先利用顶部的外植体。外植体尽量在生长期选取,在休眠期取外植体,成活率降低。如苹果在3～6月取材的成活率为60%,7～11月下降到10%,12月至翌年2月下降10%以下。

2.茎段培养的方法和程序

①诱导培养。最常用的基本培养基为MS培养基,加入3%蔗糖,加入0.7%的琼脂固化。

培养温度 25℃左右,给予充分的光照和光期。经培养后茎段的切口特别是基部切口上会长出愈伤组织,呈现稍许增大,而芽开始生长,有时会出现丛生芽,从而得到无菌苗。在茎段培养中,6-BA 是促进腋芽增殖最为有效的生长物质,依次为 KT 和 ZT 等。生长素虽不能促进腋芽增殖,但可改善苗的生长。GA 对芽伸长有促进作用。

②继代培养。继代扩繁是茎段培养的关键步骤。扩繁有两种途径:一是促进腋芽的快速生长,二是诱导形成大量不定芽。第一种途径的好处是不会产生变异,能保持品种优良特性,且方法简便,可在多种植物上使用,每年从一个芽可增殖 10 万株以上。第二种途径会产生变异。继代增殖过程注意选用培养基和生长调节剂。

③生根培养。生根培养的目的是使再生的大量组培苗形成根系,获得完整的植株。创造适于根的发生和生长的条件,主要是降低或除去细胞分裂素而加入生长素。由于在苗增殖时使用了较高浓度的细胞分裂素,使苗体内仍保持着一定的量,因此,在生根培养中不需要加细胞分裂素。生长素的浓度,NAA 一般为 0.1～1.0 mg/L,IBA 和 IAA 可稍高。组培苗生根,对基本培养基的种类要求不严,如 MS、B5、White 等培养基,都可用于诱导生根,但是其含盐浓度要适当加以稀释。前面的几种培养基中,除 White 外,都富含 N,P,K 盐,它们都抑制根的发生。因此,应将它们的盐浓度降低到 1/2、1/3 或 1/4,甚至更低的水平。生根培养时增强光照有利于发根,也有利于成功地将苗移栽到盆钵。故在生根培养时应增加光照时间和光照强度,但强光直接照射根部,会抑制根的生长。此外,在生根培养时最好在培养基中加 0.3% 活性炭,有利于促进生根。

④移植。移植是组织培养的关键一环。组培苗是在恒温、保湿、营养丰富、生长物质适当和无菌条件下生长的,其植株的组织发育程度不佳,植株幼嫩,表皮角质层变薄,抵抗力减弱,因此,在驯化时需进行炼苗。炼苗结束后洗净琼脂,小心移栽。管理上初期湿度要大,基质通气湿润,保湿保温,做到精心管理。

四、叶的培养

叶是植物进行光合作用的自养器官,因此叶培养不仅可用于研究形态建成、光合作用、叶绿素形成等理论问题,而且也是繁殖稀有名贵品种的有效手段。离体叶培养包括叶原基、叶柄、叶鞘、叶片、子叶在内的叶组织的无菌培养。再生成植株的方式有两种:一种是直接诱导形成芽;另一种是先诱导形成愈伤组织,再经愈伤组织分化成植株。

(一)叶片的培养方法

叶片培养包括叶柄、叶鞘、叶片培养等。

1.材料选择及灭菌

取植物的幼嫩叶片冲洗干净,用 70% 酒精漂洗约 10 s,再在饱和漂白粉液中浸 3～15 min,或在 0.1% 氯化汞中浸 3～5 min,用无菌水冲洗数次,置于无菌的干滤纸上吸干水分,以供接种用。对一些粗糙或带茸毛的叶片要延长灭菌时间。注意要选择成熟的叶片。一般地说,同一叶片的栅栏组织比海绵组织处于较成熟状态。在培养叶肉时因为海绵组织在分裂前就死亡,如果栅栏组织不发达的材料就难于培养。

2.接种

把灭菌过的叶组织切成约 0.5 cm 见方小块或薄片(如叶柄和子叶),接种在 MS 或其他培养基上。培养基中附加 BA 1~3 mg/L,NAA 0.25 mg/L 等植物生长调节物质。

3.培养

叶接种后培养条件为每天 10~12 h 光照,光强 1 500~3 000 lx。培养 2~4 周,叶切块开始增厚膨大,进而形成愈伤组织。这时应转移到再分化培养基上进行分化培养,分化培养基的细胞分裂素含量为 2 mg/L 左右,培养约 10 d,愈伤组织开始转绿出现绿色芽点,即将发育成无根苗。若再将苗移至含 NAA 0.5~1 mg/L 的生根培养基可诱导生根,从而发育形成完整植株。叶的培养比胚、茎尖和茎段培养难度大。首先要选用易培养成功的叶组织,如幼叶比成熟叶易培养,子叶比叶片易培养。其次要添加适当的生长素和细胞分裂素,保证利于叶组织的脱分化和再分化。

(二)叶原基的培养

叶原基培养是研究叶形态建成的重要手段。一般方法是采用休眠期的顶芽,剥去一部分鳞片后,在 5% 次氯酸钠溶液中浸泡 20 min,进行表面消毒,然后切取柱状叶原基进行培养。培养基可采用 Knop 无机盐或 Knudson(1951)配方,添加 Nitsch 配方中的微量元素(再加 $CoCl_2$ 25 mg/L)和 2% 蔗糖、0.8% 琼脂,pH 为 5.5,部分试验中添加维生素、NAA、水解酪蛋白等。培养温度为 24℃,人工光照 24 h。

第三节　胚胎培养

植物胚胎培养是指胚及胚器官(如子房、胚珠)在离体无菌条件下,使胚发育成幼苗的技术。包括幼胚培养、成熟胚培养、胚珠培养、子房培养、胚乳培养等。

一、胚培养的意义

胚培养主要用于解决育种实践中遇到的问题,也广泛地被用来研究胚胎发育过程中与胚发育有关的内外因素,以及与其发育有关的代谢和生理生化变化。

(一)远缘杂交中克服杂种不育

在种间和属间杂交种,由于不亲和性的原因,花粉进入子房,受精后,由于胚乳发育不良或胚与胚乳间不亲和而使胚早期败育,致使远缘杂交不能成功。如果将这类胚在适当时期取出,放在人工培养基上培养,就有可能使胚发育成正常植株。因此幼胚培养已经成为克服远缘杂交的不亲和性,进行"胚营救"的一个重要方法。

(二)促进无生活力或生活力低下的种子萌发

某些植物的种子具有科研价值,但因为自身原因或贮藏过久或贮藏不当发生霉变,影响胚的发芽。如果用还有生活力的胚进行组织培养,就可以大大提高发芽率,获得正常的植株。

(三)缩短育种周期

通过胚培养可以加速世代繁殖,缩短育种周期。在育种实践中,当种子有较长的育种周期,为加快培育新品种,也可以用胚培养的方法缩短育种周期。如蔷薇属植物需经整整一年才能开花,通过胚胎培养能够在一年内产生两个世代,因此缩短了育种周期;利用胚胎培养方法培育桃的早熟品种,如雨花露与冈山早生杂交后,经胚胎培养成特早熟的新品种云雾桃,成熟期短,对提早供应市场极有意义。

(四)克服珠心胚干扰

柑橘(芸香科)为多胚植物,除了正常的有性胚,还可以从珠心组织发生多个不定胚,常规杂交育种中,不定胚干扰了对有性胚的识别,且不定胚的生长势强,具有很强的竞争力,引起合子胚发育不良或中途夭折,使得成熟种子长出的实生苗是珠心胚发育而成的,因而影响柑橘杂交育种的结果。利用胚离体培养的方法可以使合子胚正常发育成植株。

(五)种子活力的快速测定

一些植物的种子后熟期长,常规的种子发芽试验耗时较长,特别是木本植物需要层积处理打破休眠。而离体培养下,未经后熟的种子胚和后熟的种子胚的萌发速率是一致的,因此应用胚培养技术可以快速测定种子生活力的高低。

(六)获得单倍体和多倍体植株

在远缘杂交之后。通过染色体的定向消除而产生单倍体,是胚胎培养的另一项新用途。如在栽培大麦×球茎大麦,小麦×玉米的杂交种,胚胎发育早期父本染色体被排除,形成单倍体胚,生长相当缓慢,必须把胚剥离出来进行培养,才能得到单倍体植株。

多倍体和无核品种的胚易发生早期败育,运用胚培养技术可以对其幼胚进行挽救。伊华林等以柑橘异源四倍体杂种为父本与单胚的二倍体柑橘杂交,通过幼胚培养获得三倍体植株。

(七)植物种质保存

幼胚具备超低温保存所要求的细胞原生质浓、无液泡化、细胞壁较薄等有利条件,因此长期继代培养的胚性愈伤组织,不仅是建立细胞无性繁殖系的一种材料,也是作为种植资源保存的理想材料。张进仁等长期继代柳橙胚愈伤组织达 8.5 年共 32 代,其染色体未发生变异,主要遗传性状稳定一致。

(八)提供理论研究方法

在探讨植物胚发生的过程中,许多重大的理论问题,如胚发生的各种具体条件,胚乳的作用、胚胎中各种组织对生长物质的反应、胚胎的切割实验等,都可以借助于组织培养的方法解决。胚胎培养的方法还可以与其他方法(如辐射)相结合。利用胚培养可以产生大量胚性愈伤组织,为植物细胞及器官发生提供了很好的实验系统,特别是胚胎发生技术,也是研究人工种子的重要基础。

二、离体胚培养的发育途径

(一)合子胚发育途径

合子胚途径是按照正常的胚胎发育途径形成植株。通常成熟胚在离体培养下,可以发育形成小苗,未成熟的胚在合适的培养条件下,继续进行正常的胚胎发育,维持"胚性生长",完成胚胎发育的全过程。经过从原球胚、心形胚、鱼雷胚、子叶形胚和成熟胚等阶段,直至形成再生植株。

(二)脱分化形成愈伤组织

离体胚,尤其幼胚在人工培养条件下,在培养基中能发生脱分化形成愈伤组织,并由此再分化形成多个胚状体或芽原基,形成小植株。这种胚性愈伤组织是建立细胞悬浮培养系或分离原生质体的良好材料。同时对愈伤组织培养再分化的植株中可能产生的变异,可以加以选择利用。

(三)胚"早熟萌发"

幼胚培养后迅速萌发成幼苗,而不继续进行胚性生长,通常称为"早熟萌发",形成畸形苗,这种苗虽然茎叶俱全,但由于子叶中几乎无营养积累而极端瘦弱,容易因发育不正常而死亡。对于这些畸形苗,可以进行抢救利用,分离培养变异体,作为育种材料。

三、胚培养的方法

植物雌雄配子结合后形成合子,随即进行第一次分裂,进而形成分生组织和幼胚,再发育成成熟胚。在这个过程,胚靠消耗胚乳的营养而发育,同时胚处在胚囊环境中,可吸收氨基酸、维生素等营养。胚培养包括胚胎发生过程中不同发育期的胚,一般可分为成熟胚和幼胚培养。

(一)成熟胚培养

成熟胚一般指子叶期后至发育完全的胚。成熟胚培养较易成功,在含有无机大量元素和糖的培养基上,就能正常生长成幼苗。因此,对成熟胚的培养来说,主要研究目的不是寻找其合适培养基和培养条件,而是用胚培养来研究胚发育过程的形态建成、生长物质的作用、各部分的相互关系和营养要求等生理问题。

由于种子外部有较厚的种皮包裹,不易造成损伤,易于进行消毒,因此,将成熟种子用70%酒精进行30 s的表面消毒,接着用饱和漂白粉或0.1%氯化汞浸泡10~20 min,再用无菌水冲洗3~4次,在无菌条件下进行解剖,取出胚接种在适当的培养基上,使其在人工控制条件下,发育成一棵完整的植株。

(二)幼胚培养

幼胚是指子叶期以前的幼小胚。由于幼胚培养在远缘杂交育种上有极大的利用价值,因此,其研究和应用越来越深入和广泛。随着组织培养技术的不断完善,幼胚培养技术也在进步,现在可使心形期胚或更早期的长度仅0.1~0.2 mm的胚生长发育成植株。由于胚越小就越难培养,所以,尽可能采用较大的胚进行培养。目前幼胚培养成功的有大麦、荠菜、甘蔗、甜菜、胡萝卜等。

幼胚培养的操作方法与成熟胚培养基本相同,值得注意的是切取幼胚必须在高倍解剖镜下进行,操作时要特别细心,尽量取出完整的胚。

幼胚培养的基本操作步骤是:

(1)摘取大田或温室中种植的杂交植株的子房。

(2)用70%酒精进行表面消毒(30 s),接着用饱和漂白粉或0.1%氯化汞浸泡10～20 min,再用无菌水冲洗4～5次,去除残留药物。

(3)无菌条件下,在高倍解剖镜下进行幼胚的剥离。用刀片沿子房纵轴切开子房壁,再用镊子夹出胚珠,剥去珠被,取出完整的幼胚,接种在培养基上培养。

(4)幼胚培养大多采用固体培养方法。

(5)培养室温度25℃左右,光照强度2 000 lx,照光10～14 h/d。

培养一段时间后,观察幼胚的发育。根据幼胚的发育途径和培养目的进行进一步培养。

四、胚培养对培养基与培养条件的要求

(一)培养基

1.基本培养基

成熟胚在简单的培养基上就可培养,一般由大量元素的无机盐和蔗糖组成;幼胚的培养比成熟胚要求高,常用Nitsch、MS、1/2MS等,禾谷类还常用N6、B5等。培养基中的氮源,常使用硝酸盐,一般认为硝酸盐比铵盐好,但也有铵盐能促使离体胚生长的情况。

2.碳水化合物

碳水化合物在培养基中主要作用是提供碳源,并调节培养基的渗透压。由于幼胚和脱离胚乳或子叶分离的成熟胚本身缺少贮藏物质,且不能进行光合作用,因此,在培养时,碳水化合物是必需的。蔗糖是多数植物最好的碳源,有时也可用葡萄糖或果糖。不同发育时期的胚要求的渗透压不同,对糖浓度的要求也不同,处于发育早期的幼胚需要较高的糖浓度,一般用量在8%～12%,随着胚的发育,糖的浓度要逐渐降低,成熟胚在含有2%蔗糖的培养基上生长良好。

3.维生素

发育初期的幼胚必须加入某些维生素,常用如盐酸硫胺素(维生素B_1)、盐酸吡哆醇(维生素B_6)、烟酸(维生素B_3)、抗坏血酸(维生素C)及肌醇等。在不同的培养中,维生素的种类和用量是不一样的,维生素及其衍生物对胚的生长促进作用也不同,如盐酸硫胺素对几种植物胚的培养表现为促进根的生长,而生物素、泛酸钙和烟酸对茎生长的促进作用比对根更为显著。

4.氨基酸

在培养基中加入氨基酸或酰胺类,如甘氨酸、丝氨酸、谷氨酰胺、天冬酰胺等,无论是单一的还是复合的,都能刺激胚的生长,而几种不同的氨基酸以适当配比加入,往往可获得较好的效果。

5.植物生长物质

植物生长调节物质的种类和浓度,对植物幼胚的继续发育有重要影响。低浓度的生长素会促进胚的发育,尤其是胚根的发育。细胞分裂素在有些植物中会抑制胚的生长,有些植物中

效果相反。赤霉素广泛应用于后熟种子的萌发,具有打破休眠、促进种子萌发的作用。为了调节胚的生长,促进胚发育成熟,生长素和细胞分裂素要配合使用。

6.天然附加物

幼胚培养基中常添加一些天然有机附加物,如水解酪蛋白、酵母提取液、椰乳、麦芽糖提取物及天然椰乳提取物等,有机附加物对幼胚的生长有不同程度的促进作用。

通常在幼胚培养中,还需加入活性炭,主要作用是吸收培养器官释放的有毒物质或培养基中抑制胚生长的物质,从而促进胚顺利生长发育。使用时要注意浓度。

7.pH

培养基的 pH 大小对胚的生长有明显影响,不同植物和不同时期的幼胚对 pH 的要求不同。胚生长的最适 pH,大麦为 4.9,番茄为 6.5,水稻为 5.0,柑橘为 5.8,苹果,梨为 5.8~6.2。通常情况下,pH 可调到 5.2~6.3。

(二)培养条件

1.温度

大多数植物胚胎培养的温度为 25℃左右,但不同植物要求不同,有些需要较低,有些需要较高。如禾本科植物成熟胚萌发温度范围在 15~18℃,马铃薯在 20℃较好。有些植物的胚培养需要在变温下进行,如桃胚的培养。

2.光照

幼胚培养初期一般在弱光或黑暗条件下培养,也因植物而异。达到萌发时期则需要光照。一般认为在 12 h 光照与 12 h 黑暗交替的条件下,对胚芽的生长有利,但对胚根的生长不利。

第四节　花药及花粉培养

花药培养是指将花粉发育到一定时期的花药接种到培养基中,形成花粉胚或愈伤组织,最终获得单倍体植株的技术;花粉培养则是将花粉从花药中分离出来,以单个花粉作为外植体培养,最终获得单倍体植株的技术。两者的共同点是培养过程中都是花粉发育,均可获得单倍体细胞系或单倍体植株。

1964 年,印度人 Guha 和 Maheshwari 将毛叶曼陀罗成熟花药在适当的培养基上培养,得到了单倍体植株,使细胞全能性学说在生殖细胞水平上得到验证。随后,这项研究很快被Bourgin 和 Nitsch(1967 年),Nakata 和 Tanaka(1968 年)等扩展到烟草上。至今,花药及花粉培养技术已在大豆、玉米、苹果、荔枝等 200 多种植物中得到应用。

一、花药与花粉培养的意义

(一)纯合育种材料

花药、花粉培养获得的单倍体植株,经过染色体的加倍,形成的二倍体在遗传上是纯合的,自交后代不发生分离,可作为自交系在育种上应用。

（二）缩短育种年限

常规育种中，杂交 F_2 代开始出现性状分离，到 F_6 代才开始选择，育种周期长。采用单倍体技术，将 F_1 或 F_2 代花药培养获得单倍体，加倍处理后获得纯合二倍体，下一代性状基本稳定，育种周期大大缩短。

（三）提高选择效率

单倍体育种程序比常规杂交育种程序大为简化。假设某一性状受一对基因控制，那么 AA×aa F_2 群体中纯合 AA 个体占 1/4；若对 F_1 花药或花粉培养，后代中 AA 个体占 1/2，选择效率是常规方法的 2 倍。若某一性状受两对基因控制，AAbb×aaBB F_2 群体中纯合 AABB 个体占 1/16；若对 F_1 花药或花粉培养，后代中 AABB 个体占 1/4，选择效率是常规方法的 4 倍。以此类推，若涉及 n 对基因，则在第二代得到纯合体的概率，常规杂交育种为 $1/2^{2n}$，单倍体育种为 $1/2^n$，单倍体育种是常规育种的 $2n$ 倍，育种效率大大提高。且花药和花粉培养加倍后的纯合二倍体，可排除杂合体中显性因子掩盖隐性因子造成的干扰，提高选择的准确性和可靠性。

（四）构建遗传材料

通过对 F_1 的花药或花粉培养，再经染色体加倍，可以获得加倍单倍体群体（DH 群体）。DH 群体是永久性群体，可以多年多点种植，有效减少环境误差，是遗传图谱构建、基因克隆等遗传学研究的理想材料。远缘杂交 F_1 代花药培养中出现的混倍体和丰富的染色体变异材料，有利于进行植物细胞遗传学等基础性研究。此外，花药和小孢子培养体系可以用来研究细胞的分裂、分化，以及小孢子发育转变等机制。

（五）克服远缘杂种的不育性

通过远缘杂交，可以导入新的基因和性状，在品种改良上有较大的潜力。远缘杂种后代往往存在分离年限长和不育的问题。若在花粉败育之前进行花药培养，则仍可能诱导出花粉植株，使远缘杂种后代性状迅速稳定，克服远缘杂种的不育性和分离性。目前，花药培养已在小麦、高粱等作物远缘杂交育种中有应用。

（六）利用单倍体细胞进行基因转导

单倍体细胞是外源基因转入的理想材料。以花药培养单倍体愈伤组织或单倍体植株作为转化受体，可以实现外源基因的稳定转化，避免外源基因的丢失及发生致命突变。

二、花药与花粉培养的方法

（一）花药培养

1. 取材

花粉发育时期是诱导小孢子分裂的关键，不同物种花粉最适的发育时期不同。单核中期或晚期的花粉是大多数植物最容易形成花粉胚或花粉愈伤组织的培养材料。因此，花药在接种之前，应预先用醋酸洋红或碘化钾溶液染色、压片、镜检，确定花粉发育时期，并找出其与花药、花蕾和幼穗大小、颜色等特征之间对应的关系。例如,草莓花蕾直径 3～5 mm、烟草花蕾的花冠与萼片等长、小麦旗叶与旗叶下一叶之叶耳距 5～15 cm 时的花药培养效果较好。花药培养取材中最好结合前人研究成果与镜检结果,以提高花药培养成功率。不同植物花药培养的合适花粉发育时期列于表 3-1。

表 3-1　不同植物花药培养的合适花粉发育时期

植物种类	减数分裂中期	减数分裂晚前期	四分体	单核期	双核期	成熟期
水稻				☓		
小麦				☓		
玉米				☓		
油菜				☓		
大麦				☓		
番茄	☓					
茄子				☓		
辣椒				☓	☓	☓
芥菜				☓		
甘蓝	☓					
苹果	☓					
葡萄				☓	☓	☓

(引自颜昌敬,1990)

2.预处理

在培养前,对花芽或花药进行物理和化学处理能够有效提高花粉发育成小植株的诱导率。常见预处理方法有低温、高温、辐射、离心、磁场、紫外线、γ 射线、化学试剂等。低温处理是常用且有效的方法,具体做法是将禾谷类植物带叶鞘的穗子或其他植物的花蕾用湿纱布包裹放入塑料袋中,置于冰箱中低温处理。不同植物低温处理的温度和时间不同。一般而言,烟草 7～9℃处理 7～14 d,水稻 7～10℃处理 10～15 d,玉米 4～8℃处理 7～14 d,大麦 3～7℃处理 7～14 d,辣椒 0～4℃处理 3～5 d,有利于花药诱导。

3.消毒

一般用 70%～75%酒精擦拭花蕾表面或浸 10～30 s,再用饱和漂白粉溶液浸泡 10～20 min,或用 0.1%氯化汞溶液浸泡 5～10 min,然后用无菌水冲洗 4～5 次即可。需要注意的是,花蕾或幼穗消毒时间不宜太长,防止漂白粉或氯化汞渗入花蕾或颖片,无菌水冲洗不净,影响接种后材料的生长。

4.接种

在超净工作台上取出花药并接种于培养基上。接种前先用解剖刀或镊子剥开花蕾,用镊子夹住花丝,取出花药。禾谷类作物可先摘下各个枝梗或切成若干小段,用剪刀剪去颖壳基部,用镊子夹住颖壳顶部,在培养瓶或试管口轻轻敲打,使花药落入培养基上;也可用剪刀剪去颖壳上半部,用镊子取出花药接入培养瓶或试管的培养基上。接种时动作要快,不要碰伤花药,并减少花药在外空间停留时间。

5.培养

根据材料不同,选取适宜培养基进行培养,一般需 10～30 d 可诱导形成愈伤组织。当愈伤组织增殖至 1～3 mm 时,及时转移到新的适宜培养基中诱导分化成苗,诱导分化成苗一般需 20～30 d。培养过程中,培养室温度 25～28℃。通常花药培养方法有三种:

(1)琼脂固体培养法。在培养基中加入 0.5%～0.7%琼脂,使培养基呈半固体状态。加入琼脂量根据琼脂质量而定,一般以花药有 1/3 浸入而又不沉没于琼脂中为宜。

(2)液体培养法。直接把花药接入浅层(0.5cm 左右)液态培养基中。可在培养基中加入 30%的聚蔗糖(Ficoll),使得花药漂浮于液面上,便于通气,培养效果良好。特别要注意的是在培养过程中,及时转移除去沉于瓶底的长大的愈伤组织,以免影响再分化培养效果。

(3)固体-液体双层培养基培养。这种方法兼顾固体培养法与液体培养法的特点,既能保持较高的接种密度,培养基又不易失水干涸。

6.移栽

小苗 4～5 片叶时即可移植于室外或温室。若环境条件差异较大,需要炼苗后移栽。方法同一般组培苗。

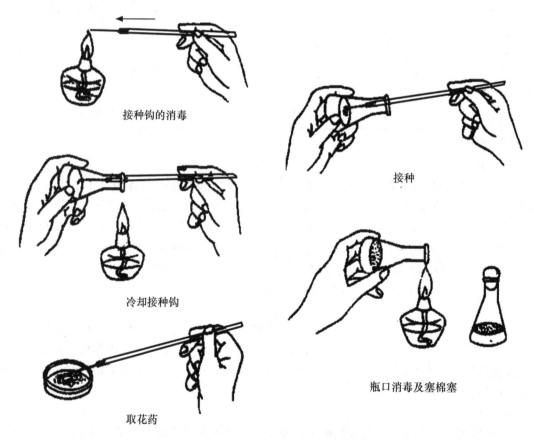

接种钩的消毒

冷却接种钩

取花药

接种

瓶口消毒及塞棉塞

图 3-5　花药接种程序
(引自葛胜娟,2008)

(二)花粉培养

花粉培养获得的植株全都是单倍体植株,不会因药壁、花丝、药隔等体细胞组织干扰形成体细胞植株。花粉培养技术难度大,不易成功,其技术关键是花粉分离和花粉培养。

1.花粉的分离

(1)自然释放法。一种方法是将花药接种于无菌固态培养基上(具体接种程序见图3-5),当花药裂开时,花粉散落在培养基上,移走花药,让花粉继续培养生长。另一种方法是将花药接种于液体培养基上,培养数天后,花粉散落到培养基中,转移花药,离心浓缩收集花粉。此法对花粉无损伤,但花粉分离不够彻底。

(2)机械分离法。主要有挤压法和磁力搅拌法:

①挤压法:把无菌花药置于液体培养基中,用平头大玻璃棒反复轻轻挤压花药,然后用200目镍丝网过滤,500～1 000 r/min速度离心数分钟,收集沉淀花粉。

②磁力搅拌法:将接种于液体培养基中的花药置于磁力搅拌器上,低速转至花药透明。

这两种方法花粉分离彻底,但均对花粉有一定的损伤。

2.花粉培养方法

(1)平板培养。平板培养是指将分离的花粉接种在一薄层培养基上培养的方法。Nitsch等先后将曼陀罗和烟草花粉采用平板培养法获得了胚状体,并分化成了植株。

(2)看护培养。看护培养是指将完整花药接种在琼脂培养基表面,将一张无菌滤纸放在花药上,用移液管吸取花粉悬浮液,滴于滤纸上,培养1个月后,在滤纸上形成细胞群落,进而发育成愈伤组织或胚状体,再分化成植株。Sharp等采用此法培养番茄花粉获得了细胞无性繁殖系。

(3)微室培养。微室培养是指将F_1花序表面消毒后,用塑料薄膜包好,静置一夜,花药裂开花粉散出后,制成花粉悬浮培养基,然后进行悬滴培养,培养方法类似于原生质体培养。Kameya等用甘蓝与芥蓝杂交F_1代成熟花粉运用此法进行培养获得成功。

(4)条件培养。条件培养是指在培养基中加入花药提取物,形成条件培养基,然后接种花粉进行培养的方法。具体培养步骤是:将花药接种于合适的培养基上培养一周,然后将这些花药取出浸泡在沸水中杀死细胞,研碎、离心,获得的上清液即为花药提取液。提取液经过滤灭菌后,加到培养基中,再接种花粉进行培养。运用此法进行烟草、曼陀罗花粉诱导培养已获得成功。

三、单倍体植株染色体加倍

单倍体植株只有一套染色体,不能进行同源染色体配对形成正常配子,因而不能正常结实。单倍体植株染色体加倍可以获得纯合二倍体,可以进行正常开花结实。单倍体植株染色体加倍的途径有自然加倍、人工加倍和从愈伤组织再生三种。

(1)自然加倍。自然加倍又称自发加倍。在培养过程中,单倍体可以通过花粉细胞核有丝分裂期间细胞没有分裂或核融合使染色体自发加倍。自然加倍具有核畸变率低的优点,但一般花粉植株染色体自然加倍频率不高。

(2)人工加倍。染色体人工加倍方法有热击、γ-射线辐照和药剂处理等。染色体加倍用药剂有秋水仙素、对二氯苯、8-羟基喹啉等,常用的是秋水仙素。

秋水仙素处理方法有3种(图3-6)。

①小苗浸泡:从培养基中取出幼小花粉植株,无菌条件下浸泡在一定浓度的秋水仙素溶液中,一定时间后转移到新培养基继续培养。秋水仙素处理浓度和时间因品种材料而异。烟草用0.2%～0.4%秋水仙素浸泡24～96 h;大麦用0.01%～0.05%秋水仙素浸泡1～5 d。

②茎尖处理:一种方法是将0.4%秋水仙素调制的羊毛脂涂在单倍体植株顶芽和腋芽上;

另一种方法是将蘸有 0.2%～0.4%秋水仙素的棉球放在单倍体植株顶芽或腋芽上,刺激分生组织细胞加倍。

③培养基处理:将秋水仙素添加到培养基中,诱导单倍体细胞或单倍体植株外植体加倍。

秋水仙素处理加倍频率较高,但有至核畸变缺点。同时秋水仙素处理易造成染色体不稳定,导致细胞多倍化,出现混倍体和嵌合体植株。因此,秋水仙素加倍过程中需确定适宜的浓度和时间,并对处理植株进行选择。

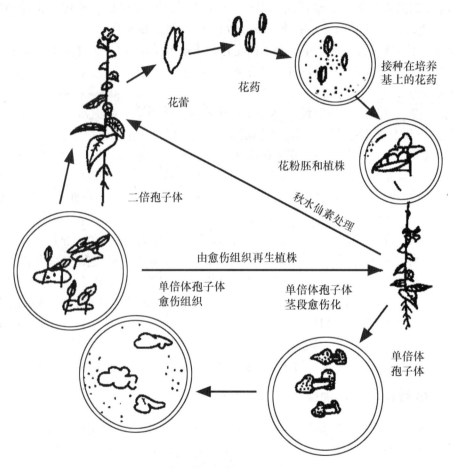

图 3-6　烟草花药培养及单倍体植株的加倍
(引自葛胜娟,2008)

第五节　细胞培养和原生质体培养

一、细胞培养

细胞培养是指将从植物体或植物培养物游离的细胞或细胞团,在人工培养基上进行培养的方法。植物细胞培养可在珍稀名贵花卉苗木快繁、利用细胞次生代谢物质合成药物,以及在细胞学方面的研究中发挥作用。

(一)单细胞培养

1.单细胞分离

(1)机械分离。植物叶片组织含有大量的薄壁细胞,是分离单细胞的理想材料。方法是:先将叶片用缓冲液研碎,匀浆过滤和离心净化获得细胞。机械分离法易伤害细胞结构,获得完整细胞团或细胞数量极低。

(2)酶解分离。用果胶酶将植物组织细胞与细胞间相联结的胞间层(主要成分为果胶)分解,从而使细胞散开。此法是由 Takebe 等发明,并从烟草叶片酶解获得叶肉细胞。果胶酶还能软化细胞壁,分离细胞时需加入渗透压调节剂保护细胞。烟草叶片酶解分离时甘露醇的浓度不能低于 0.3mol/L,否则会破坏细胞内原生质体。酶解法不适于大麦、小麦、玉米等物种。

(3)愈伤组织分离。先切取器官组织,在培养基上诱导出愈伤组织,然后将愈伤组织反复继代,以增加愈伤组织的松散性,最后将这种愈伤组织转移到液体培养基中振荡培养,就可以得到游离的细胞。

2.单细胞培养

单细胞培养是指对植物器官组织或愈伤组织分离的单个细胞进行无菌培养。常用培养方法有看护培养法、微室培养法和平板培养法等。

(1)看护培养法。看护培养指将单个细胞置于一块活跃生长的愈伤组织上培养,这个愈伤组织称为看护愈伤组织,既提供了营养物质,又提供了某种促进细胞分裂的物质。

看护培养方法见图 3-7。主要步骤有:①将 8 mm 的方形灭菌滤纸放置在生长活跃的愈伤组织上;②几天后,用微型移液器从细胞悬浮液中取得细胞,或用微型刮刀从易散碎的愈伤组织上分离细胞,接种于上述湿滤纸上;③当这个细胞长成微小的细胞团之后,再转至新的培养基上培养。

(2)微室培养法。微室培养指将含有单细胞的培养液滴接种于人工小室中培养的方法。

微室培养方法见图 3-8。主要步骤有:①从悬浮培养物中取一滴含有单细胞的培养液,滴于无菌载玻片上;②在培养液滴周围间隔一定距离滴加一圈石蜡油,将培养液滴围起来,形成微室的"围墙";③再在"围墙"两侧各加一滴石蜡油,并分别在其上放一张盖玻片,作为"微室"的支柱,将第三张盖玻片放在两支柱上,构成微室的"屋顶";④将含有培养液滴的微室的载玻片置于培养皿中培养。当细胞团长到一定大小时,转移到新鲜培养基上。

(3)平板培养法。平板培养是指将单个细胞接种在平铺薄层的固体培养基上培养的方法。

平板培养方法见图 3-9。主要步骤有:①用镍丝网过滤除去游离单细胞或细胞团培养物中的组织块

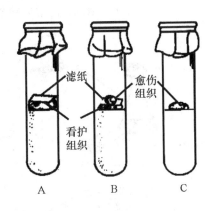

图 3-7 看护培养建立单倍体细胞无性系
(引自 Muir 等,1958)

A.一个置于滤纸上的单细胞,滤纸铺在一大块愈伤组织的顶上 B.培养的细胞分裂成一个小细胞团 C.在由滤纸上转移到培养基上进行直接培养之后,由单细胞起源的细胞团已长成一大块愈伤组织

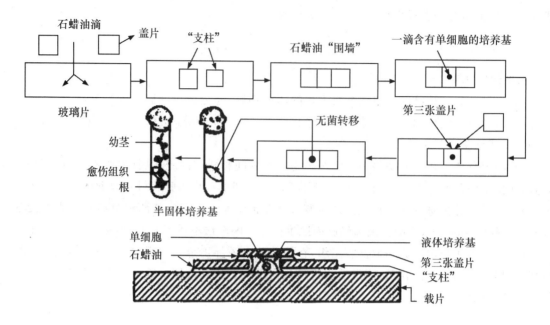

图 3-8　微室培养法分布图解

（引自 Jones 等，1960）

和大的细胞团，获得游离细胞和小细胞团；②液体培养基中加入 0.6%～1% 琼脂，加热使其融化，然后冷却至 35℃；③等量均匀混合上述培养基与细胞悬浮培养液，迅速使之平铺于培养皿中（约 1mm 厚）；④用封口膜封闭培养皿，25℃ 黑暗培养；使用倒置显微镜在培养皿下方观察细胞生长。

用平板法培养单细胞时，常以植板效率表示能长出细胞团的细胞占接种细胞总数的百分

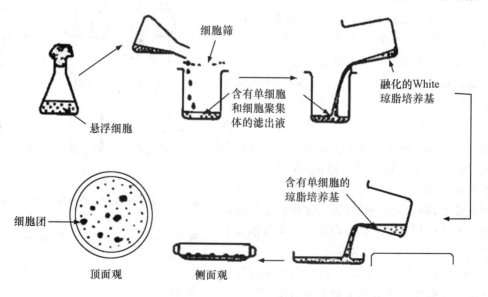

图 3-9　Bergmann 细胞平板培养法分步图解

（引自 Konar，1966）

数,公式如下:

$$植板效率 = \frac{每个平板上形成的细胞团数}{每个平板上接种的细胞总数} \times 100\%$$

平板培养植板效率大小与细胞种类、接种密度有关,一般细胞接种密度不低于 $10^3 \sim 10^4$ 个/mL。

(二)细胞悬浮培养

细胞悬浮培养是指将游离细胞或细胞团悬浮在液体培养基中不断地搅拌或振荡培养,使培养细胞快速大量增殖的系统。应用此法可以高效获得高经济价值的细胞次生代谢物质,如抗癌物质长春新碱、紫杉醇等。

细胞悬浮培养分为分批培养和连续培养两种方法。

1.分批培养

分批培养是指将细胞或细胞团分散于一定容积的液体培养基中进行培养,目的是建立细胞悬浮培养物。分批培养容器一般为容积 $100 \sim 250$ mL 的三角瓶,每瓶装有培养基 $20 \sim 75$ mL。培养过程中除了气体和挥发性代谢产物可以同外界交换外,一切都是密闭的。分批培养的细胞须进行继代培养才能进一步培养,方法是取出少部分细胞悬浮液(通常为总体积的 $1/5 \sim 1/3$),转移到成分相同的新鲜培养基中(大约稀释 5 倍)继续培养。分批培养中,细胞数目增长呈"S"形曲线变化,包括滞后期、指数生长期、直线生长期、减慢期和静止期(图 3-10)。

2.连续培养

连续培养是利用特制的培养容器进行细胞大规模培养的一种方式,培养过程中需不断注入新鲜培养基,排掉等体积的用过的培养基,以不断补充培养液中的营养物质。由于连续培养可以调节培养液的流入与流出速度,故培养细胞的生长速率相对一致,细胞增殖速度也比较快速。但是由于连续培养设备比较复杂,目前在植物组织培养中的应用还不多。

二、原生质体培养

原生质体是去除细胞壁的裸露的植物细胞。1960 年 Cocking 从番茄幼苗根中分离出原生质体;1971 年,Takebe 等获得烟草叶肉原生质体培养的再生植株。迄今已利用烟草、茄子、番茄、胡萝卜、矮牵牛等植物的原生质体再生成完整植株。

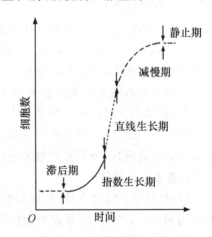

图 3-10 分批培养中每单位悬浮培养液内的细胞数与培养关系示意图
(引自 Wilson 等,1971)

原生质体培养技术包括原生质体分离、原生质体培养和原生质体融合三个方面,是细胞融合、体细胞杂交的基础。在不育植物遗传重组、克服不亲和障碍、转移胞质基因等方面应用前景广阔。

（一）原生质体分离

1. 外植体的选取

一般分离原生质体的材料分为两大类：一类是天然材料，即田间或野生植物，温室或盆栽植物的根、茎、叶、花、果实、种子等；另一类是人工无菌培养的材料，包括愈伤组织、悬浮细胞、再生植株等。一般选取生长旺盛的植物体幼嫩部分易分离出高质量的原生质体，普遍采用的外植体有根、下胚轴、幼叶、子叶等。不同类型或部位材料制备原生质体的产量有差异（表 3-2）。

表 3-2　小叶杨不同部位材料酶法制备的原生质体数　　　　　　　　　　　%

材料	酶处理时间/h				
	2	4	6	8	10
子叶	88	99	—	—	—
下胚轴	0	0	—	—	—
嫩根	极少	40	43	—	—
老根	0	0	0	—	—
嫩叶	0	极少	18	—	—
愈伤组织	—	68	84	92	51

注：引自彭星元，2010。

2. 外植体的预处理

（1）暗处理。将选择的外植体放置在一定温度、湿度的黑暗条件下一段时间，有利于原生质体的分离。1973 年，Constable 等将豌豆枝条置于黑暗中一定湿度条件下 1～2 d，分离出的原生质体存活率高，并能继续分裂；1974 年，Pelcher 等将室温中取出的菜豆叶片在 23～25℃、45%～48% 相对湿度下黑暗处理 24 h，得到了高产量的原生质体。

（2）预培养。将选择的外植体在合适的培养基上预培养一段时间，有利于原生质体的分离。1977 年，Catenby 等将去掉下表皮的羽叶甘蓝叶片在培养基上预培养 7 d，分离得到的原生质体高度液泡化，分裂频率与未经预培养的原生质体相比有很大提高。

3. 原生质体的分离

（1）机械法。将叶肉细胞、愈伤组织或液体悬浮培养细胞置于高渗溶液中，使之质壁分离，然后用利刃切开细胞壁，使原生质体释放出来。此法分离的原生质体产量低，不适于从细胞质浓、液泡化程度不高的分生组织中分离原生质体。

（2）酶解法。酶解法是目前获取原生质体的普遍方法。酶解处理时先把灭菌的叶片或子叶等材料下表皮撕掉，然后将去表皮的一面朝下放入酶液中。去表皮方法是：无菌条件下，将叶面晾干，顺叶脉轻轻撕下表皮。如果去表皮很困难，也可直接将材料切成小细条，放入酶液中。悬浮细胞等细胞团若大小不均一，则可先用尼龙网筛过滤一次，将原细胞团去掉，留下较均匀的小细胞团再进行酶解。

酶解法包括一步分离法和二步分离法两种。一步分离法是将材料在一定量的纤维素酶、果胶酶和半纤维素酶混合溶液中处理一次即可得到分离的原生质体。二步分离法是先将材料用果胶酶处理，降解胞间层，分离单细胞，再用纤维素酶去除细胞壁获得原生质体。常用的原生质体商品酶列于表 3-3。

表 3-3　原生质体分离中常用的商品酶

酶	来源	生产厂家
纤维素酶类		
Onozuka R-10	绿色木霉	Yakult Honsha Co.Ltd.，Tokyo，Japan
Meicelase P	绿色木霉	Meiji Seika Kaisha Ltd.，Tokyo，Japan
Cellulysin	绿色木霉	Calbiochem.，San Diego，CA 92037，USA
Driselase	Irpex lutens	Kayowa Hakko Kogyo Co.，Tokyo，Japan
果胶酶类		
Macerozyme R-10	根霉	Yakult Honsha Co.Ltd.，Tokyo，Japan
Pectinase	黑曲霉	Sigma Chemical Co.，St. Louis，MO 63178，USA
Pectolyase Y-23	日本黑曲霉	Seishin Pharm，Co.Ltd.，Tokyo，Japan
半纤维素酶类		
Rhozyme HP-150	黑曲霉	Rohm and Hass Co.，Philadelphia，PA 19105，USA
Hemicellulase	黑曲霉	Sigma Chemical Co.，St. Louis，MO 63178，USA

注：引自彭星元，2010。

不同材料采用酶浓度及渗透压浓度不同，需试验找出适宜的酶浓度和渗透浓度。表 3-4 是常用酶的种类及浓度。

表 3-4　不同植物原生质体所用酶的种类及浓度　　　　　%

酶种类	豇豆	烟属	洋地黄	冠瘿瘤	甘蔗	小麦	大白菜
果胶酶（Macerozyme R-10）	0.2	0.2	0.2	0.2		0.6	0.2
Pectolyase Y-23					0.05		
纤维素酶（Onozuka R-10）	1	0.5	1	2			0.5
纤维素酶（Driselase）							0.2
纤维素酶（Panda EA₃867）					2	2	
$CaCl_2 \cdot 2H_2O$/(mmol/L)	10	10	10	10	10	10	10
KH_2PO_4/(mmol/L)	0.7	0.7	0.7	0.7	0.7	0.7	0.7
MES					0.5		
甘露醇/(mmol/L)	0.5	0.6	0.55	0.5	0.4	0.5	0.6
pH	5.6	5.6	5.6	5.6	5.6	5.6	5.6

注：引自葛胜娟，2008。

4.原生质体的净化

酶解法分离的原生质体中常混有亚细胞碎片、维管束成分、未解离细胞、破碎原生质体等成分。此外，还需去掉酶液，以净化原生质体。具体方法是：

（1）用孔径 10～100 μm 滤网过滤混合液，去除杂质，收集滤液。

（2）将滤液 75～100 g 下离心 3～5 min，小心弃去上清液，沉淀物需进一步纯化，纯化方法有两种。

①沉降法:沉淀物重新悬浮于清洗培养基中,50 g 下离心 3～5 min 后弃去上清液,再悬浮,如此反复 2～3 次,最后用原生质体培养液洗一次,收集原生质体备用。

②漂浮法:将沉淀物悬浮于少量清洗培养基,置于含有蔗糖溶液(21%)的顶部,10 g 下离心 5～10 min 后,在蔗糖溶液和原生质体悬浮培养基的界面上会出现一个纯净的原生质体带,小心将此带吸出后,再反复洗涤 2 次,最后用原生质体培养液洗一次,收集原生质体备用。

(二)原生质体培养

1.原生质体的活力检测

原生质体培养前需要对原生质体的活力进行检测,方法有观察细胞环流、活性染料染色、荧光素双醋酸染色等。其中,荧光素双醋酸染色方法较为常用,染色后置于显微镜下观察,凡带荧光的原生质体即为活性的,否则为无活性的。

2.原生质体培养的适宜密度

原生质体培养具有密度效应,适宜密度为 10^4～10^5 个/mL。在 KM-8P 培养基(配方列于表 3-5)中,较低的植板密度下原生质体也可分裂。如豌豆等的叶肉原生质体在较低群体密度(每毫升少于 100 个原生质体)下比高密度下分裂快。应用 KM-8P 培养基时,应将材料置于黑暗条件培养。

表 3-5　适于低密度下培养原生质体的 KM-8P 培养基

成分	含量/(mg/L)	成分	含量/(mg/L)
无机盐			
NH_4NO_3	600	KI	0.75
KNO_3 1900		H_3BO_3	3
$CaCl_2 \cdot 2H_2O$	600	$MnSO_4 \cdot 7H_2O$	10
$MgSO_4 \cdot 7H_2O$	300	$ZnSO_4 \cdot 7H_2O$	2
KH_2PO_4	170	$Na_2MoO_4 \cdot 2H_2O$	0.25
KCl	300	$CuSO_4 \cdot 5H_2O$	0.025
Na-Fe-EDTA	28	$CoCl_2 \cdot 2H_2O$	0.025
糖			
葡萄糖	68400	甘露糖	125
蔗糖	125	鼠李糖	125
果糖	125	纤维二糖	125
核糖	125	山梨醇	125
木糖	125	甘露醇	125
有机酸			
丙酮酸	5	苹果酸	10
柠檬酸	10	延胡索酸	10

续表 3-5

成分	含量/(mg/L)	成分	含量/(mg/L)
维生素		生物碱	0.005
肌醇　100		氯化胆碱	0.5
尼克酰胺	1	核黄素	0.1
盐酸吡哆醇	1	抗坏血酸	1
盐酸硫胺素	10	维生素 A	0.005
D-泛酸钙 0.5		维生素 D_3	0.005
叶酸	0.2	维生素 B_{12}	0.01
对氨基苯甲酸	0.01		
激素	大豆＋小麦		大豆＋豌豆或粉蓝烟草
2,4-D	1		0.2
玉米素	0.1		0.5
NAA	—		1
不含维生素的水解酪蛋白	125		
椰子汁（取自成熟果实,加热到 60℃ 30 min 过滤）	10 mL/L		

注：①引自 Kao，Michayluk(1975)及 Wetter(1977)。

　　②过滤灭菌。

3.原生质体培养方法

原生质体培养的技术流程见图 3-11。

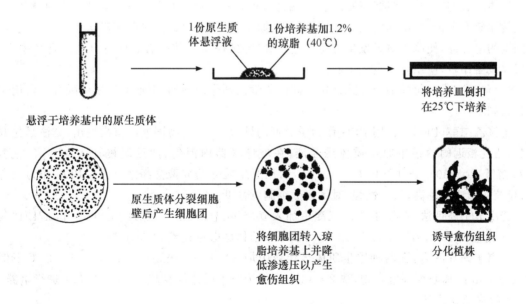

图 3-11　原生质体培养的技术流程

(引自 E.C.Cocking)

培养方法有液体培养法和固体培养法。

(1)液体培养法。液体培养法又可分为浅层培养和微滴培养两种。

浅层培养是指将含有原生质体的培养液在培养皿底部铺一薄层进行培养。

微滴培养是指将悬浮的原生质体培养液(密度 $10^4 \sim 10^5$ 个/mL)用滴管以 0.1 mL 左右的小滴接种到培养皿上,盖上皿盖,迅速将培养皿翻转过来,则成为悬滴培养。该法优点是如果其中一滴或几滴发生污染,不会殃及整个实验。

(2)固体培养法。固体培养是指在一薄层培养基上部进行原生质体的液体浅层培养,或将含有原生质体的琼脂糖培养基切块放入培养液中培养。此法的固体培养基中营养物质可以向液体中缓慢释放,补充培养物对养分的消耗,培养物产生的一些有害物质也会被固体部分吸收,原生质体的植板效率较高。缺点是固体表面的原生质体能够分裂,但是埋在琼脂内部的由于通气不良不分裂。

(三)原生质体融合

通过原生质体融合可实现体细胞杂交。它是用植物的根、茎、叶等营养器官及其愈伤组织或悬浮细胞的原生质体进行融合,所以称为体细胞杂交。体细胞杂交可以克服远缘杂交中某些障碍,更广泛地组合各种植物的遗传性状,为培育新品种开辟了一条崭新的途径。

1.细胞融合方式

原生质体融合方式分自发融合和诱导融合两类。自发融合是指细胞在酶法分解细胞壁后原生质体进行融合。诱导融合是指利用化学诱导剂或物理方法促使两个亲本原生质体融合。诱导融合可以是种内的,也可以是种间的,甚至是属间、科间的融合。

诱导融合的方法大体可以分为物理方式和化学方式两类。

(1)物理方式。物理方式是指利用电击、显微操作、灌流吸管、离心或振动等物理方法促使原生质体融合的方法。常见物理方式是电融合,即把一定的原生质体放入电融合仪的融合室,小室两端装有电极,在不均匀交变电场作用下,原生质体彼此靠近,接触成串珠状后,再施以足够强度的电脉冲,使原生质膜发生可逆性电击穿,导致原生质体融合。电融合法融合频率高,但仪器设备昂贵,应用有一定的限制。

(2)化学方式。化学融合方式是用不同的化学试剂作诱导剂,促使原生质体融合。常用化学方式如下:

①聚乙二醇(PEG)法:用 PEG 作为诱导剂的处理方法,由高国楠等首次提出,方法是先取等量、密度相近的两亲本原生质体悬浮液,在玻璃容器内混匀,然后缓慢加入 450 μL 左右 PEG 溶液,$20 \sim 30℃$ 条件下培养 $0.5 \sim 1$ h,后用原生质体培养液洗净融合剂。PEG 作为融合剂,异核体形成频率高,重复性强,对大多数细胞毒性低。

②高 pH-高钙法:在原生质体沉淀中加入 0.05 mol/L $CaCl_2 \cdot 2H_2O$ 和 0.4 mol/L 甘露醇,pH 调整到 10.5,37℃下保温 0.5 h,可使原生质体融合率达到 10% 左右。

③离子诱导融合:在两种原生质体悬浮液中加入 $0.3 \sim 0.6$ mol/L $NaNO_3$,$25 \sim 30℃$下保温 $10 \sim 20$ min,离心得到融合物,洗 $2 \sim 3$ 次,悬浮于原生质体培养基中,$26 \sim 28℃$下进行培养。

2.细胞融合过程

异种原生质体先经膜融合形成共同的质膜,然后经胞质融合,产生细胞壁,最后核融合,再通过培养获得杂种细胞系或杂种植株。其中,细胞核融合是异种原生质体融合的关键。并且,融合体只有成为单核细胞后,才能继续生长,合成遗传物质 DNA 和 RNA,并进行细胞分裂。这就要求两个核分裂必须同步,若两个核所处时期不同,一个开始合成 DNA,另一个还处于合成中途或已完成复制,它们之间就会相互影响,最终不能进行细胞分裂。图 3-12 为体细胞杂交过程主要环节。

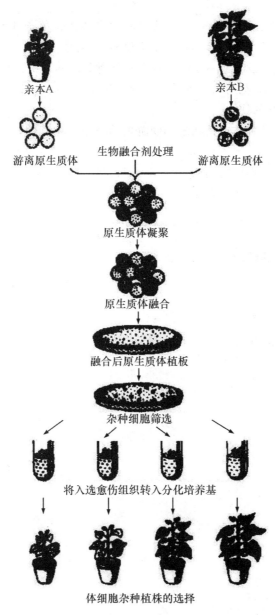

图 3-12　体细胞杂交过程主要环节

(引自 Bajaj,1977)

本章小结

　　常用的几种组织培养类型有愈伤组织培养、器官培养、花药培养、胚胎培养等。愈伤组织培养是指将母体植株上的一部分切下,接种到无菌的培养基上,进行愈伤组织诱导、生长和发育的一门技术。

器官培养包括离体的根、茎、叶、花器和果实的培养。茎尖培养是切取茎的先端部分或茎尖分生组织部分，进行无菌培养。茎尖培养根据培养目的和取材大小可分为微茎尖培养和普通茎尖培养。

植物胚胎培养是指胚及胚器官（如子房、胚珠）在离体无菌条件下，使胚发育成幼苗的技术，包括幼胚培养、成熟胚培养、胚珠培养、子房培养、胚乳培养等。

花药培养是指将花粉发育到一定时期的花药接种到培养基中，形成花粉胚或愈伤组织，最终获得单倍体植株的技术；花粉培养则是将花粉从花药中分离出来，以单个花粉作为外植体培养，最终获得单倍体植株的技术。

细胞培养是指将从植物体或植物培养物游离的细胞或细胞团，在人工培养基上进行培养的方法。

不同类型的培养具有不同的用途，比如花药与花粉培养在育种中应用广泛，能纯合育种材料、缩短育种年限、提高选择效率等作用。

思考题

1.什么是愈伤组织培养、器官培养、胚胎培养、花药培养、花粉培养、细胞培养、原生质体培养？

2.胚胎培养的意义有哪些？

3.花药及花粉培养的意义有哪些？

4.简述成熟胚培养的方法。

5.简述细胞培养的操作程序。

6.简述原生质体培养的方法。

第四章　植物组培苗快速繁殖技术

知识目标
- ◆ 了解组培苗快繁技术的意义。
- ◆ 掌握组培苗快速繁殖的一般程序。
- ◆ 掌握快速繁殖技术开发方法与步骤。

能力目标
- ◆ 会设计某种植物的组织培养快繁的实验方案。
- ◆ 能进行外植体的选择、处理与接种。

第一节　植物组培苗快速繁殖概述

一、植物组培苗快速繁殖含义与应用

植物组培苗(简称组培苗,又称试管苗)快速繁殖是指将植物材料在短时间内离体培养获得大量种苗的一种方法,简称离体快繁或快繁,也称微繁。很多植物没有种子或种子的繁殖率极低,通常通过无性繁殖方式进行繁殖。植物组织培养苗快速繁殖技术比常规的嫁接、扦插、压条、分株等营养繁殖速度快得多,与种子繁殖相比则减少了休眠及幼年期的限制。组培快繁技术除了在基础理论的研究上占有重要地位外,还广泛应用于以下方面:①优良品种、优良类型和珍贵种质资源的快繁;②少量脱毒良种苗的快繁和无病毒苗大量繁殖;③特殊育种材料快繁;④制种材料的快繁;⑤基因工程植株的快繁;⑥自然和人工诱导有用突变体的快繁;⑦离体保存种质的快繁;⑧濒危植物的快繁。

由于组培苗快速繁殖应用的广泛性和突出的优点,使这项技术得到迅速发展。如今观赏植物、园艺作物、经济林木、无性繁殖作物等都在广泛利用组培快繁生产苗木。

二、植物组培苗快速繁殖的一般程序

组培苗快速繁殖的主要内容包括外植体的选择、无菌培养物的建立、中间繁殖体的继代增

殖、诱导生根和组培苗的驯化移栽等。一般程序如图 4-1 所示。

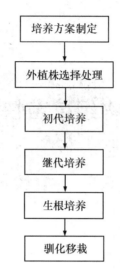

图 4-1　组培苗快繁的一般程序

第二节　外植体的初代培养

一、初代培养的概念及关键技术

(一)初代培养的概念

组培苗的初代培养,是指将外植体从母体上切取下来进行的第一次培养,即将准备进行体外无菌培养的组织或器官从母体上取下,经过表面灭菌后,切割成合适的小块或直接置于培养基上进行培养的过程。初代培养的产物为第一代培养物,通过继代培养,其体外繁殖体可供作第二、第三乃至无数代的培养。

初代培养直接关系到培养的成败与否,在整个组织培养过程中尤为关键。初代培养与植物的种类、培养基的成分、培养技术等直接相关。

(二)初代培养的关键技术

在生产实践中有些植物很容易建立起无菌外植体,而有的植物反复多次也难以成功。为确保初代培养成功,要做好以下三个方面:一是要掌握好无菌技术。要保证培养材料和培养基的无菌状态,维护培养室的良好清洁环境条件,这是组织培养成功的最基本的前提。二是要精心筛选合适的培养条件。条件合适包括植物种类、品种及培养的部位合适;培养基、激素及其他添加物合适;培养环境条件合适。木本植物和草本植物,单子叶植物和双子叶植物,同科、同属、同种的植物,同一部位的培养材料等的培养皆有其共同特点可以遵循。因此在进行一种植物的组织培养之前,应查找该植物有关组织培养方面的资料,了解所采用的培养材料、培养基、培养条件等成熟的培养技术,作为自己培养方案制订和工作步骤设计等的参考。三是要具有熟练的操作技能。要建立初代培养,操作技能十分重要的,动作熟练、操作快速、用时短等能避免茎尖等培养材料失水变干导致失败,也降低污染发生概率。

二、外植体选择、处理与接种

外植体是指第一次接种用的植物材料,是由活体植株上切取下来,用以进行离体培养的那部分组织或器官。理论上几乎每种植物的组织或器官都可作为外植体,但是具体采取什么组织或器官,则取决于培养的目的和所涉及的植物种类。就无性繁殖而言,植物种类不同,其无性繁殖的能力不同,同一种植物不同的组织和器官的再生能力也有很大差异。为了使外植体适于在离体培养条件下生长,使组织培养工作顺利进行,有必要对外植体进行选择与处理。

(一)外植体选择的原则

1.选择优良种质及母株

选择具有较高社会和经济效益的种质为快繁对象,外植体选择时要选取性状优良、生长健壮的无病虫害植株进行快速繁殖。

2.选取合适的取材部位

目前几乎植物体各个部位在组织培养中都有培养成功。但是,不同种类的植物以及同种植物不同的器官对诱导条件的反应是不一致的,有的部位诱导的成功率高,而有的部位很难脱分化,有的即使脱分化,再分化频率很低,或者只分化出芽不长根,或者只长根不长芽。如百合科不同属的植物中虎眼万年青等比较容易形成再生小植株,而郁金香就比较困难。同种百合鳞茎的鳞片其再生能力差别也很大,外层比内层的再生能力强,下段比中、上段再生能力强。因此,在生产实践中必须选取最易表达植物细胞全能性的部位进行初代培养。

茎尖对大多数植物来讲是很好的部位,由于其生长速度快、遗传性稳定,在植物组织培养中成为首选的外植体材料。但茎尖材料数量有限,为此茎段也得到了广泛的应用,可解决培养材料不足的问题。有些植物叶片的培养容易成功,由于材料的来源最为丰富,叶片的培养利用更为普遍,如秋海棠、猕猴桃、番茄和豆瓣绿等。有些植物还可根据需要,采用根、花瓣、花药等部位来培养。总之,在确定取材部位时,一方面要考虑培养材料的来源有保证,容易成苗;另一方面要考虑到特别是经过脱分化产生愈伤组织培养途径是否会引起不良变异,丧失原品种的优良性状。

3.选择适当的取材时期

(1)取材季节。离体培养的外植体最好在植物生长的最适时期取材,即在其生长开始的季节采样,若在生长末期或已经进入休眠期取样,则外植体会对诱导反应迟钝或无反应。如苹果芽在春季取材成活率为60%,夏季取材下降到10%,冬季取材在10%以下。以百合鳞片为外植体,在春、秋季取材易形成小鳞茎,在夏、冬季取材培养则难形成小鳞茎。马铃薯在4月和12月取材有较高的块茎发生能力,而2~3月或5~11月取材则很少有块茎发生。

(2)生理状态和发育年龄。作为外植体的器官的生理状态及年龄,直接影响其形态发生。按植物生理学的基本观点,同一植株上的器官具有不同的生理年龄,同种器官上的不同部位也具有不同的生理年龄。沿植物的主轴,越向上的部分所形成的器官其生长的时间越短,其生理年龄也越老,越接近发育上的成熟,越易形成花器官。反之,越向下,其生理年龄越小。在组织培养中不少实例证实了这一点。如在烟草、西番莲的培养中发现植株下部组织产生营养芽的比例高,而上部组织产生花器官的比例高。在蕙兰、卡德利亚兰等洋兰的组织培养中也发现,试管实生苗诱导的植株成幼态苗,而温室生长了几年的植株茎尖诱导的再生植株成成熟态,叶片肥厚,色深,分泌醌类物质多等。在木本植物的组织培养中,以幼龄树的春梢嫩枝段或基部的萌条较好,下胚轴与具有 3～4 对真叶的嫩茎段,生长效果也较好,而下胚轴以靠近顶芽的一段容易诱导产生芽,茎尖(带有 1～2 个叶原基的顶端分生组织)也较理想,但树龄小的要比树龄大的容易获得成功。一般情况下,越幼嫩,年限越短的组织具有较高的形态发生能力,组织培养越易成功。

4.选取适宜大小的外植体

外植体的大小,应根据培养目的而定。如果是胚胎培养或脱毒,则外植体宜小;如果是进行快速繁殖,外植体宜大。但外植体过大,杀菌不彻底,易于污染;过小离体培养难于成活。一般外植体大小在 0.5～1.0 cm 为宜。具体说叶片、花瓣等约为 5 mm^2,茎段则长约 0.5 cm,茎尖分生组织带 1～2 个叶原基 0.2～0.3 mm 大小等。

(二)外植体的处理

外植体在接种前先要灭菌,在灭菌前,又先要进行预处理。植物材料一般采取一定的预处理,即是先对植物组织进行修整,去掉不需要的部分,将准备使用的植物材料在流水中冲洗干净等。经过预处理的植物材料,其表面仍有很多细菌和真菌,因此还需进一步灭菌。常规的表面灭菌处理方法是把材料放进 70% 或 75% 的酒精中 10～30 s 后再在 0.1% 的氯化汞中浸泡 10 min 左右,或在 10% 的漂白粉上清液中浸泡 10～15 min,然后用无菌水冲洗 3～5 次。灭菌时进行搅动,使植物材料与灭菌剂有良好的接触。如在灭菌剂里滴入数滴 0.1% 的 Tween20 (吐温)或 Tween80 湿润剂,则灭菌效果更好。

(三)常用试验方法

在进行植物的组织培养时,首要问题是寻找最佳培养方案。组织培养中所涉及的培养基种类、培养基成分和培养条件等可变因素很多,各种因素间相互影响。相互作用,要成功获得最佳培养方案并能用于生产实践,需要经过大量繁琐的步骤。即使是应用他人比较成熟的技术,也往往需要先经过小规模的试验后才能正式投入生产。植物本身具有多样性和芽的异质性的特点,常常需要根据培养物的实际表现对组培技术作适当修正。一个好的方案将会取得事半功倍的效果。

1.组培试验的策略

(1)逐步添加和逐步排除的试验方法。在植物组织分化与再生的研究中,在没有取得稳定可靠的分化率与再生率之前,往往需添加各种有机营养成分,而在取得了稳定的再生之后,就可以逐步减少这些成分。逐步添加是使试验成功,逐步减少是为了缩小范围,以便找到最有影响力的因子,或是为了实用上的需要尽力使培养基简化,以降低成本和有利于推广。在寻求最佳激素配比时,经常会用到这种加加减减的简单方法。

(2)广谱实验法。在广谱实验法中,把培养基中所有组分分为四大类:无机盐、有机营养物质(蔗糖、氨基酸和肌醇等)、生长素、细胞分裂素。对每一类物质选定低(L)、中(M)和高(H)3个浓度。4类物质各3种浓度的自由组合即构成了一项包括81个处理的实验。经过这个阶段筛选后,再试用不同类型的生长素类和细胞分裂素类生长调节物质即可找到培养基的最佳配方。这是因为不同类型的生长素和细胞分裂素对不同植物的活性有所不同。

2.组培试验设计方法

(1)预备试验。在进行信息分析的基础上,结合自身的工作经验,针对某些关键因素就可以简单地拟定一个试验方案。预备性试验一般不很严格,试验目的也很简单,只是粗略地判断一下某因素是否对培养植物有影响,如果有影响,则通过分析推断其影响程度和某因素作用剂量的大致范围。在一般组培实验室或组培工厂里,针对各类组培植物均可配制出各种培养基,只要将新材料接种上去,观察培养物的反应就可以了。然后根据培养物的反应做出正确的判断,从中找到突破口,使下一阶段的试验工作更有把握,针对性更强。

(2)单因子实验设计。单因子实验是组织培养中最常用的实验方法,尤其在选择适当的激素种类和浓度配比上使用最多。

所谓单因子实验就是在实验过程中保持其他因素不变,只改动其中一种因素,从而找出这一因素对培养材料的影响及影响程度。基本培养基种类、糖浓度、培养基 pH、光照强度及时间、培养温度等可以作为众多因素中的单因子进行测试,找出最适宜值。例如,选择 MS 培养基,培养基 pH 为 5.8,光照强度 2 000 lx,光照时间 10 h/d,在 25℃下培养,以上因素不做变动,只变动 6-BA 的浓度,0、0.5、1.0、3.0、5.0(单位 mg/L,下略,浓度一般在 5 mg/L 以下),通过实验就能找出 6-BA 对培养物的最佳诱导效果的浓度,当 6-BA 含量为 0 的处理即为对照组。为了排除偶然因素的干扰,各种处理必须设置重复,以提高准确度或进行统计分析。一般重复至少 3 次以上,设置的重复数量越多,所取得的结果越可靠,如果实验材料有限,也可灵活掌握。

(3)正交实验设计。正交设计是适用于多因素试验的一种有效的设计方法,通过正交试验可以很方便地从众多因素中筛选出主要影响因素及最佳水平,因为正交试验可以用较少的实验次数得到较多的信息。正交试验虽然是多因素搭配在一起的试验,但是在试验结果的分析中,每一种因素所起的作用却又能够明白无误地表现出来。因此,一次系统的试验结果,就可以把问题分析得清清楚楚,用有限的时间取得成倍的收获。在组织培养研究中,可用于同时筛选培养基中适宜的几种成分的用量,如细胞分裂素、生长素、糖和其他成分的用量。

(四)外植体的接种

1.外植体消毒

将预处理后初步洗涤及切割的材料放入烧杯中,置入超净台上,用合适的消毒剂灭菌一定时间,再用无菌水冲洗干净,最后沥去水分,取出放置在无菌的滤纸上。

2.外植体的分离、切取

材料用无菌滤纸吸干后,一手拿无菌的镊子,一手拿无菌的剪子或解剖刀,对材料进行适当的切割。如叶片切成 0.5 cm 见方的小块,茎切成含有 1 个节的小段。微茎尖要剥成只含 1~2 片叶原基的茎尖大小等。较大的材料肉眼观察即可操作分离,较小的材料需要在双筒实体解剖镜下放大操作(解剖镜使用前进行灭菌消毒处理,可用 70％酒精反复擦拭)。分离工具一定要放好,切割动作要快,避免使用生锈的刀片,以防止氧化现象产生。接种时要防止交叉污染的发生,不要将用过而已污染的滤纸继续使用,或已用过的工具未及时消毒而再继续使用,否则极易产生一连串交叉污染现象。因此刀和镊子等接种工具使用一次应放入 70%(或95%)酒精中浸泡,然后灼烧放凉备用,并及时更换无菌滤纸。

3.接种

将已消毒好的根、茎、叶等离体器官,经切割或剪裁成小段或小块,放入培养基。材料放置方法除茎尖、茎段要正放(尖端向上)其他尚无统一要求。材料在培养容器内的分布要均匀,以保证必要的营养面积和光照条件。初代培养放置材料数量宜少放,一般一支试管放一枚材料,可节约培养基和人力,一旦培养物出现污染可以抛弃。所有材料接种完毕,包扎好封口薄膜,做好标记,注明材料接种名称、接种日期。

(五)外植体的培养

根据不同的外植体所需求的培养条件选择适宜的温度、光照、湿度等培养条件。适宜的培养条件是通过科学试验获得的。其中温度和光照至关重要。温度是影响植物组织培养的重要条件。在植物组织培养中大多采用最适温度,并保持恒温培养,以加速生长。通常采用(25 ± 1)℃的温度,对大多数植物是合适的,但也有许多例外情况。光照强度、光的波长和光周期对组培苗生长增殖也有明显影响。通常在培养体系的建立阶段和中间繁殖体的增殖阶段,需要 $500\sim1\,000$ lx,而对于生根壮苗阶段,宜提高到 $3\,000\sim5\,000$ lx。光的波长也明显影响愈伤组织的诱导,组织的增殖以及器官的分化。

第三节　植物组培苗的继代培养

植物组培苗的继代培养是指将初代培养及以后各代无菌材料反复转移到继代培养基中进行增殖的培养过程,旨在繁殖出相当数量的无根苗,最后能达到边繁殖边生根的目的。继代培养的后代是按几何级数增加的过程。不同种类的繁殖体在不同的条件下具有不同的繁殖率,但多数种类扩繁一次,其植株数量可增加 3~4 倍。

继代培养中扩繁的方法包括:切割茎段、分离芽丛、分离胚状体、分离原球茎等。切割茎段常用于有伸长的茎梢、茎节较明显的培养物。这种方法简便易行,能保持母种特性。分离芽丛适于由腋芽反复萌发生长或愈伤组织生出的芽丛,若芽丛的芽较小,可先切成芽丛小块,放入MS 基本培养基中,待到稍大时,再分离开来继续培养。

一、植物组培苗继代增殖类型

我国学者罗士韦根据植物组织培养离体分化过程的差异,将植物离体再分化过程分为五种类型。

(一)无菌短枝扦插繁殖途径

无菌短枝扦插繁殖途径是先将外植体切成带 1~2 个腋芽的茎段接种到适宜的培养基上,一定时间后腋芽形成嫩梢,再将此嫩梢切成 1~2 个腋芽的茎段接种到适宜的培养基上进行培养。如此反复循环培养,直到达到一定数量的嫩梢后,再进行生根培养,即可获得完整的组培苗。这种方式亦称做"微型扦插"。

（二）丛生芽增殖途径

顶芽和腋芽在离体培养中都可诱导生长增殖。采用枝条、顶芽或侧芽作为外植体,在含有细胞分裂素的培养基上培养,可形成一个微型多枝多芽的小丛生枝状结构。这种丛生枝状结构可分割转接继代,再形成类似的丛生枝,如此反复,便可迅速获得大量的嫩茎。这种途径是目前应用最为广泛的快繁方法,适用于这种方法的植物种类也较多。

（三）不定芽途径

除顶芽和腋芽外,从植物体上任何部位或组织产生的芽都称为不定芽。在组织培养中不定芽的发生方式有两种。

一种方式是在培养中由外植体经脱分化形成愈伤组织,然后,经再分化形成不定芽,即由这些分生组织形成器官原基,它在构成器官的纵轴上表现出单向的极性。一般先形成芽,后形成根的方式易成苗,反之较难成苗。

另一种方式是从器官中直接产生不定芽。有些植物具有从各个器官上长出不定芽的能力,如矮牵牛、福禄考、悬钩子等。当在试管培养的条件下,培养基中提供了营养,特别是提供了连续不断植物激素的供应,使植物形成不定芽的能力被大大地激发出来。许多植物种类的外植体表面几乎全部为不定芽所覆盖。在许多常规方法中不能无性繁殖的植物种类,在试管条件下却能较容易地产生不定芽而再生,如柏科,松科,银杏等植物。许多单子叶植物储藏器官能强烈地发生不定芽,用百合鳞片的切块就可大量形成不定鳞茎。

在不定芽培养时,也常用诱导或分化培养基。用不定芽得到的培养物,一般采用芽丛进行繁殖,如非洲菊、草莓等。

（四）胚状体途径

在植物组织培养中,胚状体途径是由体细胞形成的、类似于生殖细胞形成的合子胚发育过程的胚胎发生途径。体细胞胚状体类似于合子胚但又有所不同,它也通过球形,心形,鱼雷形和子叶形的胚胎发育时期,最终发育成小苗。胚状体可以从愈伤组织表面产生,也可从外植体表面已分化的细胞中产生,或从悬浮培养的细胞中产生。

通过体细胞胚状体发生来进行大量繁殖具有极大的潜力,其特点是成苗数量多、速度快、结构完整。胚状体发生与发育极为复杂,且能发生胚状体的植物还不多,目前已发现的有胡萝卜、矮牵牛、山茶花、百合等 120 种植物。

（五）原球茎发育途径

在兰科植物的组织培养中,常从茎尖、侧芽或种子的培养中产生一些原球茎或根状茎,原球茎可以增殖,能萌发出兰花植株。原球茎是兰花种子萌发过程中的一种形态构造,即种子萌发时胚膨大,种皮破裂后形成的球状物。一个原球茎经过继代培养周围可产生几个到几十个原球茎,在分化培养基上培养一段时间后,原球茎逐渐转绿,长出毛状假根,叶原基发育成幼叶,进行生根培养可获得完整植株。

二、植物组培苗快速繁殖的影响因素

(一)驯化现象

在植物组织培养的早期研究中,发现一些植物的组织在继代培养的开始阶段需要加入一定量的生长调节物质,才能增殖生长,经长期继代培养后,这些植物材料在加入少量或不加生长调节物质的培养基上就可以生长,此现象就叫"驯化"。如在胡萝卜薄壁组织培养过程中,逐渐消耗了母体中原有器官形成有关的特殊物质。如初代中加入一定浓度的 IAA,才能达到最大生长量,但经多次继代培养后(一般约在一年以上,或继代培养 10 代以上),在不加 IAA 的培养基上也可达到同样生长量。驯化现象是组培苗快繁的影响因子之一。

(二)培养基及培养条件

培养基是影响快速繁殖成功与否和效率高低的关键因素。组成培养基的各成分均对快繁过程产生影响,其中以植物生长调节物质的影响最大。在这方面有许多报道,如在水仙鳞片基部再生子球的继代培养中,加活性炭的培养基中再生子球比不加活性炭的要高出一至几倍;在桉树继代培养中发现,如果总在 23～25℃条件下培养,芽就会逐渐死亡,但如果每次继代培养时,先在 15℃下培养 3 d,再转至 25℃下培养,则可继续继代。

(三)继代培养时间长短

关于继代培养次数对繁殖率的影响报道不一。有的材料在继代培养许多代之后,仍然能够保持着形态发生的能力,如月季,利用茎尖培养可以连续继代五年以上仍保持形态发生的能力;有的经过一定时间继代培养后才有分化再生能力,而有的随着继代时间加长其分化再生繁殖能力开始降低。如杜鹃茎尖外植体,通过连续继代培养,产生小枝数量开始增加,但在第四或第五代则下降,虽可用光照处理或在培养基中提高生长素浓度以减慢下降,但无法阻止,因此必须进行材料的更换。

(四)季节的影响

有些植物材料能否继代与季节有关。如水仙取六、七月份的鳞茎,因夏季休眠,生长变慢,8 月休眠后,生长速度又加快。百合鳞片分化能力的高低,表现为春季 > 秋季 > 夏季 > 冬季。球根类植物组织培养繁殖和胚培养时,要注意继代培养后不能增殖的问题,可能是因其进入休眠,可通过加入激素和低温处理来克服。

第四节　植物组培苗的生根

在快速繁殖中,中间繁殖体的增殖是从不停顿的过程,由于工厂化育苗都有一定的规模,不能让这一环节无限制地运转,中间繁殖体增殖到一定数量后,就要使部分培养物分流到生根培养阶段,达到既能保持足够的繁殖体又要产生大量生根植株以满足市场需求。若不能及时将部分中间繁殖体转到生根培养基上,就会使久不转移的苗子发黄老化,或因过分拥挤而使无效苗增多造成浪费。一般在一块繁殖体中,切取较大的苗进行生根培养。切除剩余愈伤组织块中的老化组织,将健壮的愈伤组织块连同已形成的幼小植株仍继续进行增殖培养,作为继代材料,可周而复始获得同样的生长效果;或者挑选最好的植株切成段作为继代材料,其余的丛生芽,无论大小,都可作为生根苗(淘汰变异材料)。

一、植物组培苗的壮苗培养

在中间繁殖体的增殖过程中,通过增加细胞分裂素浓度可提高增殖系数,但同时也会造成增殖的芽生长势减弱,不定芽短小、细弱,无法进行生根培养。即使部分材料能够生根,移栽成活率也不高。有的繁殖体中植株的生长及伸长缓慢,只有达到一定高度及大小的幼芽才能作为生根植株,否则生根苗太小,难以成活。

壮苗培养时,一般将生长较好的中间繁殖体分离成单苗,将较小的材料分成小丛苗培养。选择生长素与细胞分裂素的种类及浓度配比,可控制中间繁殖体的繁殖系数,一般较高浓度的生长素与较低浓度的细胞分裂素的组合有利于形成壮苗。在生产实际中,增殖系数控制在 3.0～5.0 时可实现增殖和壮苗的双重目的。

当然,改善培养室环境条件,如增加光强、降低湿度等对培养壮苗也是有利的。

二、植物组培苗的生根培养

试管内壮苗生根的目的是为了使组培苗能成功地移到试管外。生根培养是使无根苗生根的过程。生根培养目标是使中间繁殖体生出的不定根浓密而粗壮。一般认为矿物元素浓度较低时有利于生根,所以采用 1/2 或者 1/4 MS 培养基,全部去掉或用低浓度的细胞分裂素,并加入适量的生长素(浓度一般为 0.1～10.0 mg/L),一般 2～4 周即可生根。或者当新梢高达 3 cm 以上时切除基部的愈伤组织,用下列方法诱导生根:①将新梢基部浸入 50 或 100 mg/L IBA 溶液中处理 4～8 h;②在含有生长素的培养基中培养 4～6 d;③直接移入含有生长素的生根培养基中。上述三种方法均能诱导新梢生根。但前两种方法对新生根的生长发育更有利。而第三种对幼根的生长有抑制作用,因为当根原始体形成后,较高浓度生长素的继续存在则不利于幼根的生长发育。

容易生根的植物,延长在增殖培养基中的培养时间即可生根;有意降低一些增殖倍率,可减少细胞分裂素的用量,既可增殖又可生根;也可进行瓶外生根(没有生根阶段),即切割粗壮的嫩枝在营养钵中直接生根。后者省去了一次培养基制作,将切割下的插穗可用生长素溶液浸蘸处理(所用浓度通过小批量试验予以确定)。因植物种类或培养基不适合,或在增殖阶段细胞分裂素用量过高时易引起生根困难(残留在小苗里的细胞分裂素数量较多),在生根培养基上不能生根的,可转接二次生根培养基。生长的较弱植物也可这样处理,使苗粗壮,便于诱导生根和以后的种植。少数植物生根比较困难的,需要在培养基中放置滤纸桥,使其略高于液面,靠滤纸的吸水性供应水和营养等,从而诱发生根。从胚状体发育成的小苗,由于胚状体具有双极性,有已分化的根,可以不经诱导生根阶段。但因经胚状体途径发育的苗数特别多,且个体较小,所以也常需要一个低浓度或没有植物激素的培养基培养的阶段,以便壮苗生根。

第五节　植物组培苗的驯化与移栽

组培苗移栽是组织培养的重要环节之一,这个环节做不好,就会造成前功尽弃。组培苗达到一定数量,并经过壮苗生根培养后,就应移植到驯化室内进一步培养。经过一段时间的锻炼,组培苗逐步适应了外界的环境,就要移栽到瓶外。组培苗能否有高的移栽成活率,能否大量应用于生产,将取决于这最后一关。因此,建立稳定的移栽工序和高效的移栽方法,对提高移栽成活率是至关重要的。组培苗的移栽,应该选择合适的基质,并配合以相应的管理措施。

一、植物组培苗的特点

1.组培苗的生长环境

组培苗长期生长在培养容器中,与外界环境基本隔离,形成了一个独特的生态系统。与外界环境条件相比,具有恒温、高湿、弱光、异养、无菌的特点。

(1)恒温。组培苗在全部培养过程中,一般均采用较高温度(25±2)℃的恒温培养,温度波动也很小。

(2)高湿。由于培养容器的密闭,其内水分移动有两种途径,一是由培养基表面向容器中蒸发,水汽凝结后又进入培养基;二是组培苗吸收水分,从植物表面蒸腾。循环的结果使培养容器中的相对湿度接近于100%。在这种高湿的环境条件下,组培苗的蒸腾量是极小的。

(3)弱光。在培养室中光源是少量的自然光和人工补光,光照强度与自然光相比要弱很多,组培苗生长也很弱小。

(4)异养。组培苗自身光合能力很弱,基本上是依赖培养基为其提供营养物质。

(5)无菌。组培苗所在的环境是无菌的,因此其对自然环境的抵抗能力很弱。

2.组培苗的特点

(1)组培苗生长细弱,植物表面角质层不发达。

(2)组培苗茎、叶虽呈绿色,但叶绿体的光合作用能力较差。

(3)组培苗叶片气孔数目少,活性差。

(4)组培苗根的吸收功能弱。

(5)对逆境的适应能力和抵抗能力差。

二、植物组培苗的驯化

组培苗在恒温、高湿、低氧等特殊环境下增殖与生长,其形态、解剖和生理特性与温室和大田生长的植株不同,为了适应移栽后的较低湿度以及较高的光强并进行自养,必须要有一个逐步锻炼和适应的过程。这个过程叫驯化或炼苗。驯化一般在组培苗移栽前进行,目的是为了提高组培苗适应移栽后的环境,提高其光合作用能力,促进组培苗健壮,最终达到提高组培苗移栽成活率。驯化应从温度、湿度、光照及无菌等环境要素进行,循序渐进,开始数天内,炼苗环境应与培养时的环境条件相似,驯化后期则要与移栽的条件相似。

驯化的方法是将组培苗连同容器移至驯化室,开始时注意适当遮光,保持温湿度,以后逐渐撤除遮光用具,并加大温差。开始逐渐松开封口材料,最后撤除封口材料,逐渐降低湿度、增强光照,使新叶逐渐形成蜡质,产生表皮毛,降低气孔口开度,逐渐恢复气孔功能,减少水分散失,促进新根发生,以适应环境。驯化或炼苗的湿度降低和光照增强进程依植物种类、品种、环境条件而异。合理程度应使原有叶片缓慢衰退,新叶逐渐产生。如降低湿度过快或光线增加过大,原有叶衰退过速,则使得原有叶片褪绿和灼伤、死亡或缓苗过长而不能成活。一般情况下,初始光线应为日光的 1/10,其后每 3 d 增加 10%。湿度控制的顺序是开始 3 d 饱和湿度,其后每 2～3 d 降低 5%～8%,直到与大气湿度相同。经 1～2 周的驯化后,组培苗便可移栽。

三、移栽基质

适合于栽种组培苗的基质要具备透气性、保湿性和一定的肥力,容易灭菌处理,并不利于杂菌滋生等特点,一般可选用珍珠岩、蛭石、沙子等按一定配比形成的混合基质。为了增加黏着力和一定的肥力可配合草炭土或腐殖土。配时需按比例搭配,一般用珍珠岩：蛭石：草炭土(或腐殖土)比例为 1∶1∶0.5。也可用沙子：草炭土(或腐殖土)为 1∶1。这些介质在使用前应高压灭菌,或用至少 3 h 烘烤来消灭其中的微生物。基质要根据不同植物的栽培习性来进行配制,这样才能获得满意的栽培效果。

四、植物组培苗移栽

不同种类的植物材料,对自然环境条件的适应能力是有差异的,可针对各自特点采用适宜的移栽方法。

(一)常规移栽法

常规移栽方法是将组培苗在生长素浓度高的培养基上诱导生根,在生长出大量的不定根后,驯化炼苗后将组培苗轻轻取出,用清水洗去附着于根部的琼脂培养基,以防残留培养基滋生杂菌。操作动作要轻,应避免造成伤根。用 800 倍 50%多菌灵等杀菌剂浸泡 1～2 min,移栽到消毒后的基质上。栽植深度适宜,尽量不要弄脏叶片,防止弄伤植株。移栽后把苗周围基质压实,栽前基质要浇透水,栽后轻浇薄水。再将苗移入高湿度的环境中,保证空气湿度达90%以上。保持一定的温度,适当遮阴。当移栽苗长出 2～3 片新叶时,便可移栽到田间或盆钵中。

(二)嫁接移栽法

选取生长良好的同类植物的实生苗或幼苗作砧木,用组培苗作接穗进行嫁接。嫁接移栽成活率更高,适用范围广,所需的时间短,有利于移栽植株的生长发育。

五、植物组培苗移栽苗期管理

移栽后的小苗仍要注意控制温度、湿度、光照,保持基质适当的通气性,保持洁净度防止菌类滋生,促使小苗尽早达到定植标准。

(一)保持小苗的水分供需平衡

在移栽后5～7d内,应给予较高的空气湿度条件,使叶面的水分蒸发减少,尽量接近培养瓶的条件,让小苗始终保持挺拔的状态。具体做法是:首先营养体的培养基质要浇透水,所放置的床面也要浇湿。当5～7d后,发现小苗有生长趋势,可逐渐降低湿度,减少喷水次数,将拱棚两端打开通风,使小苗适应湿度较小的条件。约15d以后揭去拱棚的薄膜,并给予水分控制,逐渐减少浇水,促进小苗长得粗壮。

(二)控制适当的温度与光强

组培苗移栽以后要保持一定的温光条件,适宜的生根温度是18～20℃,冬春季地温较低时,可用电热线来加温。温度过低会使幼苗生长迟缓,或不易成活。温度过高会使水分蒸发,从而使水分平衡受到破坏,并会促使菌类滋生。此外,在光照管理的初期可用较弱的光照(2 000～5 000 lx),如加盖遮阳网等,以防阳光灼伤小苗和增加水分的蒸发。当小植株有了新的生长时,逐渐加强光照,后期可直接利用自然光照,促进光合产物的积累,增强抗性,促其成活。

(三)保持基质适当的通气性

要选择适当的颗粒状基质,保证良好的通气作用。在管理过程中不要过多浇水,过多的水应迅速沥除,以利根系呼吸。

(四)保持洁净度防止菌类滋生

由于组培苗原来的环境是无菌的,移出来以后难以保持完全无菌,因此,应尽量不使菌类大量滋生,以利成活。所以应对基质进行高压灭菌或烘烤灭菌。可以适当使用一定浓度的杀菌剂以便有效地保护幼苗,如多菌灵、托布津,浓度800～1 000倍,喷药宜7～10d一次。在移苗时尽量少伤苗,伤口过多,根损伤过多,都是造成死苗的原因。喷水时可加入0.1%的尿素,或用1/2MS大量元素的水溶液作追肥,可加快苗的生长与成活。

总之,组培苗在移栽管理的过程中,应综合考虑各种生态因子的相互作用,及时调节各种变化中的生态因子,加强管理,做到水分平衡、光、温适宜。

本章小结

植物组织培养苗快繁的流程包括培养方案的设计、外植体的选择与处理、初代培养、继代培养、生根培养和炼苗移栽等。

植物组培苗的初代培养是培养过程中的第一代培养,目的是获得无菌材料和无菌繁殖系,需要进行外植体的选择与处理、接种和培养几个环节。不同的外植体培养效果不同,外植体的取材部位、大小、取材季节、生理状态及年龄等都对培养效果产生影响。外植体的接种必须在无菌状态下进行,掌握无菌操作技术是开展组织培养工作的基本技能之一。外植体的培养要了解适宜的培养条件。继代培养是初代培养后的反复扩繁的过程,可获得大批量种苗。生根与炼苗是保证种苗成活率的重要环节。

思考题

1.选择外植体应考虑哪些因素?

2.什么是初代培养?

3.继代培养的增殖方式有哪些?

4.影响继代培养的因素有哪些?

5.组培苗有哪些特点? 移栽后如何管理?

第五章　植物脱毒技术

知识目标

◆ 理解脱毒苗的含义及其脱毒苗培育的意义。

◆ 初步掌握指示植物法和酶联免疫吸附测定法等常用脱毒苗的鉴定方法。

◆ 掌握脱毒苗的繁殖和保存方法。

◆ 掌握热处理、茎尖分生组织培育脱毒等常用的脱毒方法。

能力目标

◆ 能进行热处理、茎尖分生组织培育等脱毒处理。

◆ 能利用指示植物法、酶联免疫吸附测定法进行脱毒效果鉴定。

绝大多数植物在生长过程中，容易受到多种病原菌的侵染，体内积累相当浓度高的病毒。如草莓有 24 种病毒危害其生长，因而每年要进行母株更换。病原菌的侵染不一定会造成植物的死亡，却会大大降低其观赏价值，而且还会降低产量和质量，造成不必要的经济损失。因此，脱除病毒对植物的生产是非常必要的。

植物脱毒技术是植物组织培养技术的综合应用之一，经脱毒后所获得的苗叫脱毒苗，又称"无病毒苗"，是指不含有该种植物的主要危害病毒，即经过检测主要病毒在植物体内表现为阴性反应的苗木。要脱除植株体内所有病毒是不可能的，根据所脱除的病毒的量，脱毒苗可以分为三种：

（1）无毒苗。同一茎尖培养形成的植株，经 2～3 次鉴定，确认脱除了该地区主要病毒的传染的脱毒苗，其使用效果最佳。

（2）特定脱毒苗。同一茎尖形成的植株，经 2～3 次特定鉴定，确认清除了该地区某种或某几种病毒的侵染，达到了脱毒的效果的脱毒苗。

（3）少毒苗。根据前人脱毒培养的经验或少数材料鉴定的结果，限定脱毒培养取材的大小，诱导成株后很少鉴定或未鉴定，只是可见症状消失，长势加强，起到防病增产的效果。这种苗称少毒苗。

第一节 植物脱毒的意义

一、植物病毒的危害

(一)危害植物的病毒种类

早在 15 世纪以前人们发现了马铃薯的"退化"问题,即田间植株表现花叶、坏死、矮化、卷曲及生长势逐年减弱等症状。直到 18 世纪初,美国学者 Orton 研究确认病毒病是导致退化的主要因素。植物病毒是一种具有侵染性的体积极小的球体或杆体,主要由核糖核酸或脱氧核糖核酸和蛋白质外壳构成。另外还有植物类病毒、类病毒是无蛋白质外壳的短链核糖核酸,其体积更小。

全世界已发现植物病毒近 700 种。大多数农作物,尤其是无性繁殖的作物都受到一种或一种以上的病毒侵染,且带毒株率高,如我国各苹果产区主要品种带毒株率达 60%~100%。现将植物病毒分为 23 个组和 2 个科。如花椰菜花叶病毒组、豇豆花叶病毒组、马铃薯 X 病毒组、马铃薯 Y 病毒组、香石竹潜隐病毒组等。因植物病毒种类多,现仅以与脱毒技术关系密切的几种病毒为例说明。

1.马铃薯卷叶病毒(PLRV)

马铃薯卷叶病毒是最重要的马铃薯病毒,属黄化病毒组。病毒质粒呈等轴对称六角形,直径 24~26 nm,热钝化点(TIP)为 70~80℃,稀释终点(DEP)为 10^{-3},体外保活期(SIV)为 2℃下 3~5 d。

2.马铃薯 Y 病毒(PVY)

马铃薯 Y 病毒属马铃薯 Y 病毒组,质粒呈线状,长 730~750 nm,横截面直径 11~13 nm,热钝化点(TIP)为 52~62℃,稀释终点(DEP)为 10^{-3}~10^{-2},体外保活期(SIV)为 48~72 d。

3.甘薯羽状斑驳病毒(SPFMV)

甘薯羽状斑驳病毒属马铃薯 Y 病毒组,质粒线状,长 810~865 nm。

4.黄瓜花叶病毒组

该组包括 3 种病毒,黄瓜花叶病毒、番茄不孕病毒和花生矮化病毒。病毒质粒呈等轴对称六角形,直径 30 nm。

5.香石竹潜隐病毒组

该组包括香石竹潜隐病毒(CLV)、大蒜花叶病毒(GMV)、青葱潜隐病毒(SLV)、百合无症病毒(LSV)、杨树花叶病毒(PMV)、仙人掌病毒 2(CV2)等 30 余种病毒。质粒呈微弯曲杆状,长 620~690 nm,横截面直径 12 nm。

6.类病毒

如马铃薯纺锤状块茎,柑橘脆裂,菊花矮化,菊花失绿斑驳等均由类病毒感染引起。类病毒是长 50 nm 的单链 RNA 分子,相对分子质量 1×10^4~1.4×10^5。

（二）病毒传染途径

植物病毒的传染可分为非介体传染和介体传染。

1.非介体传播

非介体传染是植物病毒从通过机械摩擦造成的微伤（称机械汁液传染），或通过感病和无病寄主体细胞间的有机结合传染的，如带病的鳞茎、块茎、块根、插条、嫁接苗、种子和花粉等。目前了解到由种子传染的病毒有104种，花粉传染的病毒有10多种。

2.介体传播

介体传播主要是昆虫，其次是线虫、螨类和真菌。如香石竹潜隐病毒、黄瓜花叶病毒的介体就是蚜虫，烟草坏死病毒的是真菌。

（三）植物感染病毒病后表现的主要症状

植物感染植物病毒病后的症状分为内部症状和外部症状。

内部症状主要指植物组织和细胞的病变，如组织和细胞的增生、肥大，细胞和筛管坏死及各种类型的内含体（粒状、风轮状、圆柱状等）增加。

外部症状主要指在一定环境条件下，植物本身的正常生理代谢受到干扰，使叶绿素、花青素及激素等改变，从而使植株表现出异常状态。如植株叶片失绿或变色，植株矮化、丛生或畸形等；形成枯斑或坏死等症状；产量和品质下降。具体症状可归纳为五大类型。

1.花叶

是指叶片色泽不匀，呈深绿和浅绿相间的症状，主要有以下几种。

（1）明脉（vein-clearing）。病叶的叶脉明亮，对着光看更明显，如油菜受芜菁花叶病毒侵染后表现的明脉。

（2）斑驳（mottle）与花叶（mosaic）。叶片、花或果实上表现出不同颜色，呈隐约的块状或圆形斑，彼此靠近或分开，即是"斑驳"。

（3）沿脉变色（veinbanding）。沿着叶脉发生平行的褪色或加深（变暗）。

（4）疯斑。主要在双子叶植物上出现局部大块褪色。

（5）条纹（stripe）、线条（streak）、条点（striate）。在单子叶植物的平行叶脉间出现不同颜色的长条纹、短条纹或小而短的点，有的形成虚线状长条，也有的段条为纺锤状条斑。如受韭葱黄条斑（LYSV）病毒侵染的大蒜叶片表现出的褪绿黄条斑。

2.环斑

环斑是在叶片、果或茎上形成单线或同心纹的环。多数为褪色环，也有变色环。

3.畸形生长

畸形生长包括各种反常的生长现象。

（1）丛枝（whiches broom）。丛枝是从一个幼芽生长点长出许多瘦弱的枝条，形似扫帚样。

（2）丛簇（rosette）。丛簇指草本植物的根茎部或其他生长点长出许多分蘖，或簇生腋芽。

（3）变叶（phyllody）。变叶是指原来花瓣变为叶状，并失去原来颜色，多数变为绿色。

（4）线叶（lineleaf）、带化（fasciation）及蕨叶（fernleaf）。叶片变细、窄、似线条状称线叶，带状称带化，似蕨类植物的叶片称蕨叶。

（5）扁枝与肿枝。扁枝与肿枝是枝条由圆柱变为扁圆柱状或某些部位肿大成棒状。

(6)皱缩(savoy)。皱缩指叶面高低不平,往往变小。

(7)疱斑(pukered)。疱斑是在叶面或果实上有凸起或凹下的疱状斑,颜色也变浓。

(8)卷叶(leaf roll)。卷叶的叶片有上卷或下卷,常呈匙形或船形。

(9)脉突。脉突指叶片的叶脉上长出一些凸起的肿突。

(10)肿胀(tumorfaction)。植株的任何部位长出肿瘤状物均称肿胀。

(11)小叶(little leaf)。小叶是指叶片小、数目增多。

(12)畸叶(distorting leaf)。畸叶指叶片,包叶和果实变形。

(13)矮化(stunt)。植株节间缩短或停止生长。

4.变色

叶片局部和全部颜色改变,如褪绿、变橙、变红、变紫及蓝绿,有些变色在果实和花上。

5.坏死(necrosis)与变质

坏死是某些细胞组织死亡;变质是植物组织的质地变软或变硬,有的变为革质或木栓化。

(1)坏死斑(necrotic spot)。局部细胞组织坏死形成坏死斑点。

(2)坏死环(necrotic ring)。坏死环是坏死的细胞组织为环状的现象。

(3)坏死条纹。坏死条纹主要出现在单子叶上的条纹状组织坏死,有时出现点状断续条纹坏死。

(4)沿脉坏死。沿叶脉两边的组织坏死。

(5)沿脉坏死及蚀纹。叶脉坏死,有的似网纹。

(6)顶尖坏死。植物的韧皮部坏死后,该植株的生长点或顶芽部分就会死亡,称顶尖坏死。

二、植物脱毒的意义

(一)脱毒的重要性

我国有许多优良的传统品种,但由于长期栽培,受气候,栽培条件及人为因素影响,尤其是近年来,保护地栽培面积不断扩大,植物周年生长,寄主与病原媒介密度增加,导致病害日益严重。其中以病毒病最难控制,成为当前生产上的严重问题。病毒的侵染,抑制植株生长,使形态畸变,产生皱缩、花叶、杂斑、条斑等多种症状,产量下降,品质变劣。尤其对无性繁殖作物危害更甚,如薯类、大蒜、生姜、芋头、草莓和花卉等。受病毒侵染的植株,可经无性繁殖器官传至下一代。病毒随繁殖代数增加而绵延不绝,日益增殖,结果导致植物种性退化,甚至使一些珍稀品种濒临绝灭。主要作物品种的病毒病防治和种质资源的安全保存是科研和生产上亟待解决的问题。

对病毒病的防治,目前缺乏有效的防治药剂。使用农药可以防治真菌、细菌性病害,却不能用来防治病毒病。不少化学物质抑制病毒复制,如硫脲嘧啶、8-氮鸟嘌呤和某些蛋白质、核酸制剂,但由于病毒与其寄主植物代谢关系密切及其本身的生物学特点,这些制剂在抑制病毒的同时也毒害寄主植物。施用某些植物生长促进剂,增施肥料仅能暂时使病毒病症状减轻或隐蔽,不能解决根本问题,且增加生产成本。高温处理可以使某些病毒失活,但对主要危害植物的病毒种类,线状或杆状病毒无作用。某些有性繁殖的作物可以通过种子繁殖排除大多数病毒,但无性繁殖作物如薯、芋类、蒜、姜等则不能用这些方法。再则,目前生产中尚缺乏对病毒病高抗或免疫的抗原材料,野生马铃薯虽有对马铃薯X病毒、马铃薯Y病毒和马铃薯卷叶病毒免疫或高抗的基因,且现在已经将这些基因用于抗病毒基因工程育种,但投入生产应用的品种甚少。应用组织培养技术脱毒,既清除植株营养体的病毒,又由已祛除病毒的组织再生出无毒植株,进一步扩大繁殖应用于生产,是目前最有效的防治病毒病的方法。

(二)脱毒的经济意义

应用植物脱毒技术可明显提高作物的产量、品质。植物经过脱毒后,生长势增强,产量和品质显著提高。如大蒜脱毒后植株生长繁茂,株高、茎粗比未脱毒对照明显增加。叶面积增加 58.2%～95.5%,叶色浓绿,叶绿素增加 18.7%～47.1%,蒜头增产 32.3%～114.3%,达到出口标准的大蒜头率(直径>5 cm)增加 25%～50%。蒜薹增产 65.9%～175.4%,而且消除了病毒感染引起的影响外销的褪绿斑点。马铃薯脱毒株高比对照增加 63.4%～186.3%,叶面积增加 114.3%～257.1%,茎粗增加 11.1%～180.0%。脱毒株生长旺盛,结薯期提前,产量增加 30%～50%。大姜、芋头、草莓脱毒后都表现明显的植株生长优势,个头增大,色泽鲜艳,产量显著提高。苹果脱毒苗生长快,结果早,结果大,产量高。香蕉、柑橘进行脱毒后了提高产量品质,增加了繁殖系数。康乃馨、菊花等脱毒后叶片浓绿,茎秆粗壮、挺拔,花色纯正鲜艳,硕大喜人。

应用脱毒种苗增产增收效益显著。以山东省甘薯为例,常年种植面积为 8.0×10^4 hm²,按平均 30 000 kg/ hm²,脱毒薯增产 30%计,增鲜薯 9 000 kg/ hm²,增加收入 3 600 元/ hm²,每年可增收粮食 14 亿 kg,纯增效益 30 亿元。

应用植物脱毒技术促进农产品出口,增加就业机会。植物脱毒种、苗不仅去除了病毒,还去除了多种真菌、细菌及线虫病害,种性得以恢复;植株健壮,需肥量减少,抗逆性强,减少化肥和农药施用量,降低生产成本,减少环境污染,形成生态良性循环。此外,脱毒种苗生产属技术和劳力密集型生产活动,还可增加社会就业机会。

三、植物快繁脱毒技术的历史及发展

第一株植物脱毒苗是 1952 年由法国人莫勒尔等经过大丽花茎尖组织培养获得的。1955年,他们又获得了马铃薯脱毒苗。20 世纪 70 年代,几乎所有生产马铃薯的国家都在生产中使用这一技术。到 1975 年为止,用该技术生产脱毒种薯的马铃薯品种已达 150 个左右。Holmes 用茎尖扦插法获得了大丽花无毒植株。大蒜的首例茎尖培养脱毒苗由日本人 Mori (1971 年)获得。此后,法国、新西兰、美国等相继开展研究获得脱毒苗。由于大蒜繁殖系数低,生长周期长,脱毒蒜应用生产难度大,脱毒大蒜的研究和应用引起各国重视。法国率先将脱毒蒜种应用于生产,并出口到澳大利亚等国。美国、新西兰和日本也有部分推广。日本、我国台湾省和非洲一些国家 20 世纪 60 年代即开始进行脱毒甘薯研究。芋头、大姜脱毒种在日本、泰国等地已投放市场。多种蔬菜、果树、林木、药用植物的脱毒快繁技术研究和应用在国内外发展迅速,方兴未艾。有些已形成具一定规模的工厂化、产业化生产,如英国的兰花苗和荷兰的马铃薯脱毒种薯等。

1974 年,中国科学院植物所、微生物所、遗传所与内蒙古、黑龙江等科研单位合作开展马铃薯茎尖培养脱毒薯利用及推广工作。此后山东省农业科学院蔬菜研究所开始从中国科学院引进脱毒技术和脱毒苗,开展研究,以解决本省马铃薯退化问题。到 20 世纪 80 年代中期,脱毒马铃薯利用进入生产实用阶段。脱毒小薯的研究促进和扩大了脱毒马铃薯的大面积生产应

用,20 世纪 90 年代中期,脱毒薯已覆盖了山东的大部分马铃薯产区,并且创造了数量可观的经济效益。我国新疆、上海于 20 世纪 80 年代初获得大蒜脱毒苗。1988 年以来,山东省农业科学院蔬菜研究所研究明确了侵染我国大蒜的主要病毒种类,研究出茎尖培养脱毒苗和病毒检测应用技术,提出了一套脱毒蒜快繁的综合技术(包括茎尖发生多芽、花序轴分生组织培养、气生鳞茎应用及优化栽培条件控制等,提高繁殖系数 7～10 倍),提出并加速推广应用减缓病毒再侵染的良繁体系,缩短了繁种周期,降低了生产成本,现在脱毒蒜种已在我国大面积应用于生产。我国江苏、贵州、广东等地 20 世纪 70 年代曾进行过脱毒甘薯的研究和推广。1988 年,山东省农业科学院植物保护所进行甘薯病毒病调查和毒源鉴定工作,研究明确了侵染甘薯的病毒病原种类,主要是甘薯羽状斑驳病毒和甘薯潜隐病毒,探明了传毒介体的传播途径。研究筛选出适合我国推广品种的茎尖培养基,完善了培养技术,培育出了几个品种的脱毒苗。提出了组织培养、茎尖苗病毒检测,脱毒种薯快繁与推广应用的配套技术规程,使脱毒甘薯在国内外首次大面积推广应用。

第二节　植物脱毒的方法

目前,组织培养应用的脱毒方法有热处理、茎尖分生组织培养脱毒、茎尖培养结合热处理、茎尖微体嫁接、愈伤组织培养、花药培养等脱毒方法。其中,前 3 种脱毒方法最常用,也最容易掌握。实践证明,根据植物种类和待检病毒的种类、特性不同,采取不同脱毒方法的组合处理,其脱毒效果会更好。

一、茎尖分生组织培养脱毒技术

茎尖组织包括茎尖分生组织连同其下方的 1～3 个叶原基;茎尖分生组织是指位于茎顶端最幼嫩叶原基上方的生长点分生组织(图 5-1)。

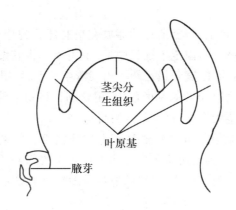

图 5-1　植物茎尖分生组织

(引自陈世昌,2006)

（一）理论依据

植物茎尖组织培养脱毒技术的主要理论依据有植物细胞全能性学说和植物病毒在寄主体内分布不均匀现象。

1.植物细胞全能性学说

1943年，White提出了"植物细胞全能性"学说，即一切植物都是由细胞构成的，植物的幼龄细胞含有全套遗传基因，具有形成完整植株的能力。

2.植物病毒在寄主体内分布不均匀

怀特（1943）和利马塞特·科钮特（1949）发现，植物根尖和茎尖部分病毒含量极低或不能发现病毒。植物组织内的病毒含量随与茎尖相隔距离加大而增加。其原因可能有4个方面：①病毒到达茎尖困难。一般病毒顺着植物的维管束系统移动，而分生组织中无此系统；病毒通过胞间连丝移动极慢，难以追上茎尖分生组织的活跃生长。②病毒复制困难。活跃生长的茎尖分生组织代谢水平很高，致使病毒无法复制。③病毒钝化。植物体内可能存在"病毒钝化系统"，而在茎尖分生组织内活性应最高，钝化病毒，使茎尖分生组织不受病毒侵染。④病毒增殖抑制。茎尖分生组织的生长素含量很高，足以抑制病毒增殖。

（二）操作过程

1.取材和灭菌

在选好植物品种后，取材时尽量选用刚生长不久的茎尖，顶芽和腋芽亦可，一般剪取生长较大的健壮芽梢段3～5 cm，剥去外层叶片，用自来水冲洗干净，然后在超净工作台上进行严格的表面灭菌处理，在75％酒精中浸泡30 s左右，用1％～3％次氯酸钠或5％～7％的漂白粉溶液消毒10～20 min（或用0.1％ HgCl$_2$）消毒数分钟，最后用无菌水冲洗材料4～5次，将处理好的无菌材料放入无菌的培养皿中待用。对于叶片包被紧密的芽，菊花、姜、兰花等，只需在70％的酒精中浸一下，而叶片松散的芽，如蒜、石竹、马铃薯等，用0.1％的次氯酸钠表面消毒10 min。

2.剥离和接种

在接种室内的超净工作台上，将已消毒的芽放在垫有滤纸的培养皿中。在消毒后的双筒解剖镜下，用解剖针或镊子将材料固定于视野中，一手用镊子将其按住，另一手用已经灭菌的解剖针一层一层地仔细剥离幼叶，直到最后暴露出圆滑生长点时，用锋利的无菌解剖刀小心切取0.3～0.5 mm大小的带1～2个叶原基的茎尖，用解剖针将切下的茎尖转至培养基上，每管接1～2个茎尖。几种植物茎尖生长点的形态参见图5-2。

解剖针要经常蘸入70％酒精，并放在酒精灯上灼烧消毒。解剖针消毒完后必须冷却，也可以将其放在无菌水中冷却。为了防止茎尖在剥离过程中失水和干燥，在培养皿中预先放一张灭过菌的湿滤纸保湿，并且剥离动作要敏捷，应尽量缩短茎尖暴露的时间，防止茎尖干枯。

3.培养

接种后材料置（25±2）℃、光照度1 500～5 000 lx、每日光照10～16 h条件下培养。温度对茎尖培养的影响不及光照。不同植物茎尖培养适宜的光强与光照时间不同，但一般光照培养比暗培养效果好。Dale（1980）证实，多花黑麦草茎尖培养在6 000 lx光强下59％茎尖再生成苗，而黑暗中只有34％茎尖成苗。培养初期光强可稍低，以后渐增强，如马铃薯茎尖培养初

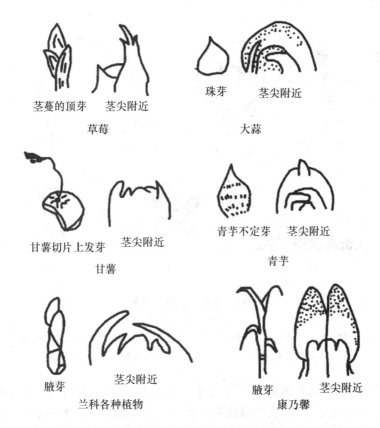

茎蔓的顶芽　　茎尖附近

珠芽　　茎尖附近

草莓

大蒜

甘薯切片上发芽　　茎尖附近

青芋不定芽　　茎尖附近

甘薯

青芋

腋芽　　茎尖附近

腋芽　　茎尖附近

兰科各种植物

康乃馨

图 5-2　各种位于茎尖附近组织的模式图

(引自王清连,2004)

期为 1 000 lx,4 周后增至 2 000 lx,苗高 1 cm 时增至 4 000 lx。培养 2 个月左右,大的茎尖再生出绿芽,小的(0.1～0.2 mm)茎尖则需 3 个月时间,有的甚至长时间才发生绿芽。其间需要更换新鲜培养基。

4.生根诱导

一些植物茎尖培养形成绿芽后,基部很快发生不定根。而另一些植物不产生不定根,必须将无根绿苗再诱导,才能生根成为完整植株。诱导生根的方法是将 2～3cm 高的无根苗转入生根培养基(如 1/2MS ＋ IBA 0.1～0.2 mg/L),继续培养 1～2 个月可形成根,然后采用与其他组培苗移栽相同的方法进行移植(图 5-3)。

(三)茎尖培养的关键技术环节

1.剥取适当大小的茎尖

茎尖培养的关键是切取茎尖的大小,脱毒效果与茎尖大小呈负相关,而培养茎尖的成活率则与茎尖大小呈正相关,即茎尖越大成活率越高,后期生长也越旺盛,且操作技术越简单;但茎尖过大,就不易达到脱毒的目的;培养茎尖越小,对培养基的要求越高,产生幼苗的脱毒效果越好,但成活率低。

实践证明,茎尖剥离时不带叶原基,其脱毒效果最好,但成活率最低;而带 1～2 个叶原基的茎尖培养,一般可获得 40％以上的脱毒苗。

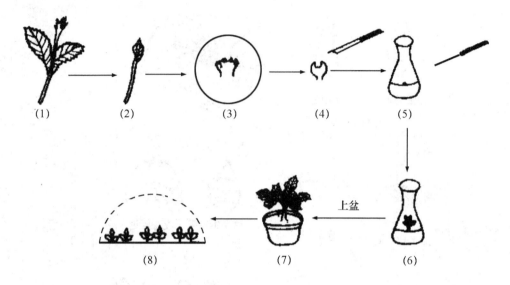

图 5-3 茎尖分生组织培养

(引自李永文,2007)

(1)采样　(2)去外叶　(3)剥离茎尖　(4)切取分生组织　(5)茎尖培养
(6)茎尖再生植株　(7)病毒鉴定　(8)防虫网内繁殖脱毒苗

因此,在实际培养中,通常切取带 1~2 个叶原基的茎尖进行培养,这种稍大的茎尖容易培养,并且也可能得到无毒的植株,实现既脱毒又保证成活率的目的。如菊花 0.6mm 以下的茎尖脱毒效果可达 100%,但成活率仅为 37%。研究表明,不同的植物材料茎尖剥取的方法和最适合脱毒的茎尖大小也不同,见表 5-1。

表 5-1　几种植物茎尖培养的最适方法

植物种类	茎尖上叶原基数/片	茎尖长度/mm
菊花	1~2	0.3~0.5
香石竹	1~2	视叶原基位置而定
康乃馨	1~2	0.2~0.3
洋葱		0.5~0.7
白葱	1	0.2~0.6

注:引自王清连,2003。

不同病毒种类去除的难易程度不同,即有些能除得干净,而有些是不能清除干净的。因此需针对不同的病毒种类,培养适宜大小的茎尖。例如剥离培养带一个叶原基的生长点产生的马铃薯植株,可去除全部马铃薯卷叶病毒,去除 80%Y 病毒和 A 病毒,去除 0.2%X 病毒,其他的病毒就更少了;对于同一种病毒,剥离茎尖越小,脱毒率越高。大蒜带 1 个叶原基的茎尖产生苗中 84% 检测不到病毒,而带 2~3 个叶原基的无毒株率仅 59%。因此,一般剥离带 1~2个叶原基的茎尖即可获得较好的脱毒效果。

2.选用正确的培养基

基本培养基的确定。茎尖剥离下来后,只有在具有合适生长调节物质的培养基中培养才能成活,研究确定的基本培养基有许多种,如 MS、B5、N6 和 White 等培养基,应先试用这些培养基再根据实际情况对其中的某些成分做小范围调整。一般培养用 MS 培养基均能成功,但大蒜、洋葱用 B5 和 MS 培养基较好。

生长调节物质浓度和相对比例的确定。用不同种类的生长调节物质进行浓度和比例的配合试验。在比较好组合基础上进行小范围的调整,设计出新的配方,经过反复摸索,选出一种适合培养基。以香石竹为例,剥离 0.3 mm 的茎尖,接种在 MS ＋ IAA0.1 mg/L ＋ BA 0.5 mg/L 的培养基上。培养条件为温度(25±1)℃,光照 16 h,光照强度 2 000 lx。经过 10 d 左右的培养,大部分茎尖开始萌动,逐渐长大,20 d 左右即可长成一小丛植株,然后转入增殖培养基。从芽丛基部分离单株,每株带有 2～3 个叶片。增殖培养基为 MS ＋ IAA 0.1 mg/L ＋ BA 0.5～1.0 mg/L,温度可适当降低至 22℃,这样可以防止玻璃化。将增殖后的香石竹芽丛分离为单株,进行生根培养。生根培养基为 1/2MS ＋ ABT 0.5 mg/L ＋ 蔗糖 2％。经过 7～10 d 的培养即有根生成,15～20 d 即可达到移栽要求。移栽时间一般应选在根长 1.5～2.0 cm、根尖发黄之前移栽。

3.适宜的环境条件

大蒜、马铃薯、草莓接种后置温度 23～25℃,光照 1 000～3 000 lx,每日照光 13～16 h。甘薯茎尖培养需温度较高,26～32℃,光强和光照时间同马铃薯和大蒜。

4.及时调整培养方案

茎尖接种后的生长情况主要有 4 种。①生长正常。生长点伸长,基本无愈伤组织形成,1～3 周内形成小芽,4～6 周长成小植株;②生长停止。接种物不扩大,渐变褐色,至枯死。此情况多因剥离操作过程中茎尖受伤;③生长缓慢。接种物扩大缓慢,渐转绿,成一绿点,说明培养条件不适,要迅速转入高细胞分裂素浓度的培养基,并适当提高培养温度;④生长过速。生长点不伸长或略伸长,大量疏松愈伤组织形成,需转入低细胞分裂素培养基或采取降低培养温度等措施。

二、热处理脱毒法

(一)热处理脱毒原理

热处理脱毒又称温热疗法、高温处理,其脱毒原理是利用病毒和寄主植物耐高温性的差异,用高于常温的温度下(35～40℃)处理植株,使植物体内的病毒部分或完全被钝化,而对植株本身不伤害或伤害很少。高温环境下,病毒活性被钝化后,就是使病毒的分裂与生长受到抑制,在植物体内增殖减缓或停止增殖,从而失去继续侵染的能力;而寄主植物耐高温,并在高温作用下,能加速其细胞分裂和增殖,这样在温度对病毒和寄主植物的不同效应的影响下,植物新生组织中的病毒浓度降低或没有病毒。以新生组织为接种材料进行组织培养,就能达到脱除病毒的目的。

(二)方法

1.温汤(热水)处理

将材料放置 50℃左右热水中浸数分钟至几小时,可使一些热敏感的病毒失活。此法简便易行,适用于休眠器官、剪下的接穗或种植材料的脱毒处理,但缺点是易伤害材料。

2.热空气处理

热空气处理脱毒适用于鲜活植物材料的脱毒。将生长的盆栽植株、种球、愈伤组织、离体瓶苗等移入热疗室或恒温光照培养箱内,以 35～40℃的温度处理几十分钟至数月,处理过程中要及时补充水分,要通气,以防止高温、缺水、不通气而导致腐烂。如香石竹在 38℃下连续处理 2 个月,可消除茎尖内所有的病毒;马铃薯在 35℃下处理几个月能够脱除卷叶病毒;草莓结合 36℃处理 6 周能有效地清除轻型黄边病毒;菊花在 35～36℃条件下栽培 2 个月,也可以达到脱毒效果。

此外,为增强耐热能力,在热处理前,最好对植株进行适当的修剪,以保证植株具有丰富的碳水化合物贮备,在处理时应保持相对湿度在 85%～95%,以及适当的光照强度和时间。这样才能保证有部分植株经热处理后既能存活,又全部或部分脱毒。

(三)热处理去除病毒的主要限制

1.热处理不能脱除所有病毒

一般的热处理只对等径的、线状的病毒和类菌质体等起作用。

不同病毒对热处理的敏感性不同。有的病毒经热处理可以被钝化,如马铃薯以 37℃处理 20 d 就可脱除卷叶病毒。有些病毒较难除去,如马铃薯 X 病毒,该病毒必须在 35℃下处理 2 个月,方可被钝化;也有的病毒用热处理几乎不能除去,如马铃薯 S 病毒。

2.适当延长热处理时间,病毒钝化效果好

如果热处理温度过高或处理时间过长,但也可能会钝化寄主植物组织中的抗性因子而降低处理效果,热处理温度过低或处理时间过短,又会达不到除去病毒的效果。

3.热处理对植物组织有一定伤害,因此在热处理后只有一小部分植株能够存活

鉴于热处理脱毒存在上述局限性,热处理最好与其他脱毒方法配合使用,脱毒效果才能更好。

三、热处理结合茎尖培养的脱毒

茎尖培养结合热处理,可以显著提高脱毒率,而且可以脱除一些不易脱除的病毒。如从经过热处理的菊花植株,分离了 337 个茎尖进行培养,获得了 2 株无菊花矮缩病毒的植株。采用连续高温及变温处理与茎尖培养相结合,使 0.3～0.5 mm 的矮牵牛茎尖的脱毒率分别为 10.0%和 11.1%;而不经过高温处理的矮牵牛,只有 0.15～0.25 mm 的茎尖培养才能获得无毒苗,且脱毒率仅为 6.6%。如将马铃薯块茎放入 35℃恒温培养箱内热处理 4～8 周,然后进行茎尖培养,可除去一般培养难以脱除的纺锤块茎类病毒;用 33～37℃热处理大蒜鳞茎 4 周,剥离带 1 个或 2～3 个叶原基的茎尖,脱毒率相比提高 22%～25%。

四、其他方法脱毒

(一)愈伤组织途径

将感染病毒的组织离体培养获得愈伤组织,再诱导愈伤组织分化成苗,从而获得无病毒植株的方法,即愈伤组织培养脱毒法。其依据是愈伤组织细胞带病原菌不均一,部分细胞不带病

毒,由这些细胞再生出的植株是无病毒的。多次继代的愈伤组织中病毒的浓度下降,甚至检测不出病毒。例如,感染烟草花叶病毒(TMV)的烟草愈伤组织细胞,有60%不带该病毒;烟草髓细胞愈伤组织继代4次后,检测不到TMV。

通过愈伤组织培养产生无病毒苗的方法已被证实是可行的,但要注意通过愈伤组织途径繁殖苗木时容易发生变异的特性,而这种变异往往多为不良的变异,因此,在选择愈伤组织途径时要慎重,在证明无变异的前提下可以脱毒和繁殖苗木。

(二)珠心胚途径

1.珠心胚的含义

柑橘类种子为多胚种子,除具有合子胚外,还有多个珠心胚。珠心胚由珠心组织细胞分化形成。在研究中发现,病毒一般是不通过种子传播,因而通过珠心胚培养获得的新的植株是无毒的。美国、日本、西班牙等国用这一方法培育出的脐橙、温州蜜柑等无病毒新生系,树势强健,丰产优质,已逐步取代原品种老系。我国科学工作者20世纪80年代开展了对脐橙优良品种珠心胚培养脱毒研究。珠心胚培养对脱除柑橘速衰病、裂皮病、脉突病等的病毒十分有效。

2.珠心胚培养方法

柑橘珠心胚培养宜取花后约7周的幼果胚囊,接种后先在(25±2)℃黑暗条件下培养一个月,再转光照培养(1 000 lx,12 h/d)。3～4周即发生球形胚和愈伤组织,9～10周分化子叶,苗高3 cm左右移植到营养钵蛭石基质中继续培养,7周左右可移栽到土中。

3.存在问题

珠心胚苗处于幼年期,长势强旺,还带有部分野生性状(多刺),因而结果迟。柑橘珠心胚苗需栽培7～8年才能结果,占地费时。上述问题使这项技术的应用受到很大制约。

(三)茎尖微体嫁接脱毒

1.定义

指在人工培养基上培养实生砧木,嫁接无病毒茎尖(0.14～1.0 mm,带3～4个叶原基)以培养脱毒苗的技术。

采用微尖嫁接主要是进行柑橘、苹果、桃等木本植物病毒及类病毒的脱除,如脱除柑橘裂皮病类病毒(CEV)、柑橘衰退病毒(CTV)、柑橘碎叶病毒(TLV)、脉突病毒及黄龙病类细菌等。在西班牙已发展成为柑橘无病毒苗生产的常规程序和颁发柑橘无病毒证书的依据。

2.主要程序

主要程序为:无菌砧木培养—茎尖准备—嫁接—嫁接苗培养—移植。

(1)砧木培养。用新鲜果实种子去种皮后接种于含MS无机盐的无激素固体培养基上,在(25±2)℃下暗培养2周,再转光照培养。

(2)茎尖准备。供体株多用热处理或温室培养植株,对采集的嫩梢进行消毒和剥取茎尖。

(3)嫁接。从试管中取出砧木,切去过长的根,保留4～6 cm根长,切顶留长为1.5 cm左右的茎。在砧木近顶处一侧切一个"U"形切口,深达形成层,用刀尖挑去切口部皮层。将茎尖移置砧木切口部,茎尖切面紧贴切口横切面。

(4)嫁接苗培养。微尖嫁接苗一般采用液体滤纸桥方式培养。先在纸桥中开一小孔,将砧木的根通过小孔植入液体培养基,按常规光照培养管理。

(5)移栽。嫁接苗培养3~6周,具2~3片叶时按一般组培苗移植方式移入蛭石、河沙等基质中培养,或采用"再嫁接式移栽",即将嫁接苗去根并削去砧木部分的皮层作为"接穗",嫁接到盆栽粗壮砧木上,扎紧切口并罩以塑料袋保湿,20 d左右成活,即可摘去塑料袋。此方法得到的脱毒苗成活率高。

(四)花药培养脱毒

1974年,日本大泽胜次首先发现,草莓花药培养可产生无病毒植株。国内外研究证实,草莓花药培养脱毒率高于茎尖脱毒率,一般可达80%~100%。因此,大泽胜次认为草莓花药培养脱毒,可以免去脱毒检测程序。草莓花药培养产生二倍体($2n = 56$)植株频率很高,且操作较茎尖培养脱毒简便。这些特点使草莓花药培养脱毒成为当前国内外草莓无病毒苗培育主要方法之一。

第三节 脱毒苗的鉴定

在进行脱毒培养前,首先应该对某地区危害某种植物的病毒种类有一个比较清楚的了解,以便确定脱毒的目标。

经过脱毒处理以后,并不是所有的植株都可以脱除病毒。在用作母株生产无病毒苗之前,必须对产生的每一个植株,进行特定病毒的检测。在通过茎尖培养产生的植物中,很多病毒具有一个延迟的复苏期。在前18个月需进行3~4次重复检测;当最终检测确认组培苗植株无病毒存在时,才能作为无毒苗。值得注意的是,即使经过脱毒处理的无毒苗,也会被重新感染而带病;在繁殖推广的各个阶段,都要对无毒苗进行多次病毒检测,确证其无病毒且农艺性状优良之后,才可以作为脱毒良种苗用于实际生产。

当前脱毒苗脱毒效果检测方法有指示植物法、酶联免疫吸附测定法、电子显微镜法、分子生物学检测法等。

一、指示植物鉴定法

(一)指示植物和指示植物法的含义

指示植物是对特定病毒极易感染,接种某种病毒后表现特有症状的植物。指示植物法是指鉴定时利用病毒在指示植物上产生枯斑作为鉴别病毒种类的标准,也称为枯斑测定法。该方法要求条件简单,操作方便,一直沿用至今,为一种经济有效的鉴定方法。

指示植物一般分为两类:一类是接种病毒后产生系统性症状,病毒可扩展到植株非接种部位,通常没有局部病斑的指示植物;另一类是只产生局部病斑,常为坏死、褪绿或环状病斑的指示植物。部分常用指示植物见表5-2。

表 5-2　一些常用指示植物及其检测的病毒

植物病毒种类	主要指标植物	资料来源
草莓斑驳病毒(SMoV)	UC-4、UC-5、Alpine	王国平等,1993
草莓镶脉病毒(SVBV)	UC-10、UC-4、UC-5	
草莓皱缩病毒(SCrV)	UC-10、UC-4、UC-5、Alpine	
草莓轻型黄边病毒(SMYEV)	UC-10、UC-4、UC-5、Alpine	
柑橘裂皮病毒(CEV)	Etro 香橼	中国农业科学院柑橘研
柑橘碎叶病毒(TLV)	Rusk 酸枳	究所等,1992
柑橘衰退病毒(CTV)	墨西哥来檬	
苹果茎沟槽病毒(SGV)	弗吉尼亚小苹果	冷怀琼,1998
苹果茎痘病毒(SPV)	弗吉尼亚小苹果、君柚	
苹果褪绿叶斑病毒(CLSV)	俄国大苹果、大果海棠、杂种温瞭	
葡萄扇叶病毒(GFV)	Rupestris.St.George	冷怀琼,1998
葡萄卷叶病毒(GLRV)	黑比诺、赤霞朱、品丽珠等	
葡萄栓皮病毒(GCBV)	LN33	
葡萄茎痘病毒(GSPV)	LN33、Rupestris.St.George	

注:引自王清连,2003。

(二)对指示植物的要求

(1)根据病毒种类的不同,选择适合的指示植物(因病毒的寄主范围是不同的)。

(2)一年四季都能栽培和容易接种。

(3)能够较长时期内保持对病毒的敏感性。

(4)在较广的范围内具有同样的反应。

(三)鉴定方法

1.汁液涂抹法

从受检植株上取下幼叶 1～3 g,用磷酸缓冲液(0.1 mol/L,pH7.0)研磨后过滤制成匀浆待用。用 600 号金刚砂轻轻擦破受检植物叶片表皮,使叶面造成小的伤口,而不损伤叶片表面细胞,然后用手指(戴上手套)或纱布或棉球蘸取匀浆在受检植物叶面伤口上轻轻涂抹 2～3 次,大约 5 min 后,用水轻轻洗去接种叶片上的残余汁液。把接种过的受检植物放在隔离的室内或防虫网室内,在半遮阴、温度 15～25℃的条件下培养,2～6 d 后可根据指示植物症状变化,来判断被鉴定植物是否脱毒,若汁液带病毒即出现可见病症(表 5-3)。

表 5-3　几种马铃薯病毒的指示植物及其症状

病毒种类	指示植物	症状
马铃薯 X 病毒(PVX)	千日红、曼陀罗、心叶烟	脉间花叶
马铃薯 S 病毒(PVS)	苋色藜、千日红、昆诺阿藜	叶脉沉陷,粗缩
马铃薯 Y 病毒(PVY)	野生马铃薯、洋酸菜	轻微花叶,粗缩或坏死
马铃薯卷叶病毒(PLRV)	洋酸菜	叶淡黄白色或呈紫色、红色

注:引自潘瑞织等,2000。

2.嫁接法

将待测植物的芽或幼叶嫁接在指示植物上,根据被嫁接指示植物叶上有无病毒症状,鉴定待测植物病毒。为了保险起见,上述两种方法应重复2~3次为佳。四川农业大学草莓课题组(1999)根据国内外有关报道,结合自己的研究,总结出草莓指示植物小叶嫁接检验操作程序(图5-4),可供参考。每株指示植物至少嫁接2片小叶,若待测植物有病毒,嫁接后15~25 d,即会产生症状。

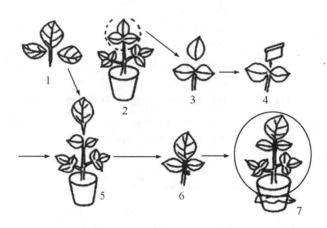

图 5-4　草莓指示植物小叶嫁接检测法示意图

(引自 熊庆娥,2000)

1.取待检草莓叶,去两侧小叶,留中央小叶,保留叶柄长约1.5 cm,削皮层成楔形　2~4.从盆栽生长良好指示植物上挑选健全叶片;剪去中央小叶;用单面刀片自剪口处向下纵切1.5~2 cm切口　5.将待检小叶叶柄插入切口　6.用封口膜缠绕包扎嫁接部位　7.用喷雾器向植株喷少许清水,用开有小孔的塑料袋将指示植物罩上,移回防虫网室置散射光下,10 d后去塑料袋,进行观测。

二、酶联免疫测定法

酶联免疫测定法全称 ELISA-酶联血清免疫吸附反应法,采用酶标记抗原或抗体的微量测定法,是一种普遍采用的抗血清鉴定方法的一种。

植物病毒是由蛋白质和核酸组成的核蛋白(称为抗原),给动物注射后会产生抗体。因此,抗体是动物在外来抗原的刺激下产生的一种免疫球蛋白,主要存在于血清中,故含有抗体的血清,即称为抗血清。由于不同的病毒所产生的抗血清有各自的特异性,因此,用已知病毒的抗血清,可以鉴定未知的病毒种类。即通过抗原与抗体的结合方法,称为血清反应。

这种抗血清的病毒检测成为一种高度专化性的试剂,其特异性高,测定速度快,一般几小时甚至几分钟,便可以完成病毒鉴定。

酶联免疫测定法是将酶与抗体(或抗原)结合,制成酶标抗体(抗原),将抗原固定在支持物上,加入待检血清,然后加入酶(一种过氧化物酶或碱性磷酸酶)标记的抗体,使之与待检血清中与已与对应抗原的特异性抗体结合,最后用分光光度计做出判断。但也存在缺点:①抗体制备所需时间长,费时费力;②一次只能检测一种病毒,检测多种病毒时灵敏度低;③经常存在假阳性反应,给脱毒苗检测带来困难。

三、电子显微镜鉴定法

采用电子显微镜技术,可直接观察病毒粒子的存在。这是一种较为先进的检测方法,可知病毒颗粒的大小、形状和结构,但需要专门的技术和专门的设备,一般需要委托有关病毒或植物保护研究单位进行。

(一)普通电镜

将待测植株汁液,制成铜网样片,在电镜下观察。观察到病毒质粒者为带毒苗。

(二)免疫电镜

取植株叶片冰冻,加缓冲液和金刚砂研磨,4 000 r/min 粗离心,除去组织碎片,待用。用抗血清包被铜网,加样,乙酸氧铀染色,置 37℃ 孵育 60 min。取出置电子显微镜下观察、照相。观察到病毒质粒,而且其被抗血清修饰或捕捉住的,则测定植株带该种病毒。用此方法观察大蒜的洋葱黄矮病毒及螨类线状病毒等 5 种病毒十分清晰、明确。

四、分子生物学检测法

目前常用的分子生物学技术包括双链 RNA 电泳技术、互补 DNA 检测法和反转录 PCR(RT-PCR)技术。

(一)双链 RNA 电泳法

在受 RNA 病毒侵染的植物体内,有相应复制形式的双链 RNA 存在,而在健康植株中则不会发现病毒的双链 RNA。通过凝胶电泳分析检测双链 RNA 分子的数目和大小、确定病毒的类群。

(二)互补 DNA 检测法

用互补 DNA 检测病毒的方法,又称 DNA 分子杂交法。

(三)反转录 PCR 检测法

聚合酶链式反应(PCR)技术,能轻易检测到皮克(pg)数量级的植物病毒,并且可与其他分子生物学方法(如核酸杂交)和免疫学方法(如 ELISA)相结合应用,大大增强其灵敏度和特异性。在植物病毒检测上应用较多的是反转录 PCR(RT-PCR)技术。

利用分子生物学技术,特别是 PCR 和 RT-PCR 方法检测植物病毒具有灵敏、快速、特异性强等优点,其专一性和灵敏性则优于免疫学方法,是目前较为先进的方法。但是实验时需要昂贵的试剂和特殊的设备。

五、直接检测法

直接检测法是检验叶片和茎是否有该病毒所特有的症状。脱毒苗叶色浓绿,均匀一致,长势好。带毒株长势弱,叶片表现褪绿条斑,扭曲、植株矮化(大蒜)、脉坏死、卷叶等(马铃薯)。表现出病毒病症状的植株可初步定为病株。根据症状诊断要注意区分病毒病症状与植物的生理性障碍、机械损伤、虫害及药害等表现。如果难以分辨,需结合应用其他诊断、鉴定方法,综合分析后做出判断。

第四节　无毒苗的保存及应用

一、无毒苗的保存

脱毒苗并非具有额外的抗病性,有可能被病毒再次感染。所以一旦培育得到脱毒苗,就应很好地隔离与保存。这些脱毒苗构成的原原种或原种材料,保管得好可以保存利用 5～10 年,通常脱毒苗应种植在 300 目的防虫网内,才能防止蚜虫的传播感染。

栽培用的土壤应进行消毒,周围环境也要求整洁,并及时喷施农药防治虫害,以保证脱毒种苗是在与病毒严密隔离的条件下栽培繁殖的。有条件的地方可以到海岛或高岭山地种植保存,那里气候凉爽,虫害少,有利于脱毒材料的生长和繁殖。还有一种更经济实用的方法,是把由茎尖得到的并已经过脱毒检验的植物通过离体培养进行繁殖和离体保存。

(一)隔离保存

植物病毒的传播媒介主要是昆虫,如蚜虫、叶蝉或土壤线虫,因此应将无病毒原种苗种植于防虫网室、盆栽钵中保存。

(二)长期保存

将无病毒苗原种的器官或幼小植株接种到培养基上,在低温下离体保存,是长期保存植物无病毒原种及其他优良种质的方法。

1.低温保存

即将组培苗放在有荧光灯的 8～10℃ 的冷柜中,保存几个月甚至 1 年以上,必要时可更换培养基。

2.冷冻保存

用液氮保存植物材料的方法称为冷冻保存。

一般取无病毒组培苗的生长点约 1 mm,然后放在安瓿瓶中,加培养液配制的 10％ 二甲亚砜溶液浸没后封口,再逐步冷却到 −40℃,放入液氮中冻存。

3.石蜡油封存

将组培苗的空气部分用石蜡充满后密封,放在冰箱中保存,数月后换一次培养基。

总之,脱病毒植物的妥善保存是无病毒苗用于生产不可忽视的重要环节。

二、无毒苗的繁殖及应用

无毒苗一般分为原原种、原种和生产用种三级。原原种是指经过脱毒处理和病毒检测的茎尖组培苗;原种是指从原原种采穗、扦插繁殖的一次扦插苗;生产用种则是从原种采穗扦插的二次扦插苗。其中原原种和原种的保存需要在无毒网室或温室内进行。

无毒苗的扩繁主要采用无性繁殖方法,如嫁接,扦插,压条,匍匐茎繁殖和微型块茎(根)繁殖等。无毒苗的生产时可建立种苗中心、脱毒苗繁育基地、脱毒苗栽培示范基地和植物无病毒化生产等环节,完成的生产任务有:①苗木脱毒;②脱毒苗鉴定;③脱毒苗离体保存;④提供脱毒基础苗;⑤毒苗隔离扩繁,生产原原种和原种;⑥淘汰劣株;⑦毒苗栽培试验;⑧淘汰劣株;⑨脱毒苗栽培示范;⑩隔离采种,生产良种;⑪脱毒苗栽培生产;⑫无毒苗及其产品销售。

在无毒苗的繁育体系中,各级分工负责,各司其职,相对独立,又上下衔接,确保无毒苗的繁育质量和顺利、及时的供应生产。市售良种经2～3年使用后再度感染,便会影响作物产量和品质,应重新更换和采用脱毒苗,以保证生产的质量。

我国无毒苗的培育已在果树、蔬菜、花卉、粮食与经济作物等取得显著成效。苹果、柑橘、草莓、香蕉、葡萄、枣、马铃薯、甘薯、蒜、兰花、菊花、水仙、康乃馨等一大批无毒苗被应用于生产。只要加强研究与管理,进一步规范无病毒苗的生产与应用,病毒病这一制约植物生产的难题就能得到根本解决。

本章小结

植物脱毒技术是植物组织培养技术的综合应用之一,经脱毒后所获得的苗叫脱毒苗。脱毒苗是指不含有该种植物的主要危害病毒,即经过检测主要病毒在植物体内表现为阴性反应的苗木。常用植物脱毒方法有茎尖分生组织培养脱毒、热处理脱毒法和热处理结合茎尖培养等。常用无毒苗的鉴定方法有指示植物鉴定法、酶联免疫测定法、电子显微镜鉴定法和分子生物学检测法等。对植物病毒病的防治,目前缺乏有效的防治药剂,应用组织培养技术脱毒,既清除植株营养体的病毒,又由已祛除病毒的组织再生出无毒植株,进一步扩大繁殖应用于生产,是目前最有效的防治病毒病的方法。目前植物脱毒技术在马铃薯、香蕉、草莓等作物中应用广泛。

思考题

1.为什么茎尖分生组织培养能除去植物病毒? 哪些因素会影响其脱毒效果?

2.热处理为什么能去除植物病毒? 常用的热处理方法有几种? 二者有何区别?

3.如何鉴定茎尖培养而成的脱毒苗确实无毒?

4.怎样保存和利用脱毒苗?

5.指示植物法有几种方法? 每种方法的技术要点是什么?

第六章　植物组培苗工厂化生产

知识目标

◆ 了解组培苗成本核算与效益分析的方法。

◆ 掌握植物组织培养工厂的规划设计方法。

◆ 掌握植物组织培养工厂化生产的技术流程。

能力目标

◆ 能进行组培工厂的设计。

◆ 初步具备组培苗工厂化生产及经营管理能力。

第一节　植物组织培养工厂化生产基本要求

一、基础设施规划

建立植物组织培养育苗工厂首先要考虑周全,否则会对以后的生产及管理产生不良影响。在厂址的选择上,一般应因地制宜,根据实际条件,选择较为洁净、安静的地方,新建或对原有的厂房如办公室、会议室、仓库等改建成组织培养育苗工厂。为使生产能够顺利进行,厂址的选择要注意以下四点,一是要选在城市周边地区,可方便采购各种物资,还有利于产品销售;二是要选择交通运输便利的地方;三是要在该城市常年主风向的上风方向,以避开各种污染源;四是要有排灌水系统及用电线路畅通等条件。

二、生产车间设施设备

植物组织培养育苗工厂化生产用设施设备应根据设计规模来确定,在实际生产过程中,还要考虑市场和生产任务等因素来确定实际生产规模。

（一）植物组织培养的设施和设备

植物组织培养实验室各分区按工厂化生产应称为各车间，主要完成培养基制备以及组培苗的诱导、继代、生根等培养过程，它是组培苗生产的第一阶段，也是植物组织培养工厂生产的主要构成单位。主要工作车间包括洗涤车间、培养基制备车间、接种车间、培养车间等；主要设备有超净工作台、高压灭菌锅、成套的洗涤设备、培养架、加温设备、冰箱、接种器械、蒸馏水器、各种规格的天平等；还包括组培苗生产过程中所需要的各类药品。

（二）保护栽培设施

保护栽培设施主要用于组培苗的移栽、驯化和生产。主要设施有温室、塑料薄膜拱棚、防虫网室及防雨遮阳棚等，其中温室是主要的设施，主要是各种类型日光温室。温室内设施设备主要包括温控设备、基质搅拌机、喷药消毒机、装盘机、育苗盘等。

三、组培苗工厂化生产技术规范流程

在选好厂址的基础上，要根据预期生产规模来确定建厂所需的土地面积，切忌盲目扩大，同时要根据生产目的和规模来进行厂区内部的设计。设计时要讲究合理性、实用性、实效性。设计原则一般是按照工艺流程顺序排列、节省劳力物力、方便工作、避免不必要的浪费等。

（一）工艺流程

植物组织培养工艺流程如图 6-1 所示。

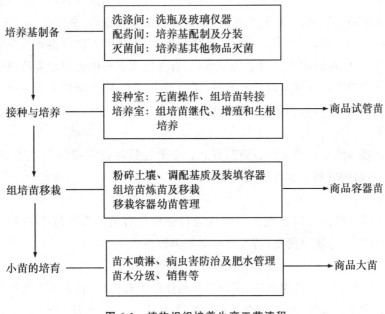

图 6-1 植物组织培养生产工艺流程

(二)工作车间的设置

1.洗涤车间

洗涤车间是最基本、最重要的车间之一,主要是玻璃器皿的洗涤、干燥、保存的场所,也是植物材料的预处理的场所,车间面积可大可小,可根据实际条件而定;车间内要设有水槽、水泥地面、排水系统,还应配备烘箱、洗瓶机、器械柜等配套设施。

2.培养基制备车间

主要功能包括培养基的配制、分装、灭菌,培养基所用药品的存放、称量、溶解。车间内应配有带有药品架的工作台、手提式或全自动高压蒸汽灭菌锅、医用器械柜,还要有冰箱、电炉、培养基分装器、恒温箱、蒸馏水发生器等。考虑到承担的工作量,培养基制备车间面积宜稍大,利于生产的顺利进行。

3.接种车间

本车间主要功能是植物材料的消毒、接种、转移及组培苗的继代、生根等环节。这些环节要求必须在无菌环境下进行,接种车间面积宜小不宜大,因为小面积易于进行消毒处理,减少污染源的产生。同时要求地面平坦、墙壁光滑。接种车间入门上方,最好安装一紫外灯,主要起杀菌消毒的作用。接种间应配备一定数量的超净工作台、医用小推车、接种工具等配套设施。

4.培养车间

培养车间的主要功能是组培苗培养的地方,内设培养架、空调等以满足组培苗对温度、湿度及光照的要求。为节省资源,降低成本,培养车间要有保温隔热材料,要充分利用自然光照,位置应设计在房屋的向阳面。南面、东面、西面最好都要设置窗户,利于充分采光。另外,可以把培养车间分成几个小室,利于温度控制。为便于观察,室内摆放试验桌和几台显微镜。为保证一年四季恒温条件,可以配备冷暖型的空调机,有木质或铁质的光照培养架、摇床、光照培养箱等设备。由于培养室用电调节温度和光照,用电量大成本高,为降低成本,增加利润,窗户玻璃最好用双层玻璃,以利隔热和防尘,充分利用自然光节约开支。

5.移栽车间

主要功能是进行组培苗的清洗、炼苗、移栽。主要包括炼苗室和温室,温室内最好还要配备喷雾设备、电热温床以利于提高移栽成活率。

6.育苗苗圃

有时结合组培和扦插可以在更短时间内进行规模化育苗。为了防止病害对组培苗的危害,可以在苗圃内建一些防虫网室,可安装喷雾加湿设备。

7.冷藏室

主要是对一些材料进行低温处理,可以延缓植株的生长速度,特别是大规模生产一些鲜切花时冷藏室尤其重要。另外,对于球根花卉如唐菖蒲、郁金香的小球茎在冷藏室 3~5℃ 下冷藏 1 个月打破休眠。冷藏室对于组培工厂按计划生产和按时供应大量种苗,起着重要的调节及贮备作用。

几种组织培养育苗小型工厂车间布置如图 6-2 所示。

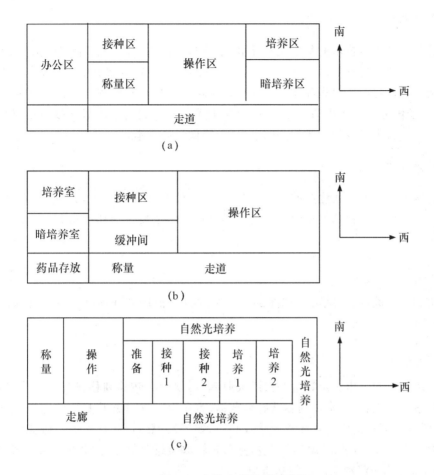

图 6-2　组培车间设计示意图

四、组培苗工厂化生产技术

组培苗工厂化生产技术主要包括培养(生产)材料的选择、培养基的制备、组培苗快速繁殖、生根培养、组培苗炼苗移栽和组培苗移栽后的管理六个阶段。

(一)培养(生产)材料的选择

组培苗工厂化生产首先要考虑培养(生产)材料的选择问题。选择的植物种类既要满足市场的需求,又要考虑适应当地的自然环境条件,以便简化生产条件,降低生产成本。一般来说,所有植物都可以作为外植体进行培养。但具体到工厂化生产,就要根据市场的需求,选择有市场发展潜力或生产上有实用价值的生产品种。要选择健康无任何病虫害的健壮母株,作为研究生产对象。不同的植物种类以及同种植物的不同器官和组织再生能力都有很大的差异。常用的外植体有茎段、顶芽、叶片、腋芽、叶柄、花柄、花瓣、鳞片等。材料消毒要选择合适的药剂种类及合适的消毒时间,尽量缩短重复消毒的时间,尽早建立无菌培养体系。

（二）培养基的制备

培养基的制备是组培技术的基本技术环节,培养基是植物生长的基础,应根据所培养植物的种类及取材部位选择适宜的培养基。在进行工厂化生产之前,应做前期的试验研究工作,筛选出最优的培养基。生产一般先配制 10～1 000 倍高浓度母液和植物生长调节剂原液,低温下储藏,然后按照配方配制所需的培养基,并及时灭菌备用。配制培养基一般用蒸馏水,大规模生产可用烧开的自来水冷却后代替蒸馏水,从而降低生产成本。

（三）组培苗快速繁殖

组培苗快速繁殖是工厂化生产的关键环节,主要在接种车间和培养车间完成,其培养方法与实验室组培苗的生产流程基本相同,只是生产规模更大,主要包括初代培养、继代培养两个阶段。

（四）生根培养

快速繁殖到一定数量后,就可以选择部分壮苗进行生根培养,同时要注意生根的最佳时期,以利于培养完整的植株。

（五）组培苗炼苗移栽

组培苗在培养车间长出一定数量的根或根原基后,要及时转移到移栽车间炼苗移栽。移栽前要选择合适的移栽容器,常用的容器有育苗钵、育苗盘。在对移栽基质的选择上,要选择那些物理、化学性方面都良好的物质作为移栽基质,如泥炭、蛭石、珍珠岩等。移栽前 3～4 d,组培苗置于温室中驯化,以适应温室的环境,然后轻轻取出组培苗,洗去根部的培养基,杀菌剂浸泡 8～10 min,移栽于消毒灭菌后的基质中。

（六）组培苗移栽后的管理

由于组培苗长期生长在恒温、高湿、弱光、无菌的环境下,生长势弱,适应能力差,所以移栽后 1～2 周为管理至关重要。要控制好光照、湿度、水分、通风等条件。高温季节应注意遮阳、保湿、通风透气,经常进行人工喷雾。弱光、适当低温和较高的空气相对湿度有利于提高移栽成活率。为促进苗木生长,结合喷水喷施 3～5 倍 MS 大量元素营养液。1 周后每隔 3～5 d 叶面喷施营养液 1 次。由于空气湿度高,气温低,幼苗极易感病,要及时喷药进行防治。

第二节　生产规模与生产计划

任何一项产业或一种产品最终都要面向市场,以市场需求为导向,不顾市场需求和行情盲目扩大生产只能造成经济的损失,降低生产效益。合理的生产规模应取决于市场的供需状况和产品价格,这就涉及组培苗的增殖率和生产计划的制订。

一、增殖率的估算与生产规模的确定

(一)增殖率的估算

组培苗的增殖率是指植物快速繁殖中间繁殖体的繁殖率,通常按接种的中间繁殖体块数或按瓶计算,不能简单地按接种一个芽,培养后能数出多少个芽来计算,应按能再切出多少块供再接种的材料来计算。年生产量的计算公式为 $Y=mX^n$。其中 Y 为一年生产量;m 为瓶内母株数;X 为每周期增殖的倍数;n 为一年的增殖周期数,$n=365/d$,d 为每周期天数。如果一种材料每繁殖一代需 45 d,每瓶培养的株数是 10 株苗,每次增殖 4 倍,则一年可增殖 8 次,年生产量(Y)$=10\times4^8=655\,360$ 株苗,但以上数值只是一个理论数字,在实际继代培养过程中还会有污染、组培苗异常,培养条件发生故障等现象发生,造成一定的损失,所以实际生产数量应比估算的数字要低。

(二)生产计划的制定

1.生产计划制定的原则

生产计划是根据市场需求和经营策略,对未来一定时期的生产目标和活动所做的统一的安排,生产计划制定的合适与否,直接影响组培苗的规范化生产,影响经济效益的产生。所以,制订生产计划一定要周密、细致、全面,将一些非正常因素都要考虑进去。

制订生产计划时必须注意掌握以下几点:

(1)对各种植物材料的增殖率应做出一个实际的估算;

(2)要具备过硬的植物组织培养专业技术,如:建立无菌系技术、中间繁殖体增殖技术、接种技术、生根技术、炼苗移栽技术;

(3)要熟练掌握各种组培苗定植时间和生长管理技术环节;

(4)要根据生产能力和市场需求制定生产计划。

2.生产计划的制定

(1)材料品种的选定。植物组培生产计划的制定,要以市场需求为准,提前做市场调研,同时要有超前性,要根据市场需要选择有市场发展潜力或生产需要的品种,要能预见此类品种的巨大经济效益,来进行组培工厂化生产。这一计划的制订是最基本、最重要的,同时还要考虑材料在本地区或周边地区的适应性,要选择纯度高、无病虫害的植物作为繁殖材料。

(2)生产时间的确定。要根据市场销售时期、植物材料的生长周期,结合当地的生产环境和气候条件,估算出生产所需时间,从而确定本品种的生产时间。否则等到大批量的种苗生产出来,而市场早已被其他商品占领。市场如战场,一定要有超前的预见性。一旦确定目标,尽快投入生产以利于获得更高的经济效益。

(3)技术手段的完善。要有精湛的组培专业技术,特别是接种技术,要在极短时间内快速繁育种苗,最大限度的降低污染率,提高移栽成活率。

(4)生产数量的确定。生产数量直接影响经济效益。要根据市场的需求、自身的经济实力、技术水平、仪器设备等因素确定最终的生产数量,不能盲目扩大生产数量。植物材料时效性非常强,最好是订单生产及销售,以免由于销售不畅造成材料、人力和资金浪费。

(5)销售策略的制定。要有超前的销售理念,随时了解市场需求,注意观察市场动态,并及时做出相应的计划调整,同时注意用户的反馈信息,也就是质量意识要加强。只有提高产品的质量,才能在市场中占有较大份额,以取得更高的经济利益。

(6)苗木的包装与运输。苗木要注意包装。包装箱的质量因苗木种类、运输距离而异,近距离运输可用简易的纸箱或木条箱,以降低包装成本;远距离运输,采用多层摆放的方式,充分利用自然空间。运输应及时快速,同时注意运输中极端环境对苗木可能造成的危害,采取相应技术措施把损害降低到最低限度。

二、组培苗的质量标准

组培苗的质量直接影响组培苗出瓶后的移栽成活率,甚至影响到出圃种苗的质量。

(一)组培苗的质量标准

组培苗的质量标准主要依据根系状况、整体感、苗高、叶色、叶片数等来判定。

1.根系

根系考察指标主要有组培苗的根量、生长势、色泽与粗细等。

(1)根量是提高移栽成活率的基础。一般有 3~4 条根,如新几内亚凤仙久不出瓶移栽,错过了最佳的移栽时期,则根量多且又长,增加了洗去根部培养基的难度且容易造成根部菌类污染,造成移栽成活率很低。

(2)根的长势包括根的长度和均匀性。一般组培苗出瓶时的根长为 1.5~2.0 cm 为最佳。根太长说明已老化且生命力下降,太短说明根幼嫩,吸收能力及抗性较差。根的均匀性即根的分布情况,尽量避免半边根现象,以免影响移栽成活率。

2.整体感

整体感是指对组培苗的整体感官,包括是否长势旺盛、是否粗壮挺直、叶色是否符合本品种的特性等内容。此项指标是一个综合的感官评判项目,依目测评定,故必须由熟悉组培生产及各种类组培瓶苗形态特征的专业人员进行检测。质量较好的组培苗表现为长势旺盛、形态完整、粗壮、叶色油绿、挺拔、匀称等,其抵抗不良因素的能力较强,移栽容易成活,且后期长势旺盛、健壮。

3.苗高

苗高是指出瓶时组培苗的高度。组培苗过高过矮都不利于移栽成活。过高说明超过了出瓶的最佳时期,有些徒长苗细弱不利于移栽,过矮说明出瓶的标准未到。大部分组培苗都由于苗子太高太弱而影响移栽成活率,标准的高度以不同种类、不同品种而定,例如芦荟苗高 4.0~5.0 cm、新几内亚凤仙苗高 2.5~3.0 cm 为合适。

4.叶色

叶色能直接指示组培苗的健壮情况,叶色深绿有光泽,则说明生长势强壮,光合能力强适宜移栽,叶片发黄发脆透明及局部干枯都是病态的表现,不适宜移栽。

5.叶片数

指植株进行光合作用的有效叶片数,直接影响光合产物的产生,适当的叶片数和正常的形态特征是健壮植株的表现。

上述指标中,根系发育状况对组培苗质量影响最大,其次为整体感、苗高以及叶片数等指标。其中根系状况是决定性指标,是进行组培苗质量综合评定的前提。几种组培苗的出瓶标准表见 6-1。

表 6-1　几种组培苗的出瓶标准

序号	植物种类		根系状况	苗木情况	出瓶苗高/cm	叶片数/片	苗龄/d
1	铁皮石斛	1级	多条,短粗	粗壮,叶色浓绿	10~20	单株≥5	20~30
		2级	多条,较长				
2	蝴蝶兰	1级	有根	叶色深绿,苗鲜活健壮	5~10	≥2	25~30
		2级	根原基				
3	红掌	1级	有根	苗鲜活,健壮	5~10	≥3	25~30
		2级	根原基				
4	蓝莓	1级	多条,短粗	苗色深绿,根系乳白粗壮	5~10	≥5	25~30
		2级	少量,细长				
5	花椰菜	1级	有根	苗鲜活健康,根系发达	5~10	≥3	15~20

(二)出圃苗的质量标准

组培苗经移栽成活后,就可以进入大田或苗圃种植,成品后出圃作为商品进行销售。出圃种苗的质量影响到种植后的成活率、生长势及质量。由于植物产品特殊性,组培出圃苗的质量标准很难界定。现阶段不同植物组培出圃苗的质量标准参考实生苗质量的标准。主要从以下几个方面进行评定:

(1)商品特性。考察苗高、冠幅、叶片数、芽数、叶色、根数等。

(2)健壮情况。考察抗病性、抗虫性、抗逆性等。

(3)遗传稳定性。是否具备品种典型性状、是否整齐一致、遗传稳定性。

(4)适应性。包括区域的适应性、环境的适应性。

第三节　成本核算与效益分析

一、成本核算

(一)成本核算的意义

成本核算是制定产品价格的依据,是反映经营管理工作质量的一个综合性指标,同时也是了解生产过程中各种原材料消耗、改进工艺流程、改善生产中的薄弱环节的依据。通过产品核算可以有效地制止浪费,节省投资,提高效益。

植物组培苗工厂化生产中一般包括以下几项开支:

1.人工费用

技术人员、管理人员、临时工人员的工资奖金及劳动保险。

2.固定仪器设备折旧费

主要指房屋折旧和仪器生产设备的保养、检修、维修。生产办公用房每年按销售收入的5%～10%计算,仪器设备按5%～7%计算,温室及大棚按10%～15%计算。

3.生产物资的消耗

玻璃器皿、塑料制品等各类低值易耗品,有机成分、植物生长调节剂、蔗糖、琼脂等各种化学试剂,农药、化肥等农用物资的消耗。

4.水电费

玻璃器皿的洗涤、培养基制备灭菌、仪器设备的操作、培养室温度、光照的控制均需要大量的水电开支。

5.市场营销和经营管理开支

一般指销售人员工资、种苗包装费、运费、保险费、广告费、展销费等。

6.其他开支

办公用品费、引种费、培训费等。

(二)成本核算的方法

成本核算一般从以下几个方面进行考虑:直接生产成本、固定资产折旧、市场营销和经营管理。

1.直接生产成本

以生产10万株组培苗为例(包括诱导、继代、生根诱导等全过程),约消耗1 800～2 200 L培养基,制备培养基的药品、技术人员工资、电能消耗及各种消耗品约需直接生产成本3.9万元。其中,组培苗培养过程及培养基制备的电耗常占极大比重。如果能采用自然光,将大大地降低生产成本投入。此外,改进生产技术、注重自动化设备的引进,扩大生产规模也可以有效地降低直接生产成本。一般情况下每株组培苗的直接成本可控制在0.3～0.5元以内。

2.固定资产折旧

按年产50万株组培苗的工厂规模,约需厂房和基本设备投资140.0万元左右计算,如果按每年5%折旧推算,即7.0万元的折旧费,则每株组培苗将增加成本费0.14元左右。

3.市场营销和经营管理开支

一般指销售人员工资、差旅费、种苗包装费、运费、保险费、广告费、展销费等。如果市场营销和各项经营管理费用的开支按苗木原始成本的30%运作计算,每株组培幼苗的成本约增加0.1～0.13元。

从以上各项成本合计计算,每株组培幼苗的生产成本为0.45～0.75元。因此,组培育苗工厂在决定生产种类时一定要慎重,避免盲目投入。要选择有发展潜力、市场前景看好、售价较高的品种进行规模生产。否则,可能造成亏损。表6-2为北京某公司年产130万株安祖花商品组培苗的成本核算。从表中可看出,年产130万株安祖花商品组培苗的生产成本中(直接费用和部分间接费用),培养基费用、生产人员工资、水电费和设备折旧(包括维修和损耗)费分别占生产成本的22.38%、42.69%、26.68%和8.25%(管理费用、销售费用及财务费用等不包括在内),生产产量越高,单株成本越低。

表 6-2　安祖花商品组培苗成本核算

培养时间	培养苗数/株	培养基成本/元	人工费/元	水电费/元	设备折旧/元	合计/元	单价/元
3	5	0.9	600	1 350	0	1 951	
4	20	0.9	600	600	0	1 201	
5	80	4	600	600	0	1 204	15.05
6	320	15	600	600	5	1 220	3.81
7	1 280	55	600	1 170	20	1 845	1.44
8	5 120	221	1 200	1 360	80	2 861	0.56
9	20 480	887	1 800	2110	320	5 117	0.25
10	81 920	3 538	6 750	5 200	1 278	16 766	0.20
11	327 680	14 155	27 000	17 680	5 119	63 954	0.20
12	1 310 720	56 652	108 000	67 500	20 880	253 002	0.19

二、效益分析

(一)成本分析

成本是影响经济效益的主要因素,成本的高低主要取决于经营者的管理水平,操作工人的熟练程度及设备条件,如转接材料速度慢且污染率高,或移栽成活率低,就会增大成本投入,所以在生产实际中应最大限度地降低成本,以获得最大利润。

(二)市场规模

所有产品最终都要推向市场,要根据市场规模定产品,要有先进的市场销售理念,生产销售名、特、优、新的植物品种,以降低成本投入,增加经济效益。

(三)生产规模

生产规模对经济效益有一定影响,在特定生产技术水平下,规模越大则获利越高,但还要根据当地市场条件而定,防止盲目扩大规模造成经济损失。

三、降低成本提高效益的措施

(一)提高劳动生产率

生产组培苗中人工费用是一项很大的开支,利用经济欠发达地区的廉价劳动力,可以节约开支,增强竞争力,降低劳动成本。生产国际市场需要的优良品质的组培苗,无疑具有较大的价格优势。

(二)严格管理制度

实行经济责任制,生产实行分段承包、责任到人、定额管理、计件工资、效益管理与工资挂钩,激励工人的工作热情与责任心,奖优罚劣是提高劳动生产率的有效措施。

（三）正确使用仪器设备减少维修费的开支

组培工厂化生产需价格昂贵的仪器设备,掌握正确的使用方法及时保养、检修,避免机器设备的损坏,延长机器的使用寿命,是降低成本提高效益的有效措施。

（四）降低器皿消耗

使用廉价的代用品,组培苗工厂化生产当中使用最多的就是玻璃器皿,其中的三角瓶价格高却容易破损,投资上少则数千,多则上万元,是一个惊人的数目,为减少投入应采用罐头瓶代替,还有白砂糖代替蔗糖,白开水代替蒸馏水,棉塞代替封口膜,则能大大降低成本增加效益。

（五）充分利用培养室空间

充分利用培养室空间,合理安排培养架和培养瓶,以满足批量生产,提高效益。

（六）降低污染率

生产中的污染不仅造成人力、财力的浪费,还会造成环境的再污染,所以提高转接技术,降低转接污染率,是降低成本的有效措施。

（七）节约电能

用电量在组培苗工厂化生产中占有相当大的比重,培养室可建成自然采光性能好,利用太阳能加温的节能培养室,尽量避免使用耗电量大的空调机,高压灭菌消毒可采用煤气炉进行消毒,以降低成本投入。

（八）提高繁殖系数和移栽成活率

想尽一切办法提高中间繁殖体的增殖倍数,要使组培苗生根率达95%以上,炼苗成活率达90%以上,大大降低成本,增加效益。

（九）进行周年生产

利用各种植物的生长习性,错开休眠期和迅速生长期,使一年四季工作均衡,减少季节性的停工损失。

第四节　组培苗工厂化经营管理

组织培养工厂化生产除了具有过硬的技术手段,还要有成套的经营管理体系,避免风险性的投资。良好的经营管理理念是进行组织培养工厂化生产的必要条件。

一、经营管理理念

(一)经营思想

经营思想是从事经营活动、解决经营问题的指导思想,是随生产力发展和市场变化而变化的,在经营思想指导下形成成套的经营理念,并指导于生产实践。

(二)经营策略

经营策略是指组培生产企业在经营方针指导下,为实现本企业的经营目标而采取的方法策略,如市场营销、产品的开发及研究都直接影响企业的经营方针,植物组织培养生产企业在正确的经营方针指导下,以市场为导向,利用各种有力资源合理地组织生产。

二、经营管理措施

(一)生产管理

组培工厂化生产管理制度的实施直接影响效益的高低,采用经济责任制,既以经济利益为中心,以提高员工的责任意识为重点,责、权、利相结合,劳动报酬同劳动成果相联系的生产管理制度,同时还要注意"以人为本"的生产管理理念,建立经济责任制要全面,做到任务到人、责任到人,只有这样才能真正提高组培工厂化生产的经济效益。

(二)市场营销

1.市场预测

市场预测对于组培工厂化生产尤其重要,可以最大限度地减少经营的风险性,进行市场预测需做大量的市场调研,通过市场调研掌握市场过去和现在的状况,以及将来发展的趋势。

2.市场占有率的预测

市场占有率是指企业某产品的销售量或销售额与市场上同类产品的全部销售量或销售额之间的比率。最大限度地提升影响市场占有率的因素,如:种苗的种类、质量、销售渠道、包装及新鲜度。注意提高对产品的宣传力度,要使组培产品在质量、价格、供应时间、包装等方面都处于优势地位,同时要生产企业的拳头产品,这样才能提高产品的市场占有率。组织培养工厂化生产之前,进行市场需求预测时要有一定的超前性,以便正确及时地安排生产种苗的时间,保证产品准确上市,迅速占领市场。同时,要根据市场需求,及时调整种苗生产规模和速度,提倡多种畅销产品同时上市,避免单打一做法,这样才能在变幻莫测的市场风云中处于不败之地。另外,注重搞好科研贮备,积极寻找今后有发展前途的新品种,并开发和探索出其工厂化生产的配方及生产流程,贮备技术以适应市场的需求和变化。

(三)经营方法

经营方法是为实现目标所采取的措施和决定。市场调查和预测是决定经营方法的前提,经营方法是实现目标的手段。

1.技术环节

组培苗生产是一项技术性、生产设施条件要求较高的工作。为达到预期的生产目标,必须采用相应的技术措施。积极选育、引进优良新品种,选择符合当地自然、经济条件,并有良好效益的适用技术和工艺流程,充分发挥组培技术的优势并和传统的繁殖方法结合,进行大规模生产,尽量降低生产成本,提高繁殖系数、缩短育苗时间,保证产品质量,按时供应市场,获取最大的盈利。

2.生产资料采购

当生产项目和技术措施确定以后,应进行生产资料的采购,要按时、按质、按量采购组培苗规模化生产所需的各种生产资料,特别应注意保证质量,如化学试剂、消毒剂、琼脂、蔗糖等的质量关系到组培苗生产的成功与失败。

3.产品的营销

是指采取各种方法向消费者传播产品信息,激发消费者的购买欲望,促使其购买产品的过程。经营者应根据企业自身条件、组培苗产品类型、数量、质量、市场供求状况和价格等因素,确定适当的销售范围和销售形式,如果种苗市场集中可以采用人员销售,这样可以节约广告费用,如果种苗市场分散则可以采用广告宣传,这样信息传递速度快利于销售。另外,组培苗产品可以通过参加各种展览会、栽培技术讲座等活动,促进产品的开发和销售。此外,销售过程中要及时补充和更新市场紧缺的新品种、新种类,只有经常不断地推出新、特、稀、优等品种的组培苗,才有可能在激烈的市场竞争中立于不败之地。

(四)人才管理

组培工厂化育苗生产是一项高科技产业,具有高投入、高风险、高产出的特点,它不但需要专业技术人才,还需要善于管理、懂得经营的管理人员,要求技术与管理齐头并进,要求技术人员具备精湛的组织培养技术,不断解决生产中出现的技术问题和管理问题,还要不断开发具有市场潜力的新种类、新品种。同时需要对市场调查、信息反馈结果进行科学研究分析,生产适销对路的产品,在人才管理上注重培养人员的责任意识、创新意识。同时也要有先进的管理理念。

本章小结

随着植物组培苗市场需求的扩大,植物组培苗需要进行工厂化生产,工厂化生产只有在正确的经营管理下,才能获得良好的经济效益。生产计划的制定与实施是进行工厂化生产的首要任务,生产计划要根据市场需求、自身生产能力来制定,要根据订单数量和植物繁殖特性安排。生产过程中要把握好种源选择、离体快繁、移栽驯化、质量鉴定和包装运输等生产工艺流程和技术环节。组培苗工厂化成本由生产成本、销售成本和间接费用构成。提高组培工厂的生产效益,需提高植物组培苗快速繁殖技术、降低生产成本及做好经营管理。

思考题

1.如何进行植物组织培养工厂的设计?

2.组培工厂化育苗工艺流程是什么?

3.如何进行组培苗成本核算?

4.降低成本提高效益的措施是什么?

第七章 植物组织培养技术的主要应用

知识目标

◆ 了解植物组织培养技术在稻麦、果蔬、林木花卉、药用植物培育中的应用。

◆ 了解种质资源离体保存的重要意义。

◆ 掌握种质资源离体保存的方法。

能力目标

◆ 能指导相关研究和脱毒快繁实践。

◆ 能根据不同离体保存方法的特点选择合适的种质资源保存方式。

第一节 稻麦组织培养

一、水稻花药培养

水稻(*Oryza.sativa* L.)是一年生禾本科植物,主要分布在亚洲和非洲的热带和亚热带地区,我国水稻播种面积占全国粮食作物的 1/4,而产量则占 1/2 以上。1968 年,日本科学家新关和大野首次利用水稻花药培养技术成功获得植株,发展至今,花药培养育种技术已经受到各国育种家的普遍重视,并已选育出许多的水稻新品种,推广面积大幅度增加,创造了巨大的社会效益和经济效益。中国科学院自 20 世纪 70 年代开始水稻花药培养的研究,已经研制出适合水稻花药培养的 N6 培养基,成为中国水稻花药培养研究的成功标志,并为带动其他作物花药培养研究起到巨大的推动作用。

(一)培养基

1.培养基类型

继最初成功使用 Miller 培养基进行花药培养后,通过大量试验及比较,迄今已获得适合各种不同水稻材料的培养基。如粳稻材料宜用 N6 培养基,籼稻类型的材料宜用 M_8 培养基,籼粳杂种后代最好选择 SK$_3$ 培养基。MS 培养基常用在分化阶段,而在实际应用中需针对不同的基因型材料对培养基进行筛选和调整,以达到最佳的培养效果。

2.营养成分

培养基中的激素、碳源、氮源和有机物对花药培养有较大的影响。其中,2,4-D、6-BA、KT 和 IAA 等激素的合理使用能够提高水稻的花药培养力,对花药培养起到促进作用。有研究显示,多种激素成分综合配比使用往往比单一激素成分的花药培养效果要好。氮源现在一般常用硝态氮,因为高浓度的氨态氮会明显抑制愈伤组织的形成。另外,在培养基中加入一些有机添加物,如马铃薯提取液、丝瓜伤流液、椰子汁等,对提高愈伤组织诱导率和绿苗分化率具有明显效果。

(二)取材和处理

1.取材

早期的水稻花药培养常用 F$_1$ 代的材料,选材盲目,很难培育出的具有利用价值的植株。现在取材常选用 F$_3$ 或 F$_4$ 代材料进行花药培养。取材的最佳时间为晴天下午,取材部位为剑叶与下一叶的叶枕距 5～10 cm 的带苞叶稻穗,此时幼穗的颖壳宽度已接近成熟的大小,颖壳外观呈黄绿色,雄蕊伸长达颖壳的 1/3～1/2,花药发育处于单核中晚期。

2.预处理

(1)预处理时期。水稻花药从接种到启动孢子体途径分裂,中间会有几天的发育停滞期,而利用低温预处理后可消除发育停滞,加快培育进程。单核中晚期(单核靠边期)是花药培养的最适时期,因此在单核靠边期进行低温预处理,对提高花药培养效率具有显著的效果。而且,适当低温预处理不仅有利于愈伤组织的形成,还有利于绿苗分化。

(2)预处理方法。低温预处理能显著提高花药的诱导率,一般做法是在温度为 4～8℃ 处理 7～10 d。但不同品种的基因型小孢子对低温承受力不同,所需处理时间也就不同,如将材料置于 9～10℃ 的冰箱中,籼稻可预处理 8 d,而粳稻和籼粳杂交组合可延长至 10～15 d。

(三)接种和培养

1.接种

外植体在接种之前,必须进行严格灭菌。目前外植体灭菌多采用酒精和氯化汞,两者的处理时间过长或过短都不利于灭菌,过短灭菌不彻底,过长虽然污染率降低但也会影响愈伤组织诱导率,所以应严格把握灭菌的时间。一般先将预处理后的水稻材料用 75% 酒精擦拭表面后剥去叶片,再在超净工作台上将穗子在 75% 酒精中浸泡 5～8 min,无菌水冲洗至少 3 次。取花药时先剪去颖壳上半部分,然后用左手持穗,右手用镊子夹住花丝,取出花药进行接种。注意不要直接夹花药,以免损伤。接种密度宜高,以促进"密度效应"的发挥,有利于提高诱导率。

2.培养

水稻花药培养可分为两个阶段,即暗培养与光培养。一般认为暗、光培养的温度以 26～28℃ 为好,而光培养阶段常用光照强度 2 000 lx,时间 12 h,以日光灯照射为主。另外,愈伤组织从暗培养转入光培养的时间对绿苗率有影响,转移过早,组织块营养贫乏,再分化率较低,出苗率低,转移过晚,则组织老化,颜色变暗或褐化,表面出现白色细小的芽,难以继续分化或分化出白化苗。在培养方式上,除变温处理外,半固体培养、液体培养都有助于花粉愈伤组织诱导率的提高。

(四)水稻花药培养的应用

1.花药培养与育种

将花药培养与常规育种技术结合起来,能快速高效选育水稻优良新品种。1975 年,我国第一次利用花药培养技术育成粳稻新品种单丰Ⅰ号,开启了该技术在我国常规水稻育种中的应用。在抗病育种中,杂交育种与水稻花药培养相结合往往易获得高抗、优质的新品种。花药培养过程中产生的变异为水稻的选育提供了新的遗传基础材料,并已选育出一些应用广泛的新恢复系和新的组合。另外,利用花药培养技术弥补水稻籼粳杂种的后代稳定慢的劣势,加速其杂种后代的稳定,以加快水稻育种的进程。

2.花药培养与遗传转化

水稻遗传转化技术是现代分子辅助育种的主要技术之一。目前,基因抢、电击、农杆菌、花粉管导入等各种转化体系已能将外源有利基因导入水稻各种器 官、组织和细胞。遗传转化常用的群体有 F_2 群体,重组自交系(RI)群体和加倍单倍体(DH)群体,其中重组自交系群体和加倍单倍体群体是最基本的研究群体。应用花药培养技术构建 DH 群体,构建速度快,可一次性形成基本群体,同时逐年增加新个体,目前,这一技术已在基因图谱 DH 群体构建研究中得到了广泛应用。

3.花药培养与性状聚合

花药培养育种能通过早代互补,一次纯合,把两个亲本的优良性状结合起来。因此,可先用单交杂种材料诱导花粉植株,从中挑选优良株系进行复交、回交或反复回交,再进行花药培养,摒除显隐性的干扰,克服常规复合杂交的盲目性,进行有目的性的定向培育,将多种优良性状聚合。随着水稻常规育种技术、杂交育种技术和基因工程育种技术水平的不断提高和深入,水稻花药培养技术必将发挥越来越重要的作用,成为水稻育种研究中的重要环节。

二、小麦胚培养

小麦($Triticumae\ stivum$ L.)是主要粮食作物之一,总产量仅次于玉米,居世界粮食作物的第二位。随着社会经济的发展及生活水平的提高,对其抗性增减、品种改良及产量提高的研究显得非常重要。近年来在科技工作者的努力下,生物技术已成为改良小麦品质的重要途径之一。禾本科植物主要是通过体细胞胚发生途径再生植株,体细胞胚的研究对植物基因工程及农作物品种改良等都具有重大意义。

(一)培养基

1.营养成分

MS 培养基是小麦胚培养的常用基本培养基。目前,在诱导和分化培养基的选择上,也采用一些 MS 改良培养基,或将多种基本培养基综合起来使用。其中,中国农科院叶兴国等研发的 Adi 培养基较适于小麦成熟胚愈伤诱导。在继代培养中提高盐浓度(2MS)或加适量水解酪蛋白(300～500mg/L)有利于胚性愈伤组织的生长及绿苗的形成。在 MS 培养基中加入氯化钾或提高蔗糖和谷氨酰胺浓度均可提高愈伤组织活力,使其结构紧密,而调节铵态氮和硝态氮的比例可提高小麦植株分化频率。在远缘杂交中,提高糖浓度有利于愈伤组织诱导,原因可能为幼胚时期珠液及胚细胞中渗透压较高,因而要求培养基中也具有相应的渗透压才能保证活性物质及营养成分向幼胚运输。

2.植物生长调节物质

不同种类和浓度的植物生长调节物质对不同基因型、不同生理状态等的供试材料的影响均有差异。2,4-D是植物愈伤组织诱导过程中应用最广泛、效果最明显的生长素类调节剂;NAA广泛用于生根,并与细胞分裂素互作促进茎的增殖;细胞分裂素类物质能促进细胞分裂,诱导芽的形成和促进芽的生长,但同时会抑制生根。常用的细胞分裂素有6-BA,KT,TDZ等。

(二)取材和处理

1.取材

(1)幼胚材料。小麦幼胚具有较高的脱分化能力,愈伤组织诱导率高,植株再生能力强,而且胚培养具有取材方便、操作简单等特点,是一种理想的外植体类型。但是,不同的小麦基因型在致密愈伤组织的诱导率、分化率及分化能力的保持上存在一定的差异。而且,幼胚生长发育较快,同一天上午和下午取材,胚的大小和成熟度会发生明显变化,因此,以胚的长度作为胚龄的衡量标准较为合理。通常情况下,取样标准为:幼胚约1 mm,小麦授粉后长大至半仁,颖壳稍张开,幼胚大小介于0.8～1.5 mm,表面呈半透明状。胚太小操作困难,胚状体和芽出现较慢,但分化率和成苗率较高;胚龄越大越易直接萌发不易形成愈伤组织。另外,胚龄越小,较适宜的2,4-D浓度降低,对糖浓度的要求升高;胚龄越大,较适宜的2,4-D浓度升高,对糖浓度的要求降低。

(2)成熟胚材料。以小麦成熟胚作为外植体,具有个体间生理状况相似、取材方便、保存期长、可大量获得等优点。但以小麦成熟胚作为遗传转化研究的受体,其愈伤组织诱导率和分化率相对较低。李映辉等用胚切伤略带胚乳的取胚方法,从19个小麦品种(系)中筛选出5个具有较高再生率的基因型,分别为农408再生率最高为73.11%,京花1号再生率最低为57.60%,表明以小麦成熟胚为材料进行离体培养,其再生率也存在基因型效应。

2.预处理

(1)低温预处理。低温预处理可以提高幼胚的愈伤组织的产量。研究表明,短时间的4℃处理对小麦幼胚的培养特性影响不大,但是随着处理时间的延长,影响逐步加大最终达到显著水平。小麦幼胚接种前进行低温处理可提高分化频率。低温(-4℃)处理2 d的培养效果最好,分化频率可达25%。低温处理提高组培效果的原因可能是低温延缓了幼胚的发育进程,提高了外植体的素质。而以小麦成熟胚为材料时低温预处理能够显著促进愈伤组织的分化,并且基因型间存在差异。

(2)干燥预处理。适当的干燥处理可以使愈伤组织细胞失水,提高细胞渗透势,使愈伤组织在一定时间内处于无营养状态,刺激细胞分裂和DNA合成停止,从而促使细胞分化,提高幼胚愈伤组织的分化率。但基因型不同,干燥处理的效果也不同,因此,干燥处理应慎用。

(三)接种和培养

1.接种方式

接种方式即在培养过程中盾片向上或是向下放置。盾片向下放置易使胚直接萌发,盾片向上放置易产生愈伤组织,且在致密愈伤组织诱导方面盾片向上放置要显著高于向下放置,在致密愈伤组织的分化频率方面两者无显著差异,故在小麦幼胚培养中,盾片向上放置能获得更多再生苗及无性系供后代选择。

2.幼胚的接种和培养

在组织培养实践中,应当充分认识胚龄、激素、预处理、接种方式等因素的综合协调对小麦幼胚组织培养的作用,才能提高组织培养效率,使其更加有利于生物学研究、遗传转化和缩短育种周期等工作。幼胚培养时可将低温处理后的麦穗取出,剥出中部小穗下端第 1、2 位小花籽粒,经 75 ％酒精消毒 30 s 和 0.1 ％氯化汞消毒 10～15 min ,无菌水洗 3～5 次 ,再在无菌条件下将幼胚剥出进行接种。培养过程中,小麦幼胚培养的最适光照强度的选择仍存在分歧,一般认为在愈伤组织诱导时应放暗处为宜,也有人认为适当的光照强度有利于形成胚性愈伤组织。

3.成熟胚接种和培养

在成熟胚处理方面,最初采用完整胚直接接种,再生效果很差,再生植株频率很低,多数基因型甚至无法获得再生植株。后经逐步发展,设计并应用胚乳支撑接种、成熟胚刮碎接种、成熟胚切割接种等方式,植株再生率得到了一定提高。一般做法是将预处理后的小麦种子用质量分数为 0.1％氯化汞再次消毒 10 min,无菌水冲洗 4 次,于无菌条件下剥取成熟胚接种于成熟胚愈伤组织诱导培养基上。对于小麦成熟胚培养,培养过程中普遍先用暗培养,处理时间随基因型及实验目的而定。

(四)应用和展望

我国小麦的组织培养工作始于 20 世纪 70 年代。近 30 年来,人们对小麦幼胚培养技术的研究不断深入,包括环境影响因素、愈伤组织内部结构以及实际应用价值等,为小麦育种的发展方向探索出一条生物技术育种与常规育种相结合的道路。

1.幼胚培养技术的应用

小麦幼胚愈伤组织诱导率较高,通过对愈伤组织的筛选,可以发生定向变异,主要体现在农艺性状(如株高等)、抗性和品质方面,因此小麦幼胚培养的价值主要体现在新品种的选育上。如果通过虚拟研究得到优化的小麦株型参数,然后通过幼胚培养选育得到符合该参数的新品种,将使育种工作形成方向性,不再盲目地进行选择。但是,在遗传转化工作中,小麦植株再生率低、基因型依赖性强等问题在一定程度上限制了转基因小麦的获得。因此,研究不同激素、不同培养基对于不同基因型愈伤组织分化和再分化的影响,找到理想的基因型材料和适合的条件,建立稳定、高效的再生植株系统,必将推动基因遗传转化研究进程。

2.成熟胚培养技术的应用

随着小麦成熟胚培养技术的发展,应用基因枪法转化小麦成熟胚的研究已经引起科研工作者的关注。目前,有人用整粒切胚法诱导成熟胚愈伤组织,再用基因枪轰击胚性愈伤组织,已经成功地将抗除草剂 BAR 基因转入六倍体和四倍体小麦,获得了转基因植株,PCR、Southern blot 杂交分析表明转基因后代能够正常分离并稳定遗传。而小麦成熟胚再生体系和转化体系的不断完善,对于促进小麦基因工程育种和小麦功能基因组研究具有重要意义。

第二节　果蔬组织培养

一、马铃薯脱毒培养及快速繁殖

马铃薯(*Solanum tuberosum* L.)又名土豆,茄科茄属多年生草本植物,是重要的粮食、蔬菜兼用作物,在我国分布广泛,栽培面积位居世界第二。危害马铃薯的病毒多达十几种,如 X 病毒、S 病毒、Y 病毒、M 病毒、A 病毒、奥古巴花叶病毒、纺锤形块茎病毒等。生产实践中,马铃薯常用无性繁殖的方式,经过多年留种种植后,体内病毒不断累积,致使品种种性退化、品质和产量下降,对生产造成严重危害。随着组织培养技术的不断发展,尤其是在马铃薯茎尖脱毒领域的应用,不仅能有效地防止病毒感染,解决品种退化问题,还能加快良种繁育的速度,加快马铃薯提纯复壮进程。马铃薯无病毒苗的培养及脱毒微型薯的生产作为一项新型的应用技术,在生产上具有重要的现实意义,具有非常广阔的前景。

(一)培养基

1.基本培养基

马铃薯茎尖培养需要较多的硝态氮和铵态氮,其中 MS 和 Miller 都是较好的基本培养基,此外 Morel、MS、MA 等改良培养基亦常用,培养效果很好。

2.外源激素

外源激素常用来控制茎尖成活和苗分化,用来进行组培苗的增殖,适宜的种类及浓度配比有利于离体茎尖成活和生长,但浓度过高或使用时间过长会产生不利影响。如,应用 PP_{333}、GA_3 等激素进行壮苗培养,能促进侧芽分化、增加叶面积、叶绿素含量和干物质积累。

(二)取材和脱毒

1.取材

(1)品种特性。一般而言,在马铃薯脱毒研究中常选用具有地域代表性、栽种面积较广、亲缘关系较远等特点的品种作为材料。所选薯块也需符合品种特征,包括薯型、芽眼、皮色和肉色等,且无病斑、虫蛀和机械创伤,一般来说,收获后将薯块置于室内 2～3 周,可作为脱毒母株材料使用。

(2)茎尖大小。马铃薯茎尖培养脱毒的效果与茎尖大小直接相关,病毒浓度在茎尖附近呈递减分布,即生长点受病毒侵染程度最低,越往外越严重,因此,从理论上来说茎尖越小脱毒效果越理想,但由于茎尖大小与成活率呈正相关,即茎尖越小成活率越低,所以在取材时应综合考虑上述因素,选择合适的芽和合理的茎尖大小。一般茎尖取 0.1～0.5 mm,其中带 1～2 个叶原基的茎尖脱毒效果较好,既能保证一定的成活率,又能排除大多数病毒。如果茎尖材料脱毒前能够结合化学、物理热处理、光照等条件和方法则效果会更佳。

2.脱毒

(1)茎尖剥离方法。马铃薯脱毒培养常以茎尖为材料。如果薯块数量充足但时间较紧,可直接用热处理后的薯块上芽端进行茎尖剥离,即先用解剖刀从薯块上切取长约 1 cm 的芽,用自来水上冲洗 30 min,然后置于超净工作台上用 75% 的酒精浸泡 30～45 s 进行外植体表面消毒,再用 0.1% 的氯化汞溶液灭菌 10～12 min,无菌水冲洗 3～5 次,用无菌滤纸吸干水分后置于 40 倍带冷光源的显微镜下,用解剖刀与解剖针将带 1 个叶原基的直径在 0.2 mm 左右的茎尖切取下来,并尽快接种于培养基 MS + 6- BA 0.5 mg/L 中进行培养。如果薯块较少或时间充足,则可将薯块的芽经上述外植体消毒处理后进行无菌培养,经一定时间繁殖后获得较多的瓶苗,再直接取无菌瓶苗茎端进行茎尖剥离。

(2)剥离部位。由马铃薯块茎上的顶芽中剥取的茎尖成苗较易,植株脱毒率高,基部芽剥取的茎尖成苗较难,脱毒率低。而且,茎尖的大小需在 0.2～0.3 mm 范围内,太小茎尖难以成活,太大脱毒效果较差。

(三)接种和培养

1.接种

无论是直接利用薯块上的芽端还是利用无菌瓶苗的茎端,剥离时速度一定要快,获得的幼小茎尖必须放在无菌潮湿的滤纸上或者迅速直接转入培养基中,以防失水死亡。

2.培养条件和过程

从本质上来说,茎尖剥取的分生组织只是刚开始分化的大细胞团,因而培养过程中应更加小心谨慎,培养容器最好选用试管,不仅能保证茎尖分生组织的长期培养所需的营养成分,还能节约空间,便于观察和记录。刚接种的茎尖常置于温度 25℃、光强 1 500～3 000 lx 的条件中进行培养,3 个月左右可长成 3～4 叶的小植株。

(四)病毒鉴定

由马铃薯茎尖分生组织培养获得的组培苗母株,当扩繁到一定数量时必须进行病毒检测,以及时淘汰带病毒组培苗。经病毒检测确认是不带病毒的组培苗母株系,才能进一步快繁利用。如果材料不足,对带有 1～2 个病毒的株系可进行二次茎尖剥离培养后再进行病毒检测,确认不带病毒才能加以利用,如果组培苗数已达到生产需求量,则可淘汰。

生产上多采用酶联免疫检测法(DSA－ELISA)进行马铃薯病毒检测。茎尖脱毒的统计标准为:对茎尖培养成活的植株,经 DSA－ELISA 检测,马铃薯卷叶病毒、A 病毒、Y 病毒、M 病毒、X 病毒、S 病毒均呈阴性。目前,已经开发了病毒检测试剂盒,例如,黑龙江省农业科学院研究并生产了马铃薯病毒检测试剂盒,其性价比较好。

(五)问题和展望

我国从 20 世纪 70 年代初开始研究推广马铃薯茎尖脱毒技术,迄今已取得一定的成果,但仍存在不少问题亟待进一步深入研究。如马铃薯各种病毒在各地的分布情况差异较大,马铃薯茎尖培养脱毒的课题研究存在区域特性。茎尖培养脱毒的效果及品种范围仍需进一步扩大,深入探讨微型薯形成的因素和生产微型薯的必要条件也非常必要。脱毒快繁如何更好地节省原料,降低污染,减少一系列技术操作环节,降低生产成本,优化环境设施等也亦然是今后研究的主体。加速脱毒与快繁技术集成化、产业化、精简化、优质高产高效化研究也非常重要,只有各项技术的完善及综合运用才能更有利于高新技术在生产进一步扩大应该,造福社会。

二、草莓脱毒培养与快速繁殖

草莓(*Fragaria ananassa* Duch.)又叫红莓、洋莓、地莓等,是蔷薇科草莓属植物的通称,属多年生草本植物。草莓营养价值高,含丰富维生素 C,有帮助消化的功效。我国是世界上最大的草莓生产国,年产量约 100 万 t。但单产平均水平仍较低,主要原因在于我国草莓长期连作,很少应用脱毒苗更新换代,病毒侵染严重,造成生长势衰退,产量大幅度下降。脱毒苗不仅能保持原品种的种质纯度,又可以提高品种的抗逆性。采用脱毒快繁技术,提高草莓的繁殖系数,建立无病毒苗快繁体系,是提高草莓产量和品质、促进草莓产业化发展的有效途径,也是生产上应用广泛的重要扩繁方式。

(一)培养基

草莓脱毒培养常以 MS 为基本培养基,不同培养阶段中不同基因型对培养基的要求存在一定差异。而且不同植物激素类型和浓度配比也会对芽增殖和生长造成不同的影响。如红颜草莓脱毒苗最适宜的培养基为 MS ＋ 6-BA 0.5 mg/L ＋ IBA 0.3 mg/L,增殖系数达到为5.8,再生苗颜色深绿,生长健壮,无玻璃化现象;优良品种美国童子一号最适宜的增殖培养基为 MS ＋ 6-BA 1.15 mg/L ＋ NAA 0.13 mg/L ＋ GA_3 0.12 mg/L,最理想的生根培养基为 1/2MS ＋ IBA 0.15 mg/L ＋ PP_{333} 0.15 mg/L。

(二)取材和灭菌

1.取材

不同基因型草莓品种的再生能力存在显著差异。在外植体类型方面,以草莓叶片为材料时,不同部位的再生能力大小顺序依次为托叶 ＞ 叶柄 ＞ 带叶脉叶片 ＞ 不带叶脉叶片。这可能与叶片的形态分化能力有关,因为叶片的发育是由两端向中间延伸,所以叶片中部细胞较两端幼嫩,有利于不定芽的分化。以茎段为材料时,相同的培养条件下,茎尖诱导率也存在显著的基因型差异,即匍匐茎不同段位的诱导率高低依次为匍匐茎上段 ＞ 匍匐茎中段 ＞ 匍匐茎下段。

2.灭菌

为了灭菌彻底,草莓外植体进行灭菌处理时,常把接种材料先进行湿润处理,使灭菌剂能顺利地渗入材料。常用湿润剂为吐温 80,湿润时间控制在 0.5～1 min。常用的灭菌剂有多种,如次氯酸钠,次氯酸钙(漂白粉),过氧化氢,新洁尔灭,氯化汞等。冬季消毒以氯化汞消毒 10 min 为宜,夏季消毒可适当延长,以 13 min 为宜。

(三)接种和培养

1.接种

灭菌后的接种材料,要用无菌水清洗 3～5 次,然后在 80～100 倍双目解剖镜下剥取含有 1～2 个叶原基的生长点,直径 0.1～0.3 mm,然后快速接种到诱导与分化培养基如 MS ＋ 6-BA 0.5～1.0 mg/L ＋ 2,4-D 0.05～0.2mg/L ＋ GA_3 0.5～1.5 mg/L 中,封口后转到培养室进行培养。

2.培养

(1)培养过程。研究发现,茎尖在剥离后先进行暗培养有利于伤口的恢复,使茎尖的成活率提高 10% 左右。接种生长点在 30～40d 后出现芽萌动,50～60 d 便可分化出丛生芽,当芽高达到 3～5 cm 时,就可将丛生芽分开或将单芽转入继代与增殖培养基如 MS + 6-BA 1.5～2.5 mg/L + IAA 0.5～1.0mg/L + IBA 0.5～1.0 mg/L + GA₃ 1.0～1.5 mg/L 中进行培养。继代培养时,分割的芽团一般含 4～5 个芽。每隔 3 周更换新的培养基。长势良好的苗可先转入壮苗培养基如 MS + 6-BA 1.0～2.0 mg/L + IAA 0.1～1.5mg/L + IBA 1.0 mg /L + GA₃ 1.0～1.5 mg/L 中培养,待小苗生长健壮再接种到生根培养基如 1/2MS + 6-BA 0.1～0.5 mg/L 中诱导生根。

(2)温度影响。草莓组织培养常用温度为 25℃左右,相对湿度为 65%～70%,光照强度 1 800～2 200 lx,光照时间 12～14 h /d。培养过程中,温度对芽的生长状态和繁殖速率有非常明显的影响。当温度高于 28℃时,芽老化加速,生根现象加重,分化速率明显下降;当温度低于 22℃ 时,芽分化速率比正常条件下可降低 20% 以上;当培养温度降低到 18℃时,芽分化速率降低 50% 以上。另有研究发现,活性炭不仅明显能促进生根和抑制芽分化,还有助于玻璃化苗的恢复。

(四)病毒鉴定

当每个生长点分化出一定数量的小苗时,需进行生物学病毒检测,检测不合格的苗及时淘汰。病毒可用电子显微镜、酶联免疫、分子生物学等方法进行鉴定。获得的无毒苗在继代与增殖培养基中加速繁殖,继代周期一般为 25～28 d,增殖倍数一般为 8 倍,最高可达 15 倍以上。

(五)驯化和移栽

移栽前应将草莓组培苗进行驯化,以适应自然环境,提高移栽成活率。一般做法为先揭开培养瓶的封口膜,5～7 d 后取出组培苗,用自来水冲去苗基部的培养基,再移栽到适宜的基质中。移栽成活率的高低,除种苗质量的影响外,主要取决于基质的成分以及水分和温度的管理。基质应具有良好的透气性、保水性以及充足的养分。低温寡照以及湿度过大,都会引起幼苗真菌感染,严重时地下部分大面积腐烂死亡。因此,在保证苗不萎蔫的前提下,应注意适当控制水分以及通风除湿。

(六)应用和展望

迄今为止,生产上主要通过茎尖培养获得草莓脱毒组培苗,再通过快速繁殖,从而获得大批量的优质脱毒种苗。而且,利用组培快繁技术对草莓脱毒苗进行快速繁殖时出苗整齐,可进行周年生产,不受季节限制,从而实现草莓脱毒苗的工厂化育苗和草莓新品种的迅速推广。但是,草莓茎尖诱导率存在显著基因型差异,对于诱导率比较低的品种,要建立起高效的快繁体系,需要借鉴前人的研究经验和有针对性地在培养基以及培养条件等方面进行进一步研究。组培苗的应用至少需要 2 年时间才能够在田间显现高产优势,一代苗或者原种苗的优势无法体现,这是目前制约生产的一个关键因素。国内多数学者在试管繁殖、低成本工厂化育苗上获得了相对较成熟的技术路线,但对于如何使组培苗快速开花结果和如何做到全年提供种苗,方便田间生产,也仍是今后要大力探讨的课题之一。

三、香蕉脱毒培养与快速繁殖

香蕉(*Musa paradisiaca*)为杂交来源,俗称甘蕉、弓蕉、芽蕉,为芭蕉科芭蕉属多年生草本植物蕉树的果实。中国是世界上栽培香蕉的古老国家之一,主要分布在广东、广西、福建、台湾、云南和海南,贵州、四川、重庆也有少量栽培。20 世纪 90 年代初,生产上主要采用地下吸芽苗进行繁殖,产量低,病虫害严重,经济效益较差;20 世纪 90 年代中期,香蕉组培苗因其生长迅速、病害少、抽蕾整齐、收获期集中、品质优、管理方便等优点而被广大蕉农所接受。现在使用脱毒组培苗已成为香蕉高产、稳产、高效益的关键措施之一。

(一)培养基

香蕉脱毒常用 MS 作基本培养基,蔗糖浓度为 3%,琼脂浓度变化较大,pH 一般为 5.8。不同的植物激素对于出芽率、出愈率以及生根率均有不同影响。有研究表明,出芽率在无 BA 时很低,在 BA 为 1.0 mg/L,0.5 mg/L 时分别比无 BA 时上升 15.38% 和 22.88%,BA 超过 1.0 mg/L 后,出芽率明显下降。使用 KT 出现与 BA 相同规律,当 KT 超过 1.5 mg/L 时出芽率迅速下降。因此对芽的直接诱导效果相对较好适宜培养基为 MS + IAA 1.0 mg/L + NAA 1.0 mg/L + KT 0.5 mg/L + BA 0.5 mg/L + AC 0.5 mg/L;AC 为活性炭,对香蕉愈伤组织的存活率有一定影响,不加 AC 愈伤组织生长 2～3 周会出现褐化枯死现象,但是浓度太高的 AC 会吸附培养基中的有效成分,从而抑制了愈伤组织生长。因此,AC 浓度为 0.5 mg/L 对愈伤组织存活率和平均出芽数较有利;而最适香蕉芽苗的生根培养为 1/2MS + NAA 1.5 mg/L + IAA 1.5 mg/L + BA 0.5 mg/L。

(二)取材和灭菌

1.取材

香蕉外植体材料一般以当地种质为主,在华南地区,一般于春暖季节,香蕉开始生长后,于晴天到蕉田选取产量高、无病虫害、果指长(第 2 梳果的果指长 2 cm 以上)、果梳整齐的母株吸芽为外植体。也有以香蕉基部以上 30～50 cm 处的顶端芽作为接种材料。

2.灭菌

将准备好的外植体用自来水洗净,剥去外层叶鞘,切去两端至小球茎约 10 cm。在超净工作台上用 75% 的酒精灭菌 30 s,再用 0.2% 的氯化汞溶液消毒 15 min,材料灭菌后用无菌水冲洗 3 次,茎尖部分切成 0.6 cm×0.6 cm 小块接种到培养基上。也可将清洗干净的材料先用 75% 酒精擦洗一遍,再用 0.1% 氯化汞溶液和氯气水(加数滴吐温效果更好)灭菌消毒 5 min,最后用灭菌水冲洗数次后备用。

(三)接种和培养

1.接种

经消毒剂灭菌处理的外植体在超净工作台上用无菌水充分冲洗后,剥去苞片,露出茎尖,切取 2～10 mm 的生长点,迅速接入诱导培养基中。操作过程速度要快并注意保湿。

2.培养

一般而言,温度 27～29℃、每天光照 8 h,光照强度 1 000 lx 的条件下培养 40 d 后可长出无菌芽。继代培养条件与上述类似,继代周期一般为 25～30 d,在夏季,15 d 即可继代 1 次。继代时将无菌芽转移到增殖培养基如 MS ＋ 6-BA 4.0 mg/L ＋ NAA 0.1 mg/L ＋ 蔗糖 40 g/L 中诱导产生丛芽,通过丛芽的不断分割及转移,使芽的数量不断增加。当芽增殖到预定数量后(一般继代 6～9 代),将丛生状无根芽(3 cm 左右)单个切分开,移至生根培养基如 MS ＋ IBA 0.5 mg/L ＋ NAA 2.0 mg/L ＋ 蔗糖 30 g/L 中培养,培养条件可进行适当调整,如每天光照 12 h,光照强度 2 500 lx,以获得根、茎、叶完整的蕉苗。培育获得的香蕉小植株需进行病毒鉴定,常用方法包括酶联免疫吸附法(ELISA)、分子生物学法等,如检测结果呈阴性,证明脱毒成功。

(四)应用和展望

1.问题和解决措施

①不良变异。香蕉组培苗发生变异现象比其他植株明显,常见的有叶片细长扭曲、部分缺绿呈花叶状、叶面凸凹不平、叶柄变长、叶梢散生呈散把状和植株矮小等等。因此,为了减少不良变异,在取材时应从正常健康母株上取无病毒吸芽做种苗,然后严格控制继代培养代数,一般不超过 10 代,适当降低所用的激素浓度,除初代培养外,细胞分裂素不应超过 3 mg/L,生长素不高于 0.2 mg/L,尽量避免使用 2,4-D。

②田间病害。香蕉苗田间发病与当地蕉园的土壤环境关系密切,如,目前生产中出现的危害香蕉的"黄叶病",症状与香蕉枯萎病很相似,表现为植株长势差,后期营养不足,造成香蕉黄叶,严重影响香蕉的产量及品质。调查发现,出现"黄叶病"的蕉园,100%的蕉树根部存在根结线虫危害,该病的发生很可能与根结线虫的危害有关,因此在育苗过程中应避免使用菜园地和老蕉园的土壤,装袋园土必须消毒。

2.技术应用案例

1999—2003 年,云南省红河热带农业科学研究所探索并总结出了一套适合当地的香蕉快繁技术,使组培苗发病率控制在 5%以下,污染率控制在 6%以下,苗木成活率达 95%以上。平均每年提供 59 万株香蕉良种组培苗供生产种植,为工厂化生产种苗带来较好的效益,1999—2003 年新增产值 77.9 万元,为促进当地的经济、社会的发展发挥了重要作用。

第三节　林木花卉组织培养

一、蝴蝶兰组织培养技术

蝴蝶兰(*Phalaenopsis amabilis*)为兰科蝴蝶兰属多年生附生草本,素有"兰花皇后"的美誉,是国际上最具有商业价值的四大观赏热带兰之一,同时也是室内绿化美化的新型观赏花卉。蝴蝶兰是单茎气生兰,植株上极少发育侧枝,很难进行传统的分株繁殖,种子发芽率低,也难以满足大量繁殖的需要,而组织培养技术有缩短繁育周期、可进行周年生产的优点,是蝴蝶兰进行快速繁殖的重要手段。国外发达国家采用组培快繁及工厂化育苗技术,不仅获得了巨大经济效益,而且培育出众多优良新品种。我国蝴蝶兰的快繁研究和品种选育目前处于起步阶段,规模化生产仍受到诸多制约。

（一）培养基

1.基本培养基和外源植物激素

一般情况下,蝴蝶兰原球茎的诱导与增殖培养常以 MS 为基本培养基,而适当减少培养基中大量元素和部分微量元素的添加量,有利于原球茎的增殖。壮苗及生根培养时常用 1/2MS 和 2/3MS。

实践证明,在基本培养基中附加适量激素或其他添加物可显著促进原球茎的增殖与分化。目前,在蝴蝶兰组织培养中常用的激素有 GA$_3$、6-BA、NAA、2,4-D 和 IAA 等,但不同阶段对培养基和激素配比的要求也有所不同。研究发现,适宜浓度的 6-BA 与 NAA 配合使用,有利于原球茎的增殖,其中较为理想的激素组合为 6-BA 2.0 mg/L ＋ NAA 0.3 mg/L;而诱导蝴蝶兰生根较好的激素配比为 BA 0.1 mg/L ＋ NAA 0.5 mg/L,植株生根率高,根数多,生根长。

2.蔗糖和 pH

蔗糖浓度对蝴蝶兰的组织培养有影响,如浓度为 7％有利于原球茎的生长,2％～3％适于芽的形成,5％则利于根的分化和生长;而花药培养和胚培养一般采用 3％～15％的浓度范围。培养基的 pH 对蝴蝶兰材料生长有很大影响,研究表明,pH 5.0～5.4 的环境适宜原球茎生长,而 pH 5.6～5.8 的环境则适合丛生芽的诱导与增殖。

另外,在蝴蝶兰组织培养过程中,常会加入有机附加物,如蛋白胨、椰子汁、香蕉汁、番茄汁、苹果汁等。而在生根培养基中加入活性炭有利于根的形成和生长,但使用过程中要掌控好用量。

（二）取材和灭菌

1.取材

在蝴蝶兰组织培养过程中,选择合适的外植体至关重要;选取的外植体材料不同,原球茎的诱导率也有很大差异。其中幼叶、茎尖、花梗腋芽是蝴蝶兰原球茎诱导较好的外植体,叶片和根段的诱导效果最差。但是,采用茎尖作外植体会对植株造成损伤,因此目前蝴蝶兰的组织培养通常选择幼叶或花梗腋芽作为组培外植体材料。

2.灭菌

蝴蝶兰原球茎诱导常用花梗、花瓣、叶片、根等作为外植体,由于材料结构不同,对于灭菌时间的要求也相差很大,如蝴蝶兰的根、叶片和花梗的最佳处理时间为 20～22 min,花瓣的最佳灭菌处理时间为 15～18 min。

若以花梗为外植体材料,可先用自来水冲洗 1～2 h,去除表面灰尘,再在超净工作台上用 75％酒精浸泡 30 s,无菌水冲洗后放入 0.1％氯化汞溶液中浸泡 10 min 左右,无菌水冲洗 2～3 次,然后置于无菌接种盘上,小心剥去休眠芽的苞片,再放入 0.05％氯化汞溶液中浸泡 7～8 min,无菌水冲洗 5～8 次后备用。

（三）接种和培养

1.接种

若以花梗为外植体材料,在灭菌处理完毕后,可将花梗两端各切去 0.5～1.0 cm,再切成

2～3 cm 长的切段,每段一个侧芽,芽点朝上,基部向下插入诱导培养基如 MS + 6-BA 3mg/L + 蔗糖 20% + 2.8g/L 琼脂中。

2.培养

(1)培养过程。在蝴蝶兰的整个生产过程中,常利用半固体培养或液体培养进行原球茎增殖,利用固体培养分化和生根。不仅可增加繁殖系数,降低污染,也有利于降低成本,进行大规模生产。外植体接种诱导出丛生芽后,可将芽接种于继代培养基,每个继代周期 40～50 d,增殖倍数 2～3 倍。当芽长至 1.5～3 cm 高,2～3 片叶时,就可转入适宜的生根培养基,如 1/4MS + NAA 2.0 mg/L + 蔗糖 1.5% + 活性炭 0.3%中,20 d 左右后开始生根。将生根苗置于高光强如 8 000～10 000 lx 环境条件下 15～20 d,可提高瓶苗的质量和种植成活率。

(2)培养条件。光照强度对组培苗发根及长势有很大的影响。一般常见的光照强度范围为 1 000～2 000 lx。在蝴蝶兰组培中,温度也会影响培养物的生长。培养过程中若温度过低,形成类原球茎状体所需时间则较长,生长较慢;若温度过高,则污染率较高且易褐变。在诱导蝴蝶兰丛生芽过程中还发现,温度偏低如 15～22℃,会使大部分花梗芽发育成花芽;而在较高温度如 23～26℃下培养,花梗花芽转化为营养芽,因此在进行蝴蝶兰丛生芽诱导时,(25±2)℃的温度条件较为适宜。

(四)驯化和移栽

当组培苗生长至 15 cm 左右,根 2～3 条时,可将组培苗带瓶移入温室,打开瓶盖驯化 3 d 左右,然后取出小苗用自来水冲洗掉附着的琼脂,以防止烂根。最后将苗吸干水分阴凉 1 h 后定植于育苗盘中。刚定植的小苗最好遮光 50%,温度控制在 20℃左右,保持一定的湿度,并注意通风。

(五)问题和展望

蝴蝶兰是重要的切花和盆花,具有很高的经济价值,国内外蝴蝶兰的研究,组培快繁占有相当大的比重,也取得了一定的进展,但是繁殖系数低、增殖难、继代周期偏长等问题仍然存在。因此,为了更好更快地实现蝴蝶兰稀有优良品种的大规模繁殖、保护和维持其原生种质,实现品种资源多样化,必须建立更加完善和科学的研究和培育体系。另外,国外已经将基因工程技术应用于蝴蝶兰的研究中,如导入绿色荧光基因、花色基因、抗病基因等,以提高其观赏性和抗病性。而且对蝴蝶兰组培快繁技术的优化可为基因导入提供可靠的技术支撑。但是国内相关领域研究甚少。因此,加大蝴蝶兰育种力度,优化组培快繁技术,培育观赏性强、生长快,且易于栽培的新品种,是推进蝴蝶兰产业发展的关键。

二、桉树植物组织培养技术

桉树(*Eucalyptus* pps.)又称尤加利树,是桃金娘科桉属植物的总称。桉树是世界三大速生树种之一,是我国重要的经济林树种。桉树组织培养始于 20 世纪 60 年代,至 2000 年全世界已有约 60 种桉树进行过组织培养技术研究,绝大部分已成功获得再生植株。通过组织培养获得的桉树种苗保持了母体的优良性状,而且繁殖系数大,生长周期短,在种源缺少的条件下能很快地满足市场需求。因此,利用组织培养技术进行育苗是桉树优良品种快速繁殖的有效途径,对加速桉树人工林营建、提高其品质和产量具有重要意义。

（一）培养基

1.基本培养基

桉树组织培养常用的基本培养基有很多,如 MS、改良 MS、1/2MS、1/3MS、改良 1/2MS、改良 H、VPW、改良 VPW 等。但是,不同的桉树品种、同一桉树品种不同的研究者以及不同的培养阶段所用的基本培养基存在差异,其中 MS 培养基最利于诱导邓恩桉芽茎段。桉树组织培养常用的琼脂浓度为 0.4%～0.7%,蔗糖 2%～4%,pH 一般控制在 5.8 左右。

2.植物生长调节剂

桉树组织培养所用的植物生长调节剂因桉树品种和培养阶段的不同而不同。在初代培养阶段,最常用的细胞分裂素为 6-BA,有效浓度为 0～2.0 mg/L;生长素为 NAA 和 IBA,浓度分别为 0～1.0 mg/L 和 0.3～1.0 mg/L。继代增殖培养基中的 BA 浓度通常要低于初代诱导培养基;但在赤桉培养中也出现相反的情况,即在初代诱导培养基中不添加 BA,而继代增殖培养基中为 BA 的浓度为 1.5 mg/L;在桉树生根培养阶段,大多数桉树品种使用单一生长素时,用 IBA 的生根效果比 NAA 更好。还有一些品种则要 IBA 和 NAA 配合使用,才能达到理想的生根效果,如赤桉在以 1/2MS 为基本培养基,激素配比为 IBA 1.0 mg/L + NAA 0.5 mg/L 的条件下达到最佳,生根率可达 99.5%。

（二）取材和灭菌

1.取材

桉树具有明显的生长期和休眠期,通常以春、夏两季取得的外植体材料灭菌容易且成活率高,秋、冬季材料再生能力差、难以成活。因此,取材时应选择春、夏季且植株病害少、生理年龄小、再生能力强的芽或茎段作为组培的外植体。采集时间上以芽条腋芽开始膨大、芽鳞片尚未裂开为最佳时机,采集对象最好为桉树嫁接苗或伐桩、环割、萌芽条中上部茎段,即半木质化的嫩梢,长度以 5～10 cm 为宜。

2.灭菌

进行外植体消毒灭菌时,一般将采回的桉树嫩茎段剪去叶片,先用少量洗衣粉水漂洗 10 min,再用自来水冲洗 30 min 左右,然后置于超净工作台上,用 75%酒精浸泡 5 s,再用新洁尔灭溶液或 0.1%氯化汞溶液浸泡 5～6 min,用无菌水冲洗 4～5 次,以清除残留汞离子,防止材料受损严重。

（三）接种和培养

1.接种

灭菌结束后的外植体材料用无菌纱布吸干外植体表面水分,将茎段两端接触药液的切口切掉,留下叶柄护芽,按 1～2 个腋芽一段分切,一瓶一段直插入培养基（如 MS + 6-BA 1.0 mg/L + KT 1.0 mg/L + NAA 0.05 mg/L）上进行诱导培养。

2.培养

芽的初代诱导是桉树组织培养的启动阶段,茎段以 3～6 节位最佳。继代增殖时可将腋芽切下,接入继代培养基 MS + 6-BA 0.8 mg/L + KT 0.8mg/L + NAA 0.01 mg/L 上,初始作为外植体的茎段不再采用,经过 5～6 次继代培养,每周期为 20 d,就可形成 5～10 个丛生芽结构。当无菌芽经过不断继代培养达到一定数量时,可将形态粗壮、木质化较好的单芽切下,接入生根培养基 1/2MS + IBA 1.5 mg/L + NAA 0.5 mg/L 上。生根培养常用室温为 25～28℃,光照强度为 1 500～3 000 lx。实践证明,不同光源对植物生长的影响有显著差异。如用红、蓝发光二极管产生的红光和蓝光能显著促进赤桉生长,提高植株品质,增加组培苗的移栽成活率。因此,在培养过程中,要选择合适的光照条件,其中以散射光为光源条件培养的芽体较粗壮,而直射光若过强则苗易老化,过弱则芽易徒长,芽体细弱,易玻璃化。

(四)驯化和移栽

1.驯化

待苗木的根长达到 2～3 cm,叶片舒张,植株健壮,就可送至玻璃炼苗棚进行驯化,目的是使其充分适应和吸收自然光线。驯化 10 d 左右后,生根苗的根系更加发达,叶片和茎段的颜色由浅绿转为深绿,当小苗长得非常茂盛,木质化程度较高时,就可进行生根苗的移栽。

2.移栽

移植时先将小苗取出放在自来水中冲洗,去除根系表面附着的培养基,再用 0.1%高锰酸钾溶液进行表面消毒,然后直接移到预先已用0.3%高锰酸钾消毒处理并已淋透水的育苗基质中。移植初期要覆盖塑料薄膜保温保湿和遮阴,10～15 d 后渐渐揭开薄膜,一般成活率在90%以上。

(五)应用和展望

组织培养技术在桉树育种和研究领域应用主要包括以下几方面:第一,桉树组培育苗所需原材料少,繁殖率高,生长周期短,可用于大规模工厂化生产;第二,应用桉树组培进行无性快繁和体细胞繁殖,不会出现基因重组的问题,保证母本优良性状得以稳定遗传,促进林木良种的产业化开发和应用;第三,结合桉树组培与诱变育种,获得不同倍性的多倍体材料,为桉树多倍体育种提供优良遗传材料及技术方法;第四,利用桉树组织培养和基因工程技术,创造品质优良桉树新种质,满足桉树新品种定向培育的要求;第五,利用体细胞胚胎发生来筛选环境胁迫高耐受力细胞株,培育出抗病虫、耐旱、耐盐等的桉树新品种。除此之外,桉树植物组织培养技术在各个领域的广泛应用,也为桉树生长发育、抗性生理、激素调控、器官与胚胎发生等科学研究奠定基础。

三、月季组织培养技术

月季(*Rosa Chinensis*)是蔷薇科蔷薇属多年生落叶或常绿灌木,又称月月红、月季花,被誉为"花中皇后",具有极高的观赏价值和商业价值,是当今世界四大切花之一。月季传统的繁殖技术包括扦插、嫁接、压条等方法,这些方法限制了月季的繁殖量,不能满足工厂化生产发展的需要。1980 年 Hasegawa 首次成功应用 MS 培养基创建了月季组培苗无性系,开启了月季组织培养的新领域。利用组织培养技术繁殖月季,不仅速度快质量高,也利于月季的遗传育种研究。国外月季工厂化育苗工作开展较早,在某些国家和地区已成为获得巨额外汇的支柱产业。我国月季的组织培养技术与国外相比差距不大,但是产业化应用起步较晚。

(一)培养基

月季组织培养常以 MS 为基本培养基,常用的植物生长调节剂包括细胞分裂素(6-BA,

ZT,ZR,2iP,ipA 和 TDZ 等),生长素(NAA,IAA,IBA 等)和赤霉素 GA$_3$ 3 种,但不同种类对诱导的效果存在很大影响。芽的诱导分化常使用 6-BA 和 NAA,有效浓度分别为 0.5~3.0 mg/L 和 0.01~0.5 mg/L 。继代培养中常使用的激素有 6-BA,NAA,IBA,GA$_3$,少数采用 TDZ,KT,ZT 等 ,其中 6-BA 的有效浓度为 0.1~3.0 mg/L,NAA 的有效浓度为 0.005~0.5 mg/L,也有用到 1.0~2.0 mg/L;IBA 的有效浓度为 0.01~0.3 mg/L。继代培养还受糖浓度、pH 等的影响,糖浓度增加、pH 降低可提高月季继代苗分化率,缩短继代周期,但糖浓度不可超过 50 g/L,pH 不可低于 5.5。MS 培养基中无机盐浓度过高,尤其是氮素含量过高会导致生根不良,因此应适当减少无机盐用量。目前多数研究采用的生根基本培养基为1/2MS,常用的激素主要为 IBA、NAA、IAA 等,其中 IBA 有效浓度为 0.01~1.0 mg/L ,NAA 有效浓度为 0.01~1.0 mg/L,IAA 使用较少。

(二)取材和灭菌

1.取材

(1)取材部位。月季组培结果的好坏与供试材料的基因型有关,同时还与外植体的取材部位有关。通常情况下,月季组织培养都以带芽茎段作为外植体。同一枝条上不同部位的腋芽诱导效果不同,其中以枝条中部的腋芽最佳,其次是基部。也有少数研究采用叶片、叶柄、叶盘为外植体,或者采用顶芽即茎尖,但效果不如带芽茎段。可见带芽茎段是月季组培的最适宜的外植体。

(2)取材时间。外植体取材时间会对诱导率、褐化率、污染率等造成影响。研究表明,外植体在春季的 4 月和秋季的 10 月污染率最低,夏季接种后的污染率相对较高;褐化率、污染率受取材时期的影响。春季和秋季接种的外植体诱导率效果较好。

2.灭菌

外植体灭菌方法很多,使用药剂不一,应根据材料的不同来决定灭菌程序和处理时间,月季外植体灭菌通常采用 70% 或 75% 的酒精表面消毒一定时间(60 s 以内)后,再在 0.1% 氯化汞溶液中灭菌 8~15 min ,或者用有效浓度为 5.5% 次氯酸钠溶液,灭菌 15~20 min,均可达到理想的效果。值得注意的是,虽然高浓度的消毒液或长时间的处理灭菌效果会较好,但往往容易引起植物中毒,使表面组织破坏颜色变黑失去萌芽力,因此,在灭菌剂的选择和灭菌时间的设定上要合理把握。

(三)接种和培养

1.接种

由于月季枝条具有生长极性,因此不同的外植体接种方式也会引起再生芽生长量的差异。如对微型月季的研究表明,垂直接种斜向上 45°接种是最佳的接种方式,水平接种其次,反转接种的腋芽再生芽生长量明显低于前两种接种方式。

2.培养

(1)培养过程。月季茎段接种后 15 d 左右可长出不定芽,待不定芽长到 4~5 cm 时,可将其从原茎段上切下,接种到继代培养基 MS + 6-BA 1.5 mg/L + NAA 0.1 mg/L + 蔗糖 3% + 琼脂 0.7%上进行继代培养,不定芽在继代培养基上迅速增殖。待培养一段时间后,转入生根培养基 1/2 MS + NAA 0.05 mg/L + 活性炭 0.5g/L + 蔗糖 3% + 琼脂 0.7% 中诱导生根。14 d后基部分化出根。此时组培阶段结束,进入组培苗移栽成活阶段。

(2)培养条件。环境因子对月季组织培养存在很大影响。一定时间的暗培养对某些月季品种如现代月季"冰山"不定芽的发生有显著的促进作用,而月季继代培养时较适宜的光照是自然散射光3 000 lx左右。此外,温度、继代时间的长短、培养瓶里的含水量、水汽压等都会影响月季芽的增殖。

(四)驯化和移栽

驯化时间与移栽成活率相关,其中湿度、温度以及基质种类和带菌量是主要的影响因素。因此,在移栽时最好保持90%以上湿度,18~25℃的环境温度,基质用0.2%的高锰酸钾或其他灭菌剂进行消毒灭菌。蛭石和珍珠岩是月季较好的栽培基质,移栽成活后喷低浓度的营养液,对小苗进行营养补充。10~15 d后小苗长出新叶,且根系快速生长,即可适时进行大田移栽。

(五)应用和展望

我国植物组织培养工作虽然起步较晚,但近年来发展迅速。拓展花卉组培苗市场,大规模快繁观赏植物,广泛应用于城市绿化以及美化人们的生活是我国观赏植物离体快繁的主要应用趋势,相关的产业开发和应用也将成为今后经济发展的热点。但是在组织培养过程中,除了常会遇到的污染、褐变和玻璃化等问题,一些环境因子对培养效果有很大影响,对生产或研究带来一定的制约,解决不好甚至会造成一定的经济损失。因此在生产实践中需对各种影响因素进行合理的设计和调配,不断完善和提高植物组织培养技术水平,保证月季组培苗健康良好地生长,加快月季育种进程,提高种苗的繁殖速度,缩短繁殖周期,早日实现月季种苗工厂化生产以满足各类市场的需求。

第四节　药用植物组织培养

一、铁皮石斛组织培养技术

铁皮石斛(*Dendrobium officinale* Kimura et Migo)为兰科石斛兰属多年生草本植物。石斛可分为黄草、金钗、马鞭等数十种,铁皮石斛为石斛之极品,因表皮呈铁绿色而得名。铁皮石斛具有独特的药用价值,被誉为"中华九大仙草"之首,主要分布于西南和江南各省。近年来,我国科研工作者对铁皮石斛的植物学特性、栽培技术、药材特性、药用有效成分、药理作用及育种等方面进行了广泛的研究,已经取得较大进展。

(一)培养基

铁皮石斛植株完整的形成过程包括诱导期、增殖期、分化期、壮苗生根期等几个阶段。研究认为,以1/2MS为基本培养基,单一添加BA 1.0 mg/L和NAA 0.1 mg/L有利于原球茎诱导增殖;同时添加BA 2.0 mg/L + NAA 0.2 mg/L或BA 3.0 mg/L + NAA 0.2 mg/L的激素,有利于原球茎的分化;单一添加 0.5 mg/L NAA,则有利于生根。另外,在组培过程中添加适量的活性炭,对形态发生和器官形成有良好作用。

(二)取材和灭菌

1.取材

可用于铁皮石斛离体快繁的外植体有茎尖、茎节、叶片、花梗、侧芽、腋芽和种子等类型,生产应用最多是种子和茎段的快繁。由种子离体培养产生的胚性组织称为原球茎,茎尖、茎段等诱导形成的胚性组织称为拟原球茎。种子作为外植体,其快繁速度优于茎段,原球茎增殖速度也显著高于茎段,即种子作为外植体诱导增殖效果较茎段好。

2.灭菌

(1)以种子为接种材料。以种子为外植体时,常取铁皮石斛新鲜未开裂的成熟蒴果。将成熟未开裂蒴果用自来水冲洗,用 75%酒精浸泡 1 min,于 0.1%氯化汞溶液浸泡 15 min,再用无菌水冲洗 4 次后用无菌滤纸吸干后备用。

(2)以茎段为接种材料。以茎段为外植体时,首先选择生长旺盛的一年生铁皮石斛植株为材料,再选取该植株上生长健壮的茎段,摘去叶片和膜质叶鞘,以茎芽为中心上下各留 1 cm,即取长约 2 cm 的含芽茎段,先用洗洁精溶液浸泡 20 min,再在自来水下面冲洗 30 min,然后置于在超净工作台上用 75%的酒精消毒 30 s,用无菌水冲洗 3 次,再将茎段放入 0.1%的氯化汞溶液中灭菌 10 mim,期间需不断轻轻摇动烧杯使灭菌更加彻底,最后用无菌水冲洗 5~6 次后备用。

(三)接种和培养

1.接种

若以种子为接种材料,可将处理过的蒴果在无菌条件下,用镊子夹紧果柄一端,再用解剖刀将蒴果另一端切一小口,然后轻轻抖动,将种子均匀撒布在诱导种子萌发培养基如 3/4MS + NAA1.0 mg/L + 6-BA 0.5 mg/L 上,立即盖上瓶盖,放在培养室进行培养。若以茎段为接种材料,可将灭菌后的茎段放在无菌滤纸上,前后分别切去 0.2 cm,切成长约 0.5 cm 左右的茎段,接种到诱导培养基如 3/4MS + 6-BA 1.0 mg /L + NAA 0.2 mg/L 上。

2.培养

铁皮石斛原球茎诱导常用的培养室温度为(25±1)℃,光周期常为 12 h/d。光照条件对铁皮石斛优质试管种苗的形成具有重要影响。合理的光照时间有利于提高铁皮石斛组培苗的净光合速率和叶绿素含量,增加干重和腋芽数,而适宜红蓝光的光质配比能调节叶绿素的比值,有利于促进组培苗的生长发育。研究认为,组培苗生长发育的一个主要限制因子是培养光强偏小,因此提出,与传统组培光强相比,适当增大光强,有利于提高铁皮石斛组培苗的幼苗素质和生理活性。增殖培养时,根据铁皮石斛芽苗的增殖数和生长状况,可在培养基中适当添加香蕉泥、马铃薯泥、椰子汁等天然添加物,生根阶段最好选择较为粗壮的铁皮石斛芽苗,并相应调整培养基成分。

(四)炼苗和移栽

选择根系发达、茎粗壮、株高 5 cm 左右的铁皮石斛组培苗,打开培养瓶封口,置于温室驯化

7 d 左右,再取出生根苗,用自来水轻轻洗去根系上所黏附的琼脂。将处理干净的苗,用 0.1% 的高锰酸钾溶液浸泡 5 min,或将移栽基质用甲基托布津粉剂 600 倍稀释液喷洒消毒 2 d 后再移苗。铁皮石斛组培苗移栽常用基质为苔藓、松树皮、木屑、碎石块、粗河沙等,也有以木炭块:陶粒:椰糠=1:1:1 的混合基质。常用培养条件为 25～29℃。3 周后进行正常水、肥、药管理。

(五)应用和展望

经过 20 多年的开发研究,铁皮石斛生产技术已经趋于成熟,为铁皮石斛大规模种植提供了理论依据和技术保障。但是,与国外相比,无论在育种研究方面还是药用研究方面,都还存在一定的差距。随着分子育种技术的不断发展和应用,运用基因操作技术能克服传统育种的局限性。在药用方面,很多产品开发水平仍然较低,深加工技术和投入缺乏,生产研究中的资金问题已成为制约铁皮石斛发展的瓶颈,并且市场鱼龙混杂,部分生产者夸大事实过度宣传,也是铁皮石斛产业发展一大制约因素。因此,要使我国石斛的生产跟上国际形势,提高国际竞争力,除了政府必须在资金方面给予大力扶持,为开展石斛兰育种技术研究工作提供物质保证,相关监管部门必须要加强对保健品市场的监管,制定相应的法律法规,提高公众的信赖度,使市场健康发展,从而创造出更大的社会、经济价值。

二、人参组织培养技术

人参(*Panax ginseng* C.A. Mey)是五加科人参属名贵中药材,其含有的人参皂苷对调节人的中枢神经系统、强心、抗疲劳、调节物质代谢等有明显功效。我国自唐朝起开始人工种植人参,历史悠久。但人参属植物生长发育缓慢,生长周期长,变异不稳定,如果没有科学有效的育种手段,很难在短时间内打破育种瓶颈,获得新突破。如何结合物种特性,开发合适的方法来缩短育种周期,创造丰富的变异类型是当今开展人参、西洋参育种工作需面对的难题。随着组织培养技术的发展,尤其是花药培养和单倍体育种技术的广泛应用,为人参、西洋参等新品种的创造和育种技术的革新带来了希望和挑战,将成为加快人参、西洋参等育种步伐的有效途径。

(一)培养基

人参花药培养常用基本培养基有 MS,Miller,White,Nitsch,B5,N6 等。利用不同基本培养基对人参进行花药培养发现,MS 上的愈伤组织块较大但容易老化,而 N6 培养基上的后期则较为新鲜,不易老化,白色带有紫斑点。在花药离体培养中不同的培养阶段对激素的要求不同。东北刺人参叶片诱导愈伤组织的最佳培养基为 N6 + 6-BA 0.5 mg/L + 2,4-D 0.2 mg/L,芽苗分化的最佳培养基为 N6 + 6-BA 4.5 mg/L + NAA 0.1 mg/L,组培苗生根的最佳培养基为 1/4MS + IBA 0.1 mg/L + NAA 0.1 mg /L。在生根培养基中加入 1.0 g/L 活性炭有利于东北刺人参根系的生长,而培养基中 6% 的蔗糖浓度能有效提高人参花药愈伤组织的诱导率。

(二)取材和灭菌

1.取材

一般选择未开的花蕾作为外植体材料,即人参未开花之前,将花蕾摘下,置于 4℃ 冰箱中低温预处理 4～8 d。接种前预先将花药用醋酸洋红染色法进行压片镜检,以确定花粉小孢子的发育时期,并找出小孢子发育时期与花蕾、花药大小、颜色等外部特征之间的对应关系。一般而言,取人参单核中到后期花药进行培养效果较好。但有研究显示,不同年生、不同品种间人参花药愈伤组织的成愈率存在不同,而且不同器官及不同部位对愈伤组织诱导也有影响,其中茎段产生的愈伤组织颜色较浅。不同器官产生的愈伤组织的部位也不同,嫩叶接种约 10 d 后从切口处开始产生愈伤组织,茎段接种 14 d 后与培养基的接触面开始产生愈伤组织,而叶柄接种后 10 d 左右从基部开始产生浅黄色、致密的愈伤组织。

2.灭菌

低温预处理后的新鲜人参花蕾,经镜检花药小孢子发育时期,取适宜材料进行接种培养。材料用自来水冲洗掉表面附着物,再用 75% 酒精浸泡 30 s,后放入 0.1% 氯化汞中消毒 10 min,用无菌水冲洗 4~5 次,置于培养皿中,无菌环境下风干备用。

(三)接种和培养

1.接种

将消毒后的花蕾置于超净工作台上,用镊子小心拨开小花花瓣,再将花药从雄蕊花丝上轻轻摘下,水平置于愈伤组织诱导培养基如 MS + 2,4-D1.5 mg/L + KT 0.5 mg/L + 蔗糖 6% + 琼脂 0.6% 上。早期实践指出,花药对离体培养的反应存在"密度效应",因此接种时应保证每瓶中花药个数,不宜太少,以形成一个合理的群体密度。

2.培养

(1)培养过程。培养阶段不同,对培养环境的光照、温度等条件的要求也不同。刚接种完后,常先将材料置于温度为 25~28℃ 的黑暗环境中培养,直到愈伤组织诱导形成。一般而言,人参花药接种在诱导培养基上 1 周左右,就有部分花药开始膨大,2 周左右后,细胞便开始不断分裂,继而形成愈伤组织。约 3 周后,在花药开裂处就可见到乳白色或淡黄色的愈伤组织颗粒,每个花药中长出的愈伤组织色泽、质地会略有不同。愈伤组织长至一定大小时,应及时转移到植株分化培养基如 MS + TDZ 3mg/L + IBA 0.2mg/L + GA 2mg/L + 蔗糖 3% + 琼脂 0.6% 上,以产生小植株。这一阶段常在 20~26℃ 温度、1 500 lx 光强、16 h 光照条件下进行培养。成苗约 1 个月后,将花粉植株和基部的丛生芽转移到新的培养基上,进行继代培养,继代周期约 40 d,建立以丛生芽方式大量扩繁的人参花粉植株无性系。

(2)光照影响。不同的光照条件对不同外植体愈伤组织形成的影响不一。有研究表明,在黑暗条件下,嫩叶、茎段、叶柄的愈伤率均达 90% 以上;而在光照条件下,嫩叶愈伤率只有 22.7%,其颜色加深,光照也同样阻止了茎段、叶柄的愈伤组织形成。另外,暗培养条件能促使较多不定根的形成,在光照条件下,各器官却未见不定根产生。因此,在实践过程中应根据不同的目的与使用材料合理设计光照条件。

(四)倍性鉴定

在花药培养过程中,由于受花药壁、药膈、绒毡层等体细胞因子的影响,培养物倍性不纯的现象普遍存在。尤其是由愈伤组织分化形成的植株,经常是一个由单倍体、双单倍体、三倍体、四倍体、多倍体、杂合体等组成的混合群体。因此,必须对花药培养物进行倍性鉴定,以清楚了解其遗传背景,以便更好地利用所得材料,缩短育种年限,提高育种效率。目前,花药培养物倍性鉴定方法已经很多,如染色体计数法、形态学鉴定法、细胞学鉴定、分子水平鉴定等等。

（五）应用和展望

目前，国内的人参组织培养技术虽有所发展，但仍存在诸多问题，如在花药培养及单倍体培养方面，主要表现为花药培养诱导频率低、体细胞因子干扰、倍性混杂现象严重等。因此，进行大量的研究尤其是关于如何获得、鉴定、评价并保存人参愈伤组织及组培苗等非常必要，以提升我国人参组培技术整体水平，培育人参优良新种质，丰富我国人参属植物种质资源库，为人参、西洋参等单倍体育种工作的顺利进行提供坚实的理论依据，为人参基组学的研究提供材料保障。

三、红豆杉组织培养技术

红豆杉（$Taxaceaes$.F.Grey）是裸子植物亚门松杉纲红豆杉目（Taxales）红豆杉科植物，又名紫柏松、赤柏松，常绿乔木或灌木。全球共有 11 种红豆杉属植物，其中中国红豆杉和南方红豆杉为我国所特有。《本草纲目》中记载红豆杉提取物能治疗霍乱，驱除体内毒素。20 世纪 60 年代，美国科学家从短叶红豆杉（$Taxus brevifolia$）树皮中分离得到一种抗癌活性强，作用机理独特的紫杉醇，成为近几十年来全世界所关注的最佳抗癌药物。目前，有关红豆杉的研究主要集中在红豆杉植物的人工种植、化学提取、组织和细胞培养、紫杉醇的合成和化学修饰、生物转化、微生物和基因工程等方面。组织培养技术在红豆杉产业中的应用最初始于 20 世纪 80 年代，目前主要包括两个层面：一是利用组培微繁技术生产大量的组培苗以满足人工栽培需求；二是通过愈伤组织或细胞悬浮大量培养，直接提取紫杉醇成分并用于药物生产。

（一）培养基

1.基本培养基
目前常用的红豆杉基本培养基有 MS、B5、white、WPM 培养基等。其中，MS 应用最为广泛。有研究认为在红豆杉愈伤组织的诱导方面，MS 培养基优于 B5、N6、SHN 等培养基，继代培养以 B5 培养基为好，愈伤组织的生长以 B5 和 SHN 培养基为好。

2.外源植物激素
研究证明 GA_3，2,4-D、6-BA 和 Phe 对南方红豆杉愈伤组织的诱导和生长的影响不一，王森林等以东北红豆杉为材料，对培养基不同激素配比和种类进行比较发现，B5 ＋ IAA 1.0 mg/L ＋ NAA 2.0 mg/L ＋ KT 0.5 mg/L 组合更适于愈伤组织的诱导。

3.pH
培养基 pH 的不同会导致培养基的凝固程度、细胞质膜的渗透性等的差异，从而影响细胞对底物的利用和对内源物质的运输。选择一个适当的 pH 有利于愈伤组织的诱导，在南方红豆杉愈伤组织诱导过程中发现，随着 pH 的提高，南方红豆杉愈伤组织的生长颜色越来越差，培养基 pH 为 5.5 时最适合南方红豆杉愈伤组织的诱导。

（二）取材和灭菌

1.取材
红豆杉不同基因型植株、相同植株不同组织器官诱导红豆杉愈伤组织均存在差异，因此选材时应选取诱导率高、紫杉醇含量高的组织以保证最大可能获得红豆杉愈伤组织，筛选高产细胞系。一般认为以茎段作为外植体诱导效果最好,选用直径 0.2 cm 以上,1～2 年生的绿色茎段成功率较高。

Warm 和 Goldner 以红豆杉未成熟的胚为外植体,成功地诱导出体细胞,并于 1994 年申请了红豆杉属植物体细胞胚培养法的专利。然而种胚来源有限,无法进行大量繁殖,且得到的苗木为有性繁殖苗,不能稳定保持母本的优良性状,但是利用胚胎培养所获得的个体作为组织培养的原始材料仍然有一定的意义。

2.灭菌

一般做法是将采下的茎段置于 1%～2% 的洗衣粉溶液中浸泡并清洗 30 min,再在 35℃的温水中浸泡 30 min,然后移至超净工作台上,先用 75 %的酒精消毒 10～30 s,无菌水漂洗 3 次,再用 0.1 %的 氯化汞溶液消毒 10～15 min,经无菌水冲洗 6～7 次后备用。

(三)接种和培养

将灭菌处理后的红豆杉茎段切成 1～2 cm 小段作为外植体,接种于培养基上,放入培养室进行培养,培养条件需进行正确合理的设计。大多数植物组织培养都是在 23～27℃进行,一般光照强度为 1 000～1 500 lx,最常用的光周期是 16 h 光照,8 h 黑暗,相对湿度一般要求 70%～80%。有研究显示,光照在每天 12 h,东北红豆杉愈伤率为 100%,愈伤组织生长状况良好。而在南方红豆杉愈伤组织诱导的过程中也发现,在光照条件下 MS 培养基上的南方红豆杉愈伤组织诱导效率要比暗培养条件下 MS 培养基上的南方红豆杉愈伤组织诱导效率高。

(四)应用和展望

1.主要应用

(1)药物生产。利用组织培养技术快繁红豆杉,一方面可以满足人工栽培的大量需要,另一方面也在于通过愈伤组织或细胞培养,来提取紫杉醇成分并用于药物生产。利用细胞培养法生产紫杉醇的步骤一般为:诱导愈伤组织—愈伤组织继代培养—细胞悬浮培养—扩大细胞培养。研究表明,向悬浮培养体系添加某些真菌诱导因子或生化物质如真菌提取物、丙氨酸、水杨酸、茉莉酸甲酯、硝酸银、稀土元素化合物 La_2O_3、Tb_2O_3 和 Ce 等,能有效刺激红豆杉细胞次生代谢启动机制,促进紫杉醇的合成,从而提高悬浮培养体系的紫杉醇含量。

(2)生物反应器。近几年,红豆杉细胞规模培养的一大热点是使用生物反应器替代摇瓶,其中应用最为广泛的是气升式生物反应器和通气搅拌式反应器。如,在 20 L 气升式生物反应器中,喜马拉雅红豆杉细胞生长能力比欧洲红豆杉强,其产生紫杉醇和巴卡亭Ⅲ的能力分别达到 21.04 mg/L 和 25.67 mg/L。有研究发现,添加有 CM 的培养基和适当浓度的茉莉酸甲酯,能够显著促进中国红豆杉在 1 L 气升式生物反应器中的细胞生长速度,有效改善生物反应器通常造成细胞生长速率降低的弊端。

2.展望

红豆杉与其他很多木本植物相同,它的愈伤组织在培养过程中极易发生褐化现象,主要原因在于外植体中的多酚氧化酶被活化,使细胞代谢发生变化。褐化导致细胞活力下降、增殖生长缓慢甚至死亡,严重影响和阻碍组织培养正常进行。因此,如何有效控制红豆杉愈伤组织褐化,并同时保证愈伤组织正常甚至加速生长,是今后必须解决的关键问题。与此同时,通过茎尖诱导产生脱毒苗进行繁殖,得到无病毒病的植株,对植物的物种保护也具有积极意义。

第五节　种质资源离体保存

一、种质资源离体保存的概念与意义

1.植物种质资源保存的意义和方法

种质资源又称遗传资源,是物种进化、遗传变异、植物育种等研究的物质基础,是人类良好生存环境的重要保障,是保证一个国家和民族竞争力的重要战略物资。但随着人口数量的激增,土地资源的过度开发,自然环境的不断恶化,品种资源的流失日益严重,再加上现代农业的迅猛发展,品种单一化趋势愈演愈烈。因此,植物种质资源保存已成为全球关注的热点课题。

植物种质资源保存具体方法大体可分为两类:①原境保存,即建立自然保护区、天然公园或就地保护处于危险或受威胁的植物;②异境保存,即建立各种基因库,如种子园、种植园等田间基因库及种子库、花粉库等离体基因库。目前,保存植物种质资源主要采用原境保存或在异境建立田间种质基因库及种子库。但原境保存种质资源成本较高,需要大量的土地和人力资源,且易受各种自然灾害的侵袭。种子库也只能保存"正常型"种子,无法保存"顽拗型"或是脱水敏感的种子,以及有性繁殖困难的植物资源。而且种子库仅能保存基因,而不能保存特定的基因型材料。

2.种质资源离体保存的发展和概念

20 世纪 50~60 年代,植物组织培养技术开始出现,随后得到不断完善和发展。在此基础上,Henshaw 和 Morel 等于 1975 年首次提出离体保存植物种质资源的设想。1980 年,国际植物遗传资源委员会对营养繁殖材料收集保存研究给予支持,并于 1982 年专门成立了离体保存咨询委员会(advise committee on in vitro storage)。随后,有关国际组织和许多国家相继建立了植物种质离体基因库。

种质资源的离体保存是指对离体培养的材料,包括小植株、器官、组织、细胞或原生质体等,采用一定技术手段限制、延缓或停止其生长,达到保存资源的目的,在需要时再重新恢复其生长,再生成植株的方法。

二、种质资源离体保存的方法

植物种质资源的离体保存可按照不同的技术方法分为一般保存、限制生长保存和超低温保存等。但在具体应用时需根据材料自身特性、保存周期长短等进行合理选择,一般而言,限制生长保存比较适合中短期保存,而超低温保存常用于长期保存。

(一)一般保存

一般保存也叫常温继代保存,是指在常温条件下,定期将植物细胞或组织进行继代培养,以达到保存种质的目的,需要时也可随时进行扩繁。通常每隔 1~2 个月需进行新一轮的转接,但具体周期应根据材料生长情况、培养基状态等进行合理设计。目前,大多数植物资源,尤其是一些药材如地黄、山药、贝母、石斛等的离体保存多采用这种方式,而且采用该方法保存的材料可以随时进行扩繁,因此利用起来非常方便。但由于需要不断继代培养,易造成材料的污染、混淆,甚至丢失,而且遗传变异现象也时常发生。

(二)限制生长保存

限制生长保存也叫缓慢生长保存,是指通过调节培养条件,抑制保存材料的生长,减少营养消耗以延长继代周期、减少继代次数、降低劳力成本的保存方法。限制细胞生长的方法有很多,主要包括改变培养物最适生长温度,调整培养基养分水平,应用渗透性化合物或生长抑制剂,降低培养环境中氧含量等,多数情况下,常将上述几种途径组合使用以进行缓慢生长保存。

1.改变培养温度

中期保存最常用的方法即采用控制温度来降低或完全抑制保存材料生长。一般是将培养物置于在 $1\sim9℃$(一些热带、亚热带植物在 $10\sim20℃$)下培养,并经常同时提高培养基的渗透压。在这种情况下,保存材料的生长受到限制,继代培养时间间隔可达数个月甚至是 1 年以上。一旦要利用这些种质,只需将培养物转移到常温(正常)下培养,即可迅速恢复生长。不同植物种类要求的最佳保存温度存在很大差异,一般耐寒物种宜在 $0\sim5℃$ 下进行保存,一些亚热带物种一般保存在 $10℃$ 左右,而一些热带物种则必须保存在 $15℃$ 以上。因此,正确选择适宜温度是保证保存种质存活率的关键。

2.调整培养基养分水平

植物生长发育状况依赖于外界养分的供给,如果养分供应不足,会导致植物生长缓慢,植株矮小,因此,通过调整培养基的养分水平,可有效地限制细胞生长,达到离体种质长期保存的目的。如,在 $25℃$ 日光灯照明条件下,利用无菌水、MS 及 1/4MS 等几种培养基保存菠萝组培苗,在无菌水中保存 1 年以后,81% 的植株仍有活力。另有研究表明,培养基中碳源种类及含量会对培养物保存效果造成严重影响。如在培养基中以 1% 果糖代替 2% 蔗糖,番木瓜芽培养物生长明显减缓,保存 12 个月后,芽体均能恢复生长。因此,对于热带作物种质的离体保存,也可用调整培养基碳源的方式代替低温保存。

3.培养基中添加生长调节物质

在常规培养基中添加生长延缓剂或生长抑制剂,也可有效地抑制保存材料的生长,延长其继代周期。目前,常用的生长抑制剂有:氯化氯胆碱(矮壮素,CCC)、N,N-二甲基胺琥珀酸(B_9)、多效唑(PP_{333})、烯效唑(S_{3307})、脱落酸(ABA)、三碘苯酸(TIBA)、膦甘酸、甲基丁二酸等。

4.降低培养环境中的氧气浓度

利用低氧分压保存植物组织培养物的设想最初由 Caplin 等提出,随后 Bridge 和 Staby 便成功报道采用降低培养物周围的大气压力或改变氧含量的方式可用来保存植物组织培养物。目前,常通过在保存材料上加盖一层矿物油,如液态石油、石蜡、硅酮油等方式来降低培养环境中氧气浓度或培养基中氧分压,这种方法不仅简单,而且可在常温下进行,对于冷敏感的热带水果较实用。但另有观点认为,这种方法易使外植体发生玻璃化现象。材料恢复正常培养条件后再生慢,易坏死。因此,该技术尤其有关低氧对细胞代谢功能影响还有待进一步研究。

5.提高培养基渗透压

提高培养基渗透压也可以抑制培养材料的生长。比如,将一些高渗化合物如蔗糖、甘露醇、山梨醇等添加在培养基中,以降低渗透势,引起水分逆境,降低细胞膨压,造成细胞吸水困难,减弱新陈代谢活动,延缓细胞生长。

保存不同植物培养物所需渗透物质含量不尽相同,但其对组培苗保存周期、存活率、恢复生长率的影响变化趋势却非常相似,基本呈抛物线形。通常情况下,这类高渗物质在保存早期对组培苗存活率影响不明显,但随着处理时间的延长,对延缓培养物生长、延长保存时间的作用就越明显。

(三)超低温保存

20世纪70年代,Nay和Street首先证明植物悬浮培养细胞在液氮中保存后能恢复生长,从而促进了种质资源超低温保存法的发展。植物超低温种质保存是指将离体植物材料,如茎尖(芽)、分生组织、胚胎、花粉、愈伤组织、悬浮细胞、原生质体等,利用一定的方法处理后将其保存于在超低温条件下的方法。

超低温常用的冷源有深冷冰箱、干冰(-79℃)、液氮(-196℃)及液氮蒸汽相(-140℃)。利用超低温条件进行材料保存,一方面可以大大减慢甚至终止代谢和衰老过程,保持生物材料的稳定性,最大限度地抑制生理代谢强度;另一方面也可以克服常温及低温保存过程中,由于继代而产生的遗传不稳定性。另外,在超低温条件下保存材料,还可以减少工作量,降低污染率等。目前,常用于芽及茎尖分生组织超低温保存的方法大致就有5种。

1.慢冻法

慢冻法是以每分钟$0.5\sim10$℃的速度将温度从0℃降到$-40\sim-30$℃,随机将材料浸入液氮,或者以缓慢的速度连续降到-196℃。原生质体、悬浮培养细胞等细胞类型一致的培养物,常采用这种方法进行保存,只要降温速度适宜,并在冰冻保护剂的作用下,既可避免在细胞脱水时细胞内产生冰晶,又能防止因溶质含量增加引起的"溶液效应",保存效果非常好。此外,也可将材料先在$-40\sim-30$℃预冻一段时间,然后才浸入液氮,这种方法称之为两步冰冻法或分步冰冻法。但该方法需要程序降温器,步骤较为繁杂。

2.快冻法

快冻法是以每分钟超过40℃的速度进行降温,或将材料直接放入液氮或其蒸汽相中。这种方法不仅简单,不需要复杂昂贵的设备,而且可使细胞内的水在未形成冰晶前,就迅速降到-196℃的安全温度。到20世纪90年代,传统的快冻法已被玻璃化法取代。

3.玻璃化法

玻璃化法是利用高浓度的复合保护剂(如PVS_2)处理植物培养物一定时间后立即投入液氮,迅速降温,使植物液相固化成无定形的玻璃化状态而非尖锐的冰晶形式。细胞未受冰晶和溶液效应的损伤,植物的新陈代谢、生命活动几乎完全停止,而细胞活力和形态发生的潜能得以保存。迄今为止,玻璃化冰冻保护剂的化合物组成及配制浓度仍是玻璃化保存的最大难题。

4.包埋/脱水法

包埋/脱水法是先将保存材料如茎尖等用藻酸盐包埋,然后在含高浓度蔗糖的培养基中进行预培养,之后再在通风橱中处理$2\sim6h$或用硅胶处理,利用空气蒸发脱水,最后进行超低温保存。该方法一次能处理较多材料,并可避免使用一些对细胞有毒性的冰冻保护剂,如,在液氮中保存苹果、梨及桑树离体生长的茎尖5个月,存活率达80%以上;将这3种材料胶囊化,再经过一个脱水过程(含水量在40%左右),放入-135℃下保存5个月,几乎都能再生成芽。

5.包埋/玻璃化法

Phunehindawan 等研究显示,将辣根芽原基胶囊化后,在 0.5 mol/L 蔗糖的 MS 培养基中培养 ld,再用高浓度的玻璃化溶液 PVS$_2$脱水 4 h,直接放入液氮中保存 3 d,芽原基存活率达到 69%。Matsumoto 等将玻璃化与胶囊化方法结合起来,在液氮中保存山葵茎尖分生组织,也取得了 60%以上的存活率。

至今为止,植物种质离体保存技术的研究及应用已取得一定进展,但由于研究时间较短,目前仍处于初步探索阶段,许多问题有待进一步探讨。如,已有保存试验的存活率不高,尤其是目前保存的时间还较短,保存材料在长期(10 年、20 年甚至更长时间)超低温处理后,其存活率、生活力、植株再生能力等问题仍需进一步研究。同时,在进行多代的离体繁殖和长期保存过程中,可能会造成种质遗传漂移,而且由于近亲繁殖也有可能造成种质原有性状的衰退,如生长习性、生物竞争性、抗病抗逆性等。虽然现有的离体保存技术还不能像非离体保存那样为育种者及时提供所需的大量的成株苗,但其在植物育种和生物多样性保护上的巨大潜力已经得到国内外学者的公认。因此,随着技术和设施的不断改进,离体保存技术将日臻成熟,未来必将在无性繁殖植物,尤其是珍稀和濒危种质资源的保存中发挥巨大的作用。

本章小结

植物组织培养技术应用领域很多,其中在稻麦、果蔬、林木花卉、药用植物培育中的应用最为广泛。花药培养技术在水稻中应用能加速育种进程,并已选育出许多的水稻新品种。粳稻材料宜用 N6 培养基,籼稻类型的材料宜用 M8 培养基。单核靠边期进行低温预处理,对提高花药培养效率具有显著的效果。胚培养主要用于胚胎挽救和遗传转化,可用于不同作物当中。薯马铃薯无病毒苗的培养及脱毒微型薯的生产作为一项新型的应用技术,在生产上具有重要的现实意义,具有非常广阔的前景。林木花卉和药用植物主要应用植物组织培养技术进行快速繁殖。种质资源的离体保存是指对离体培养的材料,包括小植株、器官、组织、细胞或原生质体等,采用一定技术手段限制、延缓或停止其生长,达到保存资源的目的,在需要时再重新恢复其生长,再生成植株的方法。植物种质资源的离体保存可按照不同的技术方法分为一般保存、限制生长保存和超低温保存等。

思考题

1.水稻花药培养主要有哪些应用?

2.简述马铃薯脱毒快繁的大致步骤。

3.铁皮石斛的消毒方法有哪些?

4.什么是种质资源离体保存?

5.种质资源离体保存主要有哪几种方法?

实验实训指导

实验实训一　植物组织培养实训室及实习基地的参观

一、目的与要求

1.了解如何组建植物组织培养实验室和育苗温室。

2.熟悉植物组织培养常用的实验仪器设备和器皿。

3.掌握植物组织培养实验室的基本规划与布局设计要求。

二、内容与安排

分组进行实践(每组 8～12 人),集体参观植物组织培养实训室和实习基地,听取实验实训指导教师的讲解。

三、仪器与用具

1.基本设施:植物组织培养实验室或组培工厂。

2.仪器设备:超净工作台、空调机、高压灭菌器、蒸馏水发生器或纯水发生器、酸度计、洗瓶机、普通冰箱、电热水器、微波炉、电炉、解剖镜、天平、恒温培养箱、烘箱、光照培养架等设备。

3.用具:各种培养器皿、玻璃器皿和器械用具。

四、方法与步骤

1.指导教师集中讲解本次实验实训的目的、要求及内容。

2.实验实训指导教师集中介绍植物组织培养实验室规则及有关注意事项、由工厂管理人员介绍工厂有关规章制度。

3.根据班级人数,将全班同学分成若干组,由指导教师与实验实训指导教师分别带领讲解。

4.按照植物组织培养的生产工艺流程,参观实验室,介绍实验室房间布局,基本设施以及各分室功能和设计要求。

5.分组介绍各分室放置的器皿用具、仪器设备名称及其用途。

6.室外参观炼苗、移栽温室,观看移栽后组培苗生长状况。

五、评价与考核(表1)

表1 评价与考核表

项目	内容	要求	赋分
实验安全	1.了解实验室规则及有关注意事项; 2.遵守工厂有关规章制度	认真学习和理解实验规则,注意事项及规章制度,消除安全隐患	15
参观目的	对植物组织培养的生产工艺流程的了解程度	能回忆起植物组织培养的具体流程	20
参观流程	1.了解实验室房间布局,基本设施以及各分室功能和设计要求	正确识别各设施与分室的功能和设计要求	15
	2.了解各分室放置的器皿用具、仪器设备	理解器皿用具、仪器设备名称及其用途	10
	3.室外参观炼苗、移栽温室	理解温室炼苗、移栽的流程和原理	15
	4.观看移栽后组培苗生长状况	通过植株的外部形态理解组培苗生长状况	15
现场整理	所用器皿的还原,仪器的安全存放	按要求整理到位,培养良好的工作习惯	10

六、作业

1.绘出植物组织培养实验室的布局。

2.写出参观实验室后的心得体会。

实验实训二 常用组培仪器设备的使用

一、目的与要求

1.了解植物组织培养实验室必备的设施设备,熟悉各类仪器的注意事项及仪器的保养。

2.掌握各类仪器的用途与使用方法。

二、内容与安排

分组进行实践(每组4～6人),每组成员先学会一类组培所需仪器的使用,然后让各组派一个优秀的同学把仪器的使用转教给其他同学,全过程在指导老师的监督下完成。

三、仪器与用具

1.仪器设备：超净工作台、空调机、高压灭菌器、蒸馏水发生器或纯水发生器、酸度计、洗瓶机、普通冰箱、电热水器、微波炉、电炉、解剖镜、天平、恒温培养箱、烘箱、光照培养架等设备；

2.用具：各种培养器皿、玻璃器皿和器械用具。

四、方法与步骤

1.制备培养基的设备：包括天平、冰箱、酸度计等，掌握此类设备用于药品的称量、保存以及pH测定的方法。

2.灭菌设备：包括高压蒸汽灭菌锅、干燥箱、紫外线杀菌灯等，掌握其用于培养基、无菌水、培养器皿等灭菌的操作规范。

3.接种设备：超净工作台、接种箱、接种工具杀菌器以及解剖镜等，主要用于培养材料的消毒、切割、分离以及转接的操作。

4.培养设备：光照培养箱、培养箱、空调、摇床、加湿机等。掌握此类设备的正确操作。

五、评价与考核（表2）

表2 评价与考核表

项目	内容	要求	赋分
计划制定	分组分地点同时进行实验	对班级进行合理分组，对时间进行合理分配	10
物品准备	天平、冰箱、酸度计、离心机、高压蒸汽灭菌器等	熟悉仪器的工作原理和操作规范	10
常用组培仪器设备的使用	1.常规设备：观察常用设备外观构造，介绍各项使用指南	能够熟练掌握各项常规设备使用方法，操作规范无误	20
	2.灭菌设备：介绍工作原理、使用方法以及注意事项	了解灭菌设备工作原理，掌握使用方法	20
	3.无菌操作设备：强调无菌操作设备重要性以及介绍消毒流程	熟练超净工作台消毒流程，了解注意事项	15
	4.培养设备：介绍培养设备使用、维护以及注意事项	掌握培养设备使用方法，并能做好清洁维护工作	15
现场整理	清洁操作台面，用具和器皿的还原	按要求整理到位，培养良好的工作习惯	10

六、作业

1.写出实验设备的名称及用途。

2.写出组织培养主要仪器运用的原理及其使用时的注意事项。

实验实训三　器具洗涤与环境的消毒

一、目的与要求

1.掌握洗涤液的配置方法。
2.掌握组织培养用实验器皿及器械的洗涤方法。
3.掌握植物组织培养室的消毒及灭菌方法。

二、内容与安排

分组进行实践(每组 2～4 人),完成各类器皿、器械的洗涤和植物组织培养室的消毒。

三、仪器与用具

1.用具:小型喷雾器、工作服、口罩、手套、试管刷、瓶刷、紫外线灯等。
2.药品:工业浓硫酸、高锰酸钾、洗衣粉、甲醛、2％新洁尔灭、70％酒精等。

四、方法与步骤

1.洗涤液配制:一般常用肥皂液洗衣粉水去污,对于一些难以洗净的器皿,常用铬酸洗液。具体配制为称取 25 g 重铬酸钾加水 500 mL,加温熔化,冷却后再缓缓加入 90 mL 工业硫酸配成较稀的洗液。

2.玻璃器皿的洗涤、包扎及灭菌:

(1)浸泡:新的玻璃器皿使用前应先用自来水简单刷洗,然后用 5％稀盐酸溶液浸泡过夜,以中和其中的碱性物质。用过的玻璃器皿往往粘有大量蛋白质,干燥后不易刷洗掉,故用后立即浸入清水中刷洗。

(2)刷洗:将浸泡后的玻璃器皿放到洗涤剂水中,用软毛刷反复刷洗,注意不留死角,洗后晾干。

(3)浸酸:刷洗不掉的微量杂质可用浓硫酸和重铬酸钾清洁液浸泡,浸泡时间不应少于 6 h,一般应浸泡过夜。

(4)冲洗:刷洗和浸酸后都必须用水充分冲洗,使之不留任何残迹。

(5)包扎:玻璃器皿可放在大的玻璃容器中,金属器械可放在金属盒内。

(6)灭菌:器皿在烘箱中,150℃,干热灭菌 1 h;或 120℃,干热灭菌 2 h。灭菌完毕,待冷却后取出。

3.塑料用品洗涤:一般用合成洗涤剂洗涤,附着力强,冲洗时应反复多次,最后蒸馏水冲洗。

4.环境的清洁与灭菌:

(1)地面、墙壁和工作台的灭菌:用 2％新洁尔灭喷雾。具体配方为:取新洁尔灭原液 20 mL,加水 980 mL,配成 2％新洁尔灭溶液,将配好的 2％新洁尔灭溶液倒入喷雾器内,进行均匀喷雾。

（2）无菌室和接种室的灭菌：

甲醛和高锰酸钾熏蒸：每立方米空间用甲醛 10 mL 加高锰酸钾 5 g 的配比液熏蒸，首先房子要密封，然后在房子中间放一口缸或大烧杯，将称好的高锰酸钾放入缸内，再把已称量的甲醛溶液慢慢倒入缸内，完毕后人迅速离开，并关上门，密封 3 d。

紫外线消毒：在无菌室和接种室内，70%酒精喷雾和擦洗培养架、工作台，再用紫外灯照射 20～30 min。

五、评价与考核（表3）

表 3 评价与考核表

项目	内容	要求	赋分
计划制定	1.确定配制洗涤液、浓度、容积； 2.各小组分工情况	洗涤液浓度与容积确定合理；小组分工明确	10
物品准备	工业浓硫酸、高锰酸钾、洗衣粉、甲醛、2%新洁尔灭、70%酒精等	所需物品用量足够，标签明确	10
母液配制与保存	1.药品用量计算：根据洗涤液的浓度和容积准确计算各药品的质量及体积	计算方法正确，结果准确无误（特别注意所用药品与配方药品的一致性，不一致时进行换算）	10
	2.洗涤液的配置：铬酸溶液广泛应用玻璃器皿的洗涤	药品质量称量准确，完全溶解	10
	3.玻璃器皿的洗涤：介绍此类器皿洗涤方法与注意事项	洗涤方式规范，器皿表面无水珠	15
	4.金属器皿的洗涤：利用酒精对此类器皿进行洗涤	金属器皿表面完好无损，无划痕，保持干燥	15
	5.塑料用品洗涤：利用合成洗涤剂进行洗涤	表面无污垢，洗涤剂配置 pH 适宜	10
	6.环境的清洁与灭菌：利用 2%新洁尔灭喷雾对整个实验室进行消毒	地面、墙壁和工作台整洁，清洁工作彻底	15
现场整理	清洁操作台面，并还原药品及用具	按要求整理到位，培养良好的工作习惯	5

六、作业

1.试阐述为什么要对器皿和用具进行严格的洗涤和灭菌？

2.将本次实验整理成实验报告，并简述环境消毒的方法和注意事项。

实验实训四　MS 培养基母液配制与保存

一、目的与要求

1.通过 MS 培养基母液的配制,掌握配制培养基母液的基本技能。

2.掌握培养基各种母液的保存方法。

二、内容与安排

分组进行实践(每组 2～4 人),各组完成部分母液的配制工作,全班共同完成完整的 MS 母液的配制,并将母液进行保存。

三、仪器与用具

1.仪器:各类天平、磁力搅拌器、冰箱。

2.用具:烧杯、容量瓶、量筒、试剂瓶、标签。

3.试剂:95%酒精,0.1～1 mol/L NaOH,0.1～1 mol/L HCl,配制 MS 培养基所需的各种无机物、有机物、蒸馏水。

四、方法与步骤

(一)母液的配制

1.大量元素母液的配制

(1)称量:用天平称取下列药品,分别放入烧杯。

NH_4NO_3	16.5 g	KNO_3	19.0 g
$CaCl_2 \cdot 2H_2O$	4.4 g	$MgSO_4 \cdot 7H_2O$	3.7 g
KH_2PO_4	1.7 g		

(2)混合:用少量蒸馏水将药品分别溶解,然后依次混合。

(3)定容:加蒸馏水至 1 000 mL,成 10 倍液。配制 1 L 培养基取此母液 100 mL。

2.微量元素母液的配制

(1)称量:用天平称取下列药品,分别放入烧杯。

$MnSO_4 \cdot 4H_2O$	2.23 g	$ZnSO_4 \cdot 7H_2O$	0.86 g
$CoCl_2 \cdot 6H_2O$	0.002 5 g	$CuSO_4 \cdot 5H_2O$	0.002 5 g
$Na_2MoO_4 \cdot 2H_2O$	0.025 g	KI	0.083 g
H_3BO_3	0.62 g		

(2)混合:用少量蒸馏水将药品分别溶解,然后依次混合。

(3)定容:加蒸馏水 1 000 mL,成 100 倍液。配制 1 L 培养基取此母液 10 mL。

3.铁盐母液的配置

(1)称量:用天平称取下列药品,分别放入烧杯。

$Na_2 \cdot EDTA$　　　　　　1.856 g　　　$FeSO_4 \cdot 7H_2O$　　　　　1.390 g

(2)混合:用少量蒸馏水将药品分别加热溶解,然后混合。

(3)定容:加蒸馏水至500 mL,成100倍液。配制1 L培养基取此母液10 mL。

4.有机物母液的配置

(1)称量:用天平称取下列药品,分别放入烧杯。

烟酸	0.025 g	盐酸吡哆素(维生素B_6)	0.025 g
盐酸硫胺素(维生素B_1)	0.005 g	甘氨酸	0.1 g
肌醇	5.0 g		

(2)混合:用少量蒸馏水将药品分别加热溶解,然后依次混合。

(3)定容:加蒸馏水至250 mL,成200倍液。配制1 L培养基取此母液5 mL。

5.生长调节剂

① 称量:生长调节剂原液的浓度一般为0.5～1.0 mg/mL,配置浓度1.0 mg/mL植物生长调节剂原液100 mL,需要感量电子天平准确称量生长素或细胞分裂素0.1 g。

②溶解:NAA、IAA、IBA、2,4-D等生长素先用少量95%酒精溶解,也可加热助溶,KT、BA等细胞分裂素可用少量1 mol/L盐酸溶解,再加入少量蒸馏水,赤霉素可用蒸馏水直接配置。

③将溶解后的溶液全部转入容量瓶中,加蒸馏水定容至100 mL,摇匀,即成1.0 mg/mL生长调节剂原液。

(二)母液的保存

1.装瓶:将配制好的母液分别装入试剂瓶中,贴好标签,注明各培养基母液的名称、浓缩倍数、配制日期,并在记录本上详细记载,以便日后的检查。注意将易分解、氧化的溶液,放入棕色瓶中保存。

2.贮藏:最好在2～4℃冰箱中储存,特别是有机物质要求较严。贮存时间不宜过长,如发现母液有霉菌污染或沉淀变质时,应该重新配制。

五、评价与考核(表4)

表4　评价与考核表

项目	内容	要求	赋分
计划制定	1.确定配制母液的种类、浓度、容积; 2.各小组分工情况	母液种类齐全,浓度与容积确定合理;小组分工明确	5
物品准备	各类天平、冰箱,烧杯、容量瓶、量筒、试剂瓶、标签	实验所需试剂与器具准备齐全	5

续表4

项目	内容	要求	赋分
母液配制与保存	1.药品用量计算:根据母液种类、浓度准确计算各药品的体积	计算方法正确,结果准确无误	10
	2.原液量取:用适宜精度的量筒量取所需原液	读数操作规范熟练,量取准确	10
	3.大量元素母液的配制	操作电子天平规范,称量准确	15
	4.微量元素母液的配制	药品质量称量准确,完全溶解	15
	5.铁盐母液的配制	配制时各成分的用量及加入顺序准确,无沉淀现象产生	10
	6.生长调节剂的配制	药品浓度配置符合要求,完全溶解	10
	7.母液的保存:将配制好的母液分别装入试剂瓶中,贴好标签,在 2～4℃冰箱中储存	保存方式得当,母液无污染	15
现场整理	清洁操作台面,并还原药品及用具	按要求整理到位,培养良好的工作习惯	5

六、作业

1.分别写出各种母液的配制方法步骤。

2.配制培养基母液时应注意哪些事项?

实验实训五　培养基的配制与灭菌

一、目的与要求

通过 MS 培养基的配制,学习培养基配制与灭菌的操作方法。

二、内容与安排

分组进行实践(每组 1～2 人),各组完成培养基的配制工作,全班共同完成培养基的高压灭菌。

三、仪器与用具

1.仪器:移液枪、电炉(或微波炉)、不锈钢锅、高压灭菌锅、量筒、培养瓶、烧杯。

2.用具:pH 试纸(或酸度计)、标签、记号笔、封口膜等。

3.试剂:配制 MS 培养基的各种母液、6-BA(1 mg/mL)、2,4-D(1 mg/mL)、0.1 mol/L

NaoH、0.1 mol/L HCl、琼脂、蔗糖、蒸馏水。

四、方法与步骤

(一)培养基的配制与分装

1.计算各种母液的用量(按配制 1 000 mL MS 培养基计算)

根据配方计算母液用量,1 L MS+2,4-D 1.0 mg/L +6-BA 0.5 mg/L +3％蔗糖＋ 0.8％ 琼脂,pH 为 5.8。

通过计算得:大量元素(10 倍)取 100 mL、微量元素(100 倍)取 10 mL、有机物(200 倍)取 5 mL、铁盐(100 倍)取 10 mL、2,4-D 取 1.0 mL、6-BA 取 0.5 mL、蔗糖 30 g、琼脂 7 g。

2.每组取 250 mL 的烧杯一只,按上述用量用量筒或移液管(不能混用),量取或吸取各种母液,放于烧杯中,同时加上激素,备用。

3.每组取 1 000 mL 的烧杯一只,加 600 mL 蒸馏水,加入琼脂 8 g,在石棉网上加热熔解,称取 30 g 蔗糖放入溶解的琼脂中,同时加入取好的各种母液,用玻璃棒不断搅拌混合,并加蒸馏水至 1 000 mL。

4.调整 pH：将培养基搅匀,用 pH 试纸或 pH 计测其 pH,可用 1 mol/L HCl 或 1 mol/L NaOH 调至 5.8。

5.培养基分装、封口:把配制好的培养基趁热分装到培养瓶中,培养基应占试管或三角瓶的 1/4～1/3 为宜;注意不要将培养基沾到管壁上,以免引起污染。分装后立即用封口膜或其他封口物品包扎瓶口,注明培养基的名称与配制时间等。

(二)培养基的灭菌

1.加水。高压灭菌锅中加入适量水,以淹没电热丝为宜。过多易使水进入培养瓶,过少易烧干锅。

2.装锅加热灭菌。把待灭菌材料分装入锅内加热灭菌,注意瓶与瓶之间适当留一些空隙。然后盖上锅盖,对称拧紧螺旋,防止漏气。若果使用的是全自动灭菌锅省略 3～5 步骤。

3.排气。高压灭菌时一定要将锅内空气排尽,排气的方法有两种,一种是先打开气阀,当放气阀有大量蒸汽冒出时,继续排气 3～5 min;另一种是当压力达 0.05 MPa 时,缓慢打开放汽阀,继续排气 3 min 即可。

4.保压。关闭放气阀,继续加热当压力达到 0.108 MPa,温度 121℃时,开始计时。控制火力,保持压力 0.105～0.120 MPa,维持 15～30 min 即可,最后切断电源或电热。

5.降压。可采用自然降压,当压力降至 50 kPa 时,缓慢放汽,使压力降至零。

6.出锅。打开锅盖,取出灭菌物品。最后倒去锅内残存水分,以防锅体生锈。

五、评价与考核（表5）

表 5　评价与考核表

项目	内容	要求	赋分
计划制定	1.确定配制培养基的种类、浓度、容积 2.各小组分工情况	培养基种类齐全,浓度与容积确定合理;小组分工明确	5
物品准备	药品、药勺、烧杯、剪刀、镊子、移液管	实验所需试剂与器具准备齐全	5
培养基的配制与灭菌	1.药品用量计算:根据培养基种类、浓度和容积准确计算各药品的质量	计算方法正确,结果准确无误(特别注意所用药品与配方药品的一致性,单位不一致时进行换算)	5
	2.药品称量:用适宜精度的天平称量所需药品	天平操作规范熟练,称量准确	5
	3.药品溶解:选择适宜容量的烧杯,采用正确的溶解方式,搅拌器合理正确使用	溶剂选用合理,溶解彻底	5
	4.配置母液:根据配方进行母液的配置	所配浓度符合实验要求,pH 达到标准	10
	5.添加生长素:在配置好的母液中分别加入生长素	移液管操作规范,无混用现象	10
	6.加热处理:在称取规定量的琼脂与蔗糖中加入蒸馏水于石棉网上加热溶解	加入所需药品质量准确,药品溶解彻底,无糊化现象	15
	7.培养基分装:将已经配置好的培养基分装到培养瓶中	倒入培养基量适宜,管壁干净,封口规范	15
	8.培养基灭菌:使用高压锅灭菌法对培养基进行灭菌	熟悉高压锅灭菌原理并能熟练使用高压锅进行灭菌	20
现场整理	清洁操作台面,并还原药品及用具	按要求整理到位,培养良好的工作习惯	5

六、作业

1.高压灭菌时应注意哪些事项?

2.培养基为什么要调节 pH?

实验实训六 无菌苗培养技术

一、目的与要求

1.掌握接种室和超净工作台灭菌的操作规范。

2.掌握无菌操作技术。

二、内容与安排

分组进行实验(每组 2 人),各组依次进入超净工作台进行无菌苗培养工作,完成后置于培养室进行培养。

三、仪器与用具

1.材料:绿豆或其他植物组培苗。

2.器具:超净工作台、接种工具、酒精灯、小型喷雾器、瓶刷、无菌纸或无菌培养皿。

3.培养基及药品:MS 培养基、2%新洁尔灭、70%酒精、2%来苏儿、甲醛、高锰酸钾。

四、方法与步骤

超净工作台的灭菌

1.提前打开接种室和超净工作台上的紫外灯,照射 20～30 min。接种人员进入接种室后及时关闭。

2.操作人员进入接种室前必须修剪指甲,并用肥皂洗手。在缓冲间根更换已消毒的工作服、帽子、口罩、拖鞋后方可进入接种室。

3.操作前 10 min 使超净工作台处于工作状态,让过滤空气吹拂工作台面和台壁四周,用70%酒精喷雾室内和超净工作台降尘,并消毒双手和擦洗工作台面。

4.操作中使用的各种接种工具如镊子、剪刀、支架、解剖刀等放入 95%酒精中浸泡,在酒精灯上灼烧灭菌,然后放置在支架上冷却。

5.用 70%酒精擦洗培养瓶瓶壁、瓶盖。

6.左手拿培养瓶,右手轻轻取下瓶口包扎物或瓶盖,用火焰对瓶口进行灼烧灭菌。用镊子轻轻将瓶内培养材料取出,在无菌纸或无菌培养皿上分割或切断。

7.将切割后的材料用镊子轻轻接种在培养基中,再用火焰对瓶口进行灼烧灭菌,盖上瓶盖或包扎好封口薄膜。

8.接种完毕后,在瓶壁上用记号笔做好标记,注明植物名称、接种日期等,以免混淆,将接种苗置于培养室。

9.实验结束后要将工作台清理干净,关闭超净工作台,可用紫外灯照射 30 min。若连续接种,每 5 d 要大强度消毒一次。

五、评价与考核（表6）

表6　评价与考核表

项目	内容	要求	赋分
计划制定	实验分组及接种材料的准备	合理分组,分工明细有条理	10
物品准备	镊子、剪刀、支架、解剖刀,肥皂,酒精灯,无菌纸	实验所需试剂与器具准备齐全	10
无菌苗培养技术	1.实验场所前预处理:提前打开超净工作台和接种室紫外灯	消毒彻底,达到实验要求,超净工作台整洁	10
	2.器具消毒:实验人员认真消毒双手,然后对实验所需器具进行消毒	器具消毒达到实验标准,工作台面清洗彻底	10
	3.材料处理:用已消毒的镊子将材料取出,在无菌纸上分割	处理材料规范,实验材料正常无污染	15
	4.材料接种:用镊子将实验材料转入到培养基中	培养基无污染,封口规范	15
	5.培养基存放:接种完毕后,做好标记写好日期	无菌苗长势良好,无感染	20
现场整理	清洁操作台面,并还原药品及用具	按要求整理到位,培养良好的工作习惯	10

六、作业

1.1周后观察无菌苗的生长状况并拍照记录。

2.无菌苗接种应注意哪些事项?

实验实训七　植物愈伤组织诱导

一、目的与要求

1.巩固植物愈伤组织诱导、继代、器官分化的原理。

2.掌握培养基的配制、灭菌等基本实验操作技术。

二、内容与安排

分组提前配制好需要使用的培养基,每人接种胡萝卜5～10瓶。

三、仪器与用具

1.实验材料:胡萝卜。

2.实验用具:光照培养箱、超净工作台、高压灭菌锅、解剖刀、弯头镊子、剪子、封口膜、棉线、橡皮筋、100 mL 烧杯、培养皿及培养架。

3.试剂:0.1%氯化汞、MS 培养基全部试剂、植物激素及生长调节物质、无水乙醇、工业酒精。

四、方法与步骤

1.用 70%的酒精棉擦拭双手和操作台面,进行常规的无菌操作准备。

2.将植物体用自来水冲洗后,用酒精棉擦拭欲取材部位表面,或于 70%酒精中浸沾数秒钟。

3.将材料放入已灭菌的 100 mL 烧杯(或试剂瓶)中,加入 0.1%氯化汞溶液,浸泡 5 min。倒掉 0.1%氯化汞,再次加入 0.1%氯化汞,浸泡 10 min。

4.弃 0.1%氯化汞,用无菌水浸泡漂洗 3~4 次,每次 1~2 min,用无菌镊子搅动。

5.将已灭菌的植物材料置于灼烧后冷却的金属盘中,按无菌操作要求剥去外皮,用解剖刀切成 5 mm 厚的薄片,弃去两头的两片,取中间部分的薄片,用镊子将其接种在愈伤组织诱导培养基上,注意圆片的切口朝向培养基,每瓶 4~6 片,均匀分散。

6.将瓶口和瓶盖在酒精灯火焰上方一过,拧紧瓶盖。

7.将接种后的三角瓶,培养于 25℃光照条件下,20 d 左右外植体逐渐膨大形成愈伤组织,愈伤组织的形成标志着接种的外植体已脱离分化状态,开始重新恢复分生能力。

五、评价与考核(表 7)

表 7　评价与考核表

项目	内容	要求	赋分
实验安全	1.确定配制培养基的种类、浓度、容积; 2.各小组分工情况	培养基种类齐全,浓度与容积确定合理;小组分工明确	10
参观目的	试剂、药勺、烧杯、剪刀、镊子、移液管、培养皿等	实验所需试剂与器具准备齐全	5
植物愈伤组织诱导	1.药品用量计算:根据培养基种类、浓度和容积准确计算各药品的质量	计算方法正确,结果准确无误(特别注意所用药品与配方药品的一致性,不一致时进行换算)	10
	2.药品称量:用适宜精度的天平称量所需药品	天平操作规范熟练,称量准确	10
	3.药品溶解:选择适宜容量的烧杯,采用正确的溶解方式,搅拌器合理正确使用	溶剂选用合理,溶解彻底	10
	4.材料选择与消毒:选择适宜的材料,并且采用正确的接种方式	材料选取恰当,实验消毒流程正确	15
	5.材料切割:用消过毒的镊子、解剖刀对选取的绿豆进行切割,置于愈伤组织诱导培养基	切割厚度良好以及部位选取正确,数量足够	15
	6.材料接种:置于光温培养箱中,形成愈伤组织	形成愈伤组织,正确使用光温培养箱	20

续表 8-7

项目	内容	要求	赋分
现场整理	清洁操作台面,并还原药品及用具	按要求整理到位,培养良好的工作习惯	5

六、作业

1.试述植物组织培养过程中无菌操作的重要性?具体操作时应注意哪些事项?

2.统计愈伤组织诱导培养的出愈率、污染率,并分析污染原因。

实验实训八　植物愈伤组织分化培养

一、目的与要求

1.巩固愈伤组织的形成条件、掌握愈伤组织的形成过程及调控机理。

2.掌握分化培养基的配制方法。

3.掌握愈伤组织分化培养的方法。

二、内容与安排

提前配置好所需的培养基。分组配制所需的生根和生芽培养基(2~4人一组),然后每个人把自己所培养得到的愈伤组织接种到相应的培养基里培养,并及时拍照观察分化情况。

三、仪器与用具

1.实验材料:胡萝卜。

2.实验器具:各种接种工具、超净工作台。

3.试剂与培养基:NAA、BA、琼脂、蔗糖、2,4-D、IBA、分化培养基Ⅰ(生芽):MS + NAA 0.1 mg/L＋BA 1 mg/L,pH 为 5.8、分化培养基Ⅱ(生根):MS＋ IBA1 mg/L,pH 为5.8。

四、方法与步骤

1.无菌条件下,将形成愈伤组织分割,转入分化培养基。

2.在室温 28℃,每天连续光照 10 h,光强 2 000~3 000 Lx 的条件下,培养 10 d 左右。统计丛生芽或分化点的分化率。

五、评价与考核（表8）

表8　评价与考核表

项目	内容	要求	赋分
计划制定	1.确定配制培养基的种类、浓度、容积； 2.各小组分工情况	培养基种类齐全，浓度与容积确定合理；小组分工明确	10
物品准备	试剂、药勺、烧杯、剪刀、镊子、移液管、培养皿等	实验所需试剂与器具准备齐全	5
植物愈伤组织分化培养	1.药品用量计算：根据培养基种类、浓度和容积准确计算各药品的质量	计算方法正确，结果准确无误（特别注意所用药品与配方药品的一致性，不一致时进行换算）	10
	2.药品称量：用适宜精度的天平称量所需药品	天平操作规范熟练，称量准确	10
	3.药品溶解：选择适宜容量的烧杯，采用正确的溶解方式，搅拌器合理正确使用	溶剂选用合理，溶解彻底	10
	4.材料选取与消毒：选择适宜的愈伤组织，并且采用正确的接种方式	材料选取恰当，实验消毒流程正确	15
	5.分化培养：挑选出愈伤组织3～5块，放置到分化培养基中	愈伤组织无污染	15
	6.计算分化率和生根率：接入分化培养基培养2周后新生芽发生和生长的状况，计算分化率	分化率和生根率达到实验要求	20
现场整理	清洁操作台面，并还原药品及用具	按要求整理到位，培养良好的工作习惯	5

六、作业

1.记录愈伤组织在接入分化培养基培养20 d后新芽发生和生长的状况，计算分化率。

分化率 ＝（生芽愈伤组块数/接种愈伤组织总块数）×100％

2.记录愈伤组织培养10 d后，发生不定根的情况，计算生根率（％）：

生根率 ＝（生根愈伤组织块数/接种愈伤组织总块数）×100％

3.对实验结果进行分析，并完成实验报告。

实验实训九　茎段培养

一、目的与要求

1.掌握外植体的选择、切取和消毒技术。

2.学会无菌接种和培养方法。

3.掌握茎的发育过程。

二、内容与安排

全班按 4～6 人分为小组,提前做好培养基,接种和培养单独完成。

三、仪器与用具

1.实验材料:葡萄(或者其他植物)带腋芽的茎段。

2.仪器:超净工作台、高压灭菌锅、小烧杯、大烧杯、培养皿、剪刀、镊子。

3.试剂:无菌水、70％酒精、0.1％氯化汞、芽诱导培养基、继代培养基,生根培养基、MS 培养基(IBA0.5 mg/L,6-BA 2 mg/L)。

四、方法与步骤

1.材料的选择:选取生长健壮、无病虫害、幼嫩的葡萄嫩枝。

2.材料的预处理:去掉叶片,用自来水和洗衣粉将材料充分洗净,然后剪成长 2cm 的茎段,用蒸馏水浸泡 1h。

3.材料的灭菌与接种:

(1)在超净工作台上,用镊子小心地把材料放入无菌瓶中,加入 70％的酒精消毒 30 s,无菌水冲洗 3 遍,然后再加入 0.1％氯化汞表面消毒 15 min,用无菌水冲洗 3～5 遍,放在无菌的滤纸上修整、备用。

(2)用火焰烧瓶口,打开瓶盖,把 1～2 cm 带腋芽的葡萄茎段插到培养基上,接种过程中要注意不断地对接种器械反复烧烤。

4.培养:将培养物置于 25℃左右的培养室中,每天光照 12 h,光照度为 2 000 lx,当腋芽萌发并长至 1 cm,将长出的腋芽植入继代培养基上培养,3～4 周后形成丛生芽。

五、评价与考核（表9）

表 9　评价与考核表

项目	内容	要求	赋分
实验安全	1.确定配制培养基的种类、浓度、容积； 2.各小组分工情况	培养基种类齐全，浓度与容积确定合理；小组分工明确	10
参观目的	试剂、药勺、烧杯、剪刀、镊子、移液管、培养皿等	实验所需试剂与器具准备齐全	10
茎段培养	1.药品用量计算：根据培养基种类、浓度和容积准确计算各药品的质量	计算方法正确，结果准确无误（特别注意所用药品与配方药品的一致性，不一致时进行换算）	10
	2.药品称量：用适宜精度的天平称量所需药品	天平操作规范熟练，称量准确	10
	3.药品溶解：选择适宜容量的烧杯，采用正确的溶解方式，搅拌器合理正确使用	溶剂选用合理，溶解彻底	5
	4.材料选取与消毒：选择适宜的幼嫩枝条，并且采用正确的消毒方式	材料选取恰当，实验消毒流程正确	15
	5.材料切割：用已消毒的剪刀对材料进行处理	切割厚度适宜，器具消毒过程规范	15
	6.接种预处理：对材料进行消毒，然后接种到培养基上	材料消毒彻底，培养基无污染	20
现场整理	所用器皿的还原，仪器的安全存放	按要求整理到位，培养良好的工作习惯	5

六、作业

1.每隔 7 d 观察一次生长情况，并做好记录（污染率、萌发时间、转接时间、苗高、繁殖系数等）。

2.根据实验结果写出实验报告，并拍照存档。

$$萌发率＝（萌发的材料数/总接种数）×100\%$$

$$繁殖系数＝（每瓶形成的有效苗数/接种苗数）×100\%$$

实验实训十　叶片的组织培养

一、目的与要求

1.掌握叶片组织培养的方法。

2.掌握植物叶片的表面消毒技术,外植体创口获得和愈伤组织的诱导过程。

二、内容与安排

以 2~4 人为一组进行实践共同配制培养基,个人独立完成叶片的消毒和接种培养过程。

三、仪器与用具

1.试验材料:菊花(或其他植物)叶片。

2.仪器及器皿:超净工作台、灭菌锅、解剖刀、烧杯、培养皿、剪刀、镊子、移液管等。

3.试剂及培养基:70%酒精、0.1%氯化汞。诱导培养基:MS＋BA1.0 mg/L＋2,4-D 1.0 mg/L;分化培养基:MS＋BA1.0 mg/L＋NAA1.0 mg/L;继代培养基:MS＋BA1.0 mg/L ＋NAA0.5 mg/L;生根培养基:1/2MS＋IBA0.3 mg/L。以上培养基均需添加蔗糖 30 g/L、琼脂 7 g/L,pH 为 5.8。

四、方法与步骤

1.配制培养基:按配方提前配制好各种培养基,及时灭菌备用。

2.材料选择及灭菌:

(1)取植物的幼嫩叶片用自来水冲洗,用蒸馏水清洗干净,用 70%酒精漂洗约 10 s,再用 0.1%氯化汞浸泡 8 min 左右,用无菌水冲洗数次,放在无菌的干滤纸上吸干水分以供接种用。

(2)在自来水下将手洗干净,然后用 75%酒精将手进行消毒,再进入超净工作台开始接种操作。

(3)点燃酒精灯,将镊子、解剖刀在酒精灯下烤干。把灭菌过的叶组织切成约 0.5 cm(叶片 ＞5 mm²)见方小块或薄片(如叶柄和子叶)接种在 MS 或其他培养基上,叶背紧贴培养基。

3.培养:

(1)叶接种后培养条件为每天 10~12 h 光照,25℃条件下培养光强 1 500~3 000 lx。培养 2~4 周,切块开始增厚肿大,进而形成愈伤组织。

(2)转移到分化培养基上进行分化培养,约 10 d,愈伤组织开始转绿出现绿色芽点,分化形成丛生芽。

(3)切割丛生芽转移到继代培养基上培养,每隔 20~30 d 继代培养一次。

(4)将 2~3 cm 高壮苗移到生根培养基上,20~25 d 长出 3~6 条根,适当炼苗就可以移栽。

五、评价与考核(表10)

表 10　评价与考核表

项目	内容	要求	赋分
计划制定	1.确定配制培养基的种类、浓度、容积; 2.各小组分工情况	培养基种类齐全,浓度与容积确定合理;小组分工明确	10
物品准备	药品、药勺、烧杯、剪刀、镊子、移液管等	实验所需试剂与器具准备齐全	5
叶片的组织培养过程	1.药品用量计算:根据培养基种类、浓度和容积准确计算各药品的质量	计算方法正确,结果准确无误	5
	2.药品称量:用适宜精度的天平称量所需药品	天平操作规范熟练,称量准确	5
	3.药品溶解:选择适宜容量的烧杯,采用正确的溶解方式,搅拌器合理正确使用	溶剂选用合理,溶解彻底	5
	4.材料选取与消毒:选择适宜的叶片,采用正确的消毒方式	叶片选取恰当,实验消毒流程正确	10
	5.叶片切割:用消过毒的镊子、解剖刀对选取的叶片进行切割,置于 MS 培养基	切割厚度适宜,镊子、解剖刀消毒方式以及叶片放置准确	10
	6.叶片接种:置于光温培养箱中,形成愈伤组织	正确使用光温培养箱	10
	7.观察愈伤组织:伤口被背块状的愈伤组织所包围	是否形成愈伤组织	10
	8.分化培养:愈伤组织形成绿色芽点,分化形成丛生芽	分化培养基无污染,愈伤组织生长较好	15
	9.炼苗移栽:选取壮苗,待生根后进行炼苗移栽	植株长势旺,能进行大田移栽	10
现场整理	清洁操作台面,并还原药品及用具	按要求整理到位,培养良好的工作习惯	5

六、作业

1.观察叶片生长情况,统计叶片愈伤组织形成率、分化率和生根率。

2.根据结果写出实验报告并拍照保存。

分化率 ＝(生芽愈伤组织块数/接种愈伤组织总块数)×100%

生根率 ＝(生根愈伤组织块数/接种愈伤组织总块数)×100%

愈伤组织诱导率＝(形成愈伤组织的材料数/总接种材料数)×100%

实验实训十一　小麦胚的培养

一、目的与要求

通过小麦胚的培养,掌握胚培养的基本技能及熟悉所需设备和实验条件。

二、内容与安排

每位同学独立完成小麦胚培养整个实验做好实验记录并对数据进行分析。

三、仪器与用具

1.仪器:超净工作台、接种灭菌器、高压灭菌器。

2.用具:烧杯、解剖刀、镊子、标签、酒精灯、滤纸等。

3.试剂:附加 2,4-D 0.5～1 mg/L 的 MS 培养基、70％乙醇、95％乙醇、0.1％氯化汞($HgCl_2$)、无菌水。

四、方法与步骤

1.材料的选取:选大小均匀、籽粒饱满的小麦种子。

2.去壳:除去用于胚培养的小麦种子的颖壳。

3.消毒:用自来水冲洗数次后,于超净工作台内用 75％酒精浸泡 2 min 后,换用 0.1％氯化汞溶液灭菌 15 min,无菌水洗 4 次,每次 1～2 min。

4.取胚:在解剖镜下剥取成熟胚,并轻轻划伤胚芽及胚根处(可带 1/3～1/2 的胚乳)。

5.接种:把切取的培养材料放在 MS 固体培养基上(每瓶培养基接种一个胚,加 2,4-D 和不加 2,4-D 的 MS 固体培养基各接种 5～10 瓶)。

6.培养:把接种后的培养瓶置于培养室中进行培养。培养室保持 25℃的温度,接种于加 2,4-D 的 MS 固体培养基上的材料置于黑暗条件下培养;接种于不加 2,4-D 的 MS 固体培养基上的材料在每天 11～16 h 光照,光强 1 000～2 000 lx 下进行培养。

五、评价与考核(表11)

表11 评价与考核表

项目	内容	要求	赋分
前期准备	确定培养基配方及用量	培养基配方及激素用量合理	10
接种技术及步骤	1.接种前的准备	双手清洁正确;实验服及帽子穿戴整齐;超净工作台面灭菌彻底	10
	2.外植体消毒	使用酒精棉球消毒,顺序正确、全面、彻底、熟练,蒸馏水冲洗正确	10
	3.器皿灭菌及取胚	镊子及解剖刀灭菌彻底;熟练操作刀及解剖针;操作正确,切取速度快	25
	4.接种	接种动作正确,速度快、熟练,瓶口始终保持在有效灭菌区域内;接种数量适宜,布局合理,方向正确,深浅适度,整齐	30
	5.标签书写	注明材料名称、接种时间等	5
现场整理	清洁操作台面,工具还原归位	接种完成后清理接种垃圾,保证工作台干净,台上的物品摆放整齐	10

六、作业

写出实验报告,观察胚的生长变化,做好详细记录。

实验实训十二　水稻花药培养

一、目的与要求

通过花药培养进行水稻新品种选育的技术,掌握花药培养的基本技能及熟悉所需设备和实验条件。

二、内容与安排

每位同学独立完成水稻花药培养整个实验过程,做好实验数据记录,并对数据进行分析。

三、仪器与用具

1.仪器:超净工作台、接种灭菌器、光学显微镜等。

2.用具:烧杯、解剖刀、镊子、标签、酒精灯、手术剪、培养皿、广口瓶、滤纸、脱脂棉等。

3.试剂:附加 2,4-D 2.0 mg/L 的 N6 培养基、70％乙醇、95％乙醇、0.1％氯化汞（HgCl₂）、1％I₂-KI 液、无菌水。

四、方法与步骤

1.幼穗的采集:应采用花粉单核中晚期的花药,此时水稻孕穗期;幼穗颖花宽度应经达到最终大小,颖壳颜色为淡黄色,雄蕊长度达颖壳长度的 1/3～1/2,花药淡绿色。按照幼穗及颖花的上述特征,从田间选取稻穗,剪去叶片。将带叶鞘的幼穗基部用湿润纱布包好,放入塑料袋,带回室内。

2.材料预处理:将装有幼穗的塑料袋口扎好,置 10℃处理 2～4 d,以提高花粉胚和愈伤组织诱导率。

3.花粉镜检及材料消毒:用酒精棉球擦拭处理后的材料,表面消毒,剥去叶鞘,对不同部位颖花镜检其花粉发育时期。每朵颖花取 1～2 个花药,置于载玻片上,加 1％I₂-KI 液 1 滴,用镊子(解剖针)捣碎花药壁去掉花丝残渣,盖上盖玻片,在显微镜下观察。花粉粒黄色(表示尚未积累淀粉),细胞核颜色较深,清晰可分辨,核已被大液泡挤向细胞一侧,即是单核靠边期(花粉单核中晚期)。按照典型单核靠边期颖花的形态,剪下适合的颖花。将剪下的颖花置于高压灭菌的广口瓶中,用 70％酒精浸泡 30 s,再用 0.1％氯化汞浸泡消毒 7～8 min,倒出氯化汞,用无菌水洗涤 4～5 次,每次 1～2 min,备用。

4.接种:在超净工作台上用枪形镊子刺破颖壳,取出花药放入消毒过的垫有滤纸的培养皿中,用镊子黏取花药转入培养基,均匀放在培养基表面。每瓶(240 mL)可接种 80～100 个。每接完一瓶,将瓶口在酒精灯火焰上旋转灼烧一下,再盖上盖子,标记好接种日期、培养基代号等。注意更换培养皿中的滤纸,为防止花药失水过快,可以无菌水浸润滤纸。

5.培养:培养室温度 26～28℃,暗培养 5～7 d 后转光照 1 500～400 lx,光照 12 h/d,培养 15～20 d,花药开始发生愈伤组织,待愈伤组织长至 2～4 mm 大小,即可转入分化培养。愈伤组织将分化出绿苗,并在基部发生不定根。培养过程中注意观察,记录材料生长、分化及污染情况。

五、评价与考核（表 12）

表 12 评价与考核表

项目	内容	要求	赋分
前期准备	确定培养基配方及用量	培养基配方及激素用量合理	10
接种技术及步骤	1.接种前的准备	采集过程中正确选择外植体，双手清洁正确；实验服及帽子穿戴整齐；超净工作台面灭菌彻底	10
	2.外植体消毒	使用酒精棉球消毒，顺序正确、全面、彻底、熟练，蒸馏水冲洗正确	10
	3.花粉镜检	光学显微镜使用方法正确；熟练操作刀及解剖针；操作正确，速度快	25
	4.接种	接种动作正确，速度快、熟练，瓶口始终保持在有效灭菌区域内；接种数量适宜，布局合理，整齐	30
	5.标签书写	注明材料名称、接种时间等	5
现场整理	清洁操作台面，并还原用具	接种完成后清理接种垃圾，保证工作台干净，台上的物品摆放整齐	10

六、作业

1.写出实验报告，观察记载，计算花药愈伤组织的诱导率、分化率及污染率。

2.在水稻花药培养中，要注意的事项有哪些？

实验实训十三　马铃薯茎尖培养技术

一、目的与要求

通过马铃薯的茎尖培养技术，掌握马铃薯茎尖培养的基本技能及熟悉所需设备和实验条件。

二、内容与安排

每位同学独立完成马铃薯茎尖培养整个实验过程，做好实验数据记录，对数据进行分析。

三、仪器与用具

1.仪器：超净工作台、接种灭菌器、双筒解剖镜、灭菌锅等。

2.用具:烧杯、解剖刀、镊子、标签、酒精灯、手术剪、培养皿等。

3.试剂:附加 6-BA 1.0 mg/L 及 NAA0.5 mg/L 的 MS 培养基、70％乙醇、95％乙醇、0.1％氯化汞($HgCl_2$)、10％漂白粉溶液、2％次氯酸钠、无菌水。

四、方法与步骤

1.材料的选择:在生长季节,可从大田取材,顶芽和腋芽都能利用,顶芽的茎尖生长要比取自腋芽的快,成活率高。为了方便获得无菌的茎尖,常把供试验植株种在无菌的盆土中,放在温室进行栽培。对于田间种植的材料,还可以切取插条,在实验室的营养液中生长,由这些插条的腋芽长成的枝条,要比直接取自田间的枝条污染少得多。

2.外植体的灭菌:将顶芽或侧芽连同部分叶柄和茎段一期在 2％次氯酸钠溶液中处理 5～10 min,或先用 70％酒精浸泡 30 s,再用 0.1％氯化汞浸泡消毒 5～10 min,然后用无菌水洗涤 4～5 次,每次 1～2 min,备用。

3.茎尖剥离及接种:将消毒好的马铃薯茎尖放在超净工作台 40 倍的双筒解剖镜下进行剥离,一手用镊子将茎芽按住,另一手用解剖针将幼叶和大的叶原基剥掉,直至露出圆亮的生长点。用解剖刀将带有 1～2 个叶原基的小茎尖切下,迅速接种到培养基上,分布均匀,形态学朝向,插入培养基。

4.培养:培养室温度 20～22℃,光照度前 4 周是 1 000 lx,4 周后增加至 2 000～3 000 lx,光照 16 h/d。

五、评价与考核(表 13)

表 13　评价与考核表

项目	内容	要求	赋分
前期准备	确定培养基配方及用量	培养基配方及激素用量合理	10
接种技术及步骤	1.接种前的准备	双手清洁正确;实验服及帽子穿戴整齐;超净工作台面灭菌彻底	10
	2.外植体消毒	使用酒精棉球消毒,顺序正确、全面、彻底、熟练,蒸馏水冲洗正确	10
	3.茎尖剥离	双筒解剖镜使用方法正确;熟练操作刀及解剖针;操作正确,速度快	25
	4.接种	接种动作正确,速度快、熟练,瓶口始终保持在有效灭菌区域内;接种数量适宜,布局合理,整齐、深浅适宜	30
	5.标签书写	注明材料名称、接种时间等	5
现场整理	清洁操作台面,并还原用具	接种完成后清理接种垃圾,保证工作台干净,台上的物品摆放整齐	10

六、作业

1.写出实验报告,观察记载,计算马铃薯茎尖培养腋芽的诱导率、分化率及污染率。

2.简述马铃薯茎尖脱毒实验的程序。

实验实训十四　植物组培苗的继代培养

一、目的与要求

1.掌握组培苗转接时的基本操作步骤。

2.掌握继代培养阶段基本操作方法步骤,提高无菌操作能力,降低污染率。

二、内容与安排

每位同学在成熟的实践基础上综合考虑制定一个详细的转瓶计划,并记录分析数据。

三、仪器与用具

1.仪器:超净工作台、接种灭菌器、灭菌锅等。

2.用具:镊子、标签、酒精灯、手术剪、喷雾器、手术刀、培养瓶、接种盆等。

3.试剂:MS培养基母液,琼脂、蔗糖、细胞分裂素、细胞生长素,95%乙醇、70%乙醇等。

四、方法与步骤

1.前期准备:提前配好培养基,经过严格的消毒过程后放入工作台内,准备待继代材料,放入台内,紫外灯灭菌20 min后上台操作,入室后要按要求消毒台面。

2.取苗:先解开培养瓶的瓶盖(封口膜),如果不能一次取出其内的全部材料,要先把瓶盖(封口膜)摘下,瓶口靠近酒精灯火焰区,然后把瓶口外缘在酒精灯上烤一下;正式取苗时,瓶口尽量靠近火焰控制区,取出苗后及时盖好;一次取苗不可太多,以免风干。

3.切苗:接种盘放在离通风窗10～20 cm处,不可太往外;镊子和手术刀都不可太热,最好是冷却到环境温度,且在操作过程中,刀和镊子不可在培养皿正上方操作;在切苗过程中产生的垃圾可堆放在接种盘内的一侧位置上,若非迫不得已,不可弄到接种盘外。

4.接种:培养瓶盖(封口膜)的放置方法和瓶口灼烤方法与取苗时相同,烤完瓶口后,要先倒掉瓶内多余的水分,然后再接苗;接苗时,镊子最好不要与瓶口接触,240 mL瓶内一般接5～10株苗,不要放太多;组培苗在瓶内要排放均匀、整齐、深度适宜。封口前也要在酒精灯上烤一下瓶口。

5.记录:把品种代号、培养基类型、个人编号以及接种日期标示到瓶上。

五、评价与考核（表 14）

表 14　评价与考核表

项目	内容	要求	赋分
前期准备	继代培养制备及配方正确	培养基配方及激素用量合理；质量合格	20
接种技术及步骤	1.接种前的准备	双手清洁正确；实验服及帽子穿戴整齐；超净工作台面灭菌彻底；继代培养苗灭菌、培养基瓶子外表灭菌	15
	2.外植体的分切	外植体分割操作正确；没碰到有菌物体	10
	3.接种	接种动作正确、速度快、熟练，瓶口始终保持在有效灭菌区域内；接种数量适宜，布局合理，整齐、深浅适宜	40
	4.标签书写	注明材料名称、接种时间等	5
现场整理	清洁操作台面，关闭超净工作台	接种完成后清理接种垃圾，保证工作台干净，台上的物品摆放整齐、关闭电源	10

六、作业

1.简述继代培养的技术要求。

2.继代增殖培养应注意的问题有哪些？

实验实训十五　植物组培苗的生根培养

一、目的与要求

1.学会配制生根培养基，并为组培苗（瓶苗）提供适当的培养条件。

2.熟练掌握组培苗（瓶苗）生根培养的转接无菌操作技术。

二、内容与安排

每位同学在成熟的实践基础上综合考虑制定一个详细的生根培养的计划，并记录分析数据。

三、仪器与用具

1.仪器：超净工作台、接种灭菌器、灭菌锅等。

2.用具：镊子、标签、酒精灯、手术剪、喷雾器、手术刀、培养瓶、接种盆等。

3.试剂：MS培养基母液，琼脂、蔗糖、细胞分裂素、细胞生长素，95%乙醇、70%乙醇等。

四、方法与步骤

1.前期准备:提前配好培养基,并进行充分灭菌。操作前 20 min 超净工作台处于工作状态,让经过滤的空气吹拂工作台面和四周的台壁。用肥皂洗净双手,进入缓冲间穿上灭过菌的工作服、帽子与鞋子,进入无菌操作间。用70%酒精擦拭工作台和双手。取出接种盘,将无菌剪刀、镊子、手术刀等器皿放在经灭菌的器皿架上。

2.取苗和切苗:用酒精灯火焰灼烧瓶口,转动瓶口使各个部位均能烧到,打开瓶口,用左手呈水平状拿组培苗(瓶苗),右手用无菌镊子将组培苗(瓶苗)取出放在接种盘内,再用剪刀将组培苗(瓶苗)丛生芽剖开,分成一个单芽(如果是单芽生长,不需要进行分离),然后用镊子将分离好的丛生芽均匀地插植到培养基中。每瓶接5~10株,最后盖上瓶盖。操作期间经常用70%酒精擦拭双手合台面,接种器械应反复在干热灭菌器内灭菌。

3.记录:把品种代号、培养基类型、个人编号以及接种日期标示到瓶上。

五、评价与考核(表15)

表 15　评价与考核表

项目	内容	要求	赋分
前期准备	生根培养制备及配方正确	培养基配方及激素用量合理;质量合格	20
接种技术及步骤	1.接种前的准备	双手清洁正确;实验服及帽子穿戴整齐;超净工作台面灭菌彻底;器皿灭菌正确	15
	2.外植体的分切	外植体分割操作正确;没碰到有菌物体	10
	3.接种	接种动作正确,速度快、熟练,瓶口始终保持在有效灭菌区域内;接种数量适宜,布局合理,整齐、深浅适宜	40
	4.标签书写	注明材料名称、接种时间等	5
现场整理	清洁操作台面,关闭超净工作台	接种完成后清理接种垃圾,保证工作台干净,台上的物品摆放整齐、关闭电源	10

六、作业

1.简述生根培养的技术要求。

2.影响组培苗(瓶苗)生根的因素有哪些?

实验实训十六　植物组培苗的驯化与移栽

一、目的与要求

1.学会为组培苗提供适当的培养条件。

2.熟练掌握组培苗的驯化及移栽技术。

二、内容与安排

每位同学在成熟的实践基础上综合考虑制定一个详细的驯化移栽的计划,并记录分析数据。

三、仪器与用具

1.材料:生根组培苗。

2.用具:喷雾器、遮阴网、穴盘、基质(蛭石、珍珠岩、泥炭土等)等。

3.试剂:高锰酸钾。

四、方法与步骤

1.组培苗的驯化

①将生根良好的组培苗,连同培养瓶从培养室取出,放到自然光照充足的地方或驯化室进行光照适应性锻炼,可以根据植物材料的不同需求进行遮阴。

②经过一段时间(10～20 d)后,在空气湿度开始升高的傍晚,将瓶盖或封口膜半开,使其逐渐适应外界环境。

2.组培苗的移栽

①一般选择在无风、阴湿的天气进行移栽。

②选择基质。移栽基质以疏松、排水性和透气性良好者为宜,如蛭石、珍珠岩、炉灰渣等均可,可单用,也可混用。如泥炭、蛭石和珍珠岩按 1:1:1 比例进行配制,并充分混合均匀。

③装盘和消毒。将基质装入穴盘,装至穴盘容量的 95%,然后用 0.3%～0.5% 高锰酸钾,或者高温消毒对基质进行彻底灭菌,特别是重复使用的基质更要注意。

④从瓶中小心取出组培苗,不要扯断根系;如果培养基太干燥,可以先用清水浸泡一段时间,一般 1～2 h 即可。

⑤洗掉黏于组培苗根部的琼脂和松散的愈伤组织。

⑥用小木棍在基质上打孔,然后将组培苗放入孔内,四周基质要压实,移栽后马上浇透水,放在干净、排水良好的温室或塑料保温棚中,初期要保证较高的空气湿度,一般达 85% 以上。

⑦刚移栽的小苗,有的植物需要通过遮阴来掌握光照,经过一段时间的生长后,才能逐步加强光照,使小苗慢慢适应于自然环境条件。

⑧移栽 1 周后,应该进行适量的叶面追肥,可以是按照一定配比的稀薄磷酸二氢钾和尿素

或者是 1/4 大量元素的混合液。

⑨当组培苗在穴盘内生根良好时,可以按常规方法将其移栽到容器中。

五、评价与考核(表16)

表 16 评价与考核表

项目	内容	要求	赋分
驯化和移栽技术	1.组培苗的驯化	操作正确、温湿度控制合理	20
	2.组培苗的移栽前准备	天气及基质的选择正确;基质的消毒彻底;基质配制正确	25
	2.组培苗的移栽	根系是否损伤;移栽的手法正确	25
	3.后期管理	温湿度的管理;后期施肥等	20
现场整理	移栽现场的整理	工具归位;基质归位等	10

六、作业

1.简述组培苗驯化移栽的方法和步骤。

2.组培苗在移栽过程中应注意的问题有哪些?

实验实训十七　组培苗工厂化生产的厂房及工艺流程设计

一、目的与要求

通过实习,使学生对现代化组培苗生产模式有一个更为深刻的认识,能熟练地根据生产规模设计合理的厂房及工艺流程。

二、内容与安排

每位同学综合考虑设计一个组培苗工厂化生产的厂房。

三、仪器与用具

绘图纸、绘图笔、计算机。

四、方法与步骤

1.在实训一等的基础上,根据生产要求,确定生产规模。

2.进行商业性组培实验室和小工厂厂房设计。

3.进行生产工艺流程设计。

五、评价与考核（表17）

表 17　评价与考核表

项目	内容	要求	赋分
调研分析	根据调研生产要求,确定规模	规模合理;数据正确	20
厂房设计及生产工业流程设计	厂房设计	框架正确;布局合理等	40
	生产工艺流程设计	生产工艺流程(技术路线图)正确等	40

六、作业

1.设计一个年产 20 万株组培苗的商业性实验室和小工厂。

2.设计一个年产 20 万株组培苗的生产工艺流程。

实验实训十八　植物组培苗生产计划的制订及效益分析

一、目的与要求

通过实训,使学生对组培苗的生产计划和生产成本与经济效益有一个更为深刻的认识,能熟练地制定生产计划及对经济效益进行分析。

二、内容与安排

每位同学根据生产规模的大小制定一个生产计划并对经济效益进行分析概算。

三、仪器与用具

纸、笔、计算机、计算器等。

四、方法与步骤

1.在实训十八的基础上,根据生产量或者市场需求的大小,确定生产规模。

2.制定全年植物组培生产的全过程。

3.组培苗的生产成本及经济效益概算。

五、评价与考核（表 18）

表 18　评价与考核表

项目	内容	要求	赋分
调研分析	根据调研生产要求,确定规模	规模合理;数据正确	20
生产计划制定	生产计划制定;制定的依据;生产计划的安排	制定生产计划考虑周全;有理有据;安排合理	40
生产成本与经济效益	生产成本组成及经济效益分析	生产成本内容正确;效益分析计算正确	40

六、作业

如何进行组培育苗的生产成本与经济效益概算?

附 录

附录 1　常见英文缩写与词义

附表 1　常见英文缩写与词义

编　号	缩　写	英文名称	中文名称
1	A,Ad,Ade	adenine	腺嘌呤
2	ABA	abscisic acid	脱落酸
3	BA,BAP,6-BA	6-benzyladenine benzy-laminopurine	6-苄腺嘌呤
4	P-CPOA	P-chlorophenoxyacetic acid	对-氯苯氧乙酸
5	CCC	chlorocholine chloroid	矮壮素
6	CH	casein hydrolysate	水解酪蛋白
7	CM	coconut milk	椰子乳
8	2,4-D	2,4-dichlorphenoxyacetic acid	2,4-二氯苯氧乙酸
9	2,4-DB	2,4-dichlorphenoxybutyric acid	2,4-二氯苯氧丁酸
10	DNA	Deoxyribonucleic acid	脱氧核糖核酸
11	EDTA	ethylenediaminetra acetic acid	乙二胺四乙酸
12	GA;GA$_3$	gibberellin; gibberellic acid	赤霉素
13	IAA	indole-3-acetic acid	吲哚乙酸
14	IBA	indole-3-butyric acid	吲哚丁酸
15	*in vitro*		试管内,离体培养
16	*in vivo*		活体内整体培养
17	2-ip;IPA	2-isopantenyl adenine 6-(r,r-dimethylallyl) adenine	异戊烯基腺嘌呤
18	KT;Kt;K	kinetia	激动素;动力精;糠基腺嘌呤
19	LH	lactabumin hydrolysate	水解乳蛋白

续附表1

编　号	缩　写	英文名称	中文名称
20	lx	lux	勒克斯(照明单位)
21	m	Meter(s)	米
22	mg	Milligram(s)	毫克
23	min	Minute(s)	分(钟)
24	mL	Milliliter(s)	毫升
25	mm	Millimeter(s)	毫米
26	mmol	Millimole(s)	毫摩尔
27	mol.wt.	molecular weight	摩尔重量;分子量
28	NAA	naphthalene acetc acid	萘乙酸
29	pH	hydrogen-ion concentration	酸碱度;氢离子浓度
30	ppm	part(s)per million	百万分之几;毫克/升
31	PVP	polyvinylpyrrolidone	聚乙烯吡咯烷酮
32	RNA	ribonucleic acid	核糖核酸
33	rpm(＝r/min)	round per minute	转/分(每分钟转数)
34	s	second(s)	秒
35	Thidiazuron	N-phenyl-N′-1,2,3-thia-diazol-5-ylurea	苯基噻二唑基尿
36	2,4,5-T	2,4,5-trichlorophenoxy acetic acid	2,4,5-三氯苯氧乙酸
37	μm	Micrometer(s)	微米
38	μmol	Micromole(s)	微摩尔
39	YE	yeast extract	酵母提取物
40	ZT;Zt;Z	ziatin	玉米素

附录2　酒精稀释和稀酸稀碱配制方法

1.酒精稀释的方法

原理:稀释前后纯酒精量相等。即原酒精浓度×取用体积＝稀释后酒精浓度×稀释后体积。如:原酒精浓度为95%,欲稀释成70%的酒精。配制方法为:取95%酒精70 mL(稀释后的酒精浓度数值),加蒸馏水至95 mL(原酒精浓度数值)摇匀后,即为70%酒精。计算公式如下:

$$95\% \times 70 = X \times 95 \qquad X = 70\%$$

2.1 mol/L 盐酸(HCl)的配制

取浓盐酸(密度1.19)82.5 mL,加入蒸馏水1 000 mL,混匀后完全溶解,即为1 mol/L盐酸溶液。

3.1 mol/L 氢氧化钠或氢氧化钾(NaOH 或 KOH)的配制

取固体氢氧化钠40 g(或氢氧化钾57.1 g),加入蒸馏水1 000 mL,混匀后完全溶解,即为1 mol/L 氢氧化钠(或氢氧化钾)溶液。

附录3 培养物的异常表现、产生原因及改进措施

1.培养物水浸状、变色、坏死、茎断面附近干枯

产生原因:表面杀菌剂过量,消毒时间过长,外植体选用不当(部位或时期)。

改进措施:调换其他杀菌剂或降低浓度,缩短消毒时间,试用其他部位,生长初期取材。

2.培养物长期培养几乎无反应

可能原因:基本培养基不适宜,生长素不当或用量不足,温度不适宜。

改进措施:更换基本培养基或调整培养基成分,尤其是调整盐离子浓度,增加生长素用量,试用2,4-D,调整培养温度。

3.愈伤组织生长过旺、疏松,后期水浸状

可能原因:激素过量,温度偏高,无机盐含量不当。

改进措施:减少激素用量,适当降低培养温度,调整无机盐(尤其是铵盐)含量,适当提高琼脂用量增加培养基硬度。

4.愈伤组织太紧密、平滑或突起,粗厚,生长缓慢

可能原因:细胞分裂素用量过多,糖浓度过高,生长素过量。

改进措施:减少细胞分裂素用量,调整细胞分裂素与生长素比例,降低糖浓度。

5.侧芽不萌发,皮层过于膨大,皮孔长出愈伤组织

可能原因:枝条过嫩,生长素、细胞分裂素用量过多。

改进措施:减少激素用量,采用较老化枝条。

6.苗分化数量少、速度慢、分枝少、个别苗生长细高

可能原因:细胞分裂素用量不足,温度偏高,光照不足。

改进措施:增加细胞分裂素用量,适当降低温度,改善光照,改单芽继代为团块(丛芽)继代。

7.苗分化过多,生长慢,有畸形苗,节间极短,苗丛密集,微型化

可能原因:细胞分裂素用量过多,温度不适宜。

改进措施:减少或停用细胞分裂素一段时间,调节温度。

8.分化率低,畸形,培养时间长时苗再次愈伤组织化

可能原因:生长素用量偏高,温度偏高。

改进措施:减少生长素用量,适当降温。

9.叶粗厚变脆

可能原因:生长素用量偏高,或兼有细胞分裂素用量偏高。

改进措施:适当减少激素用量,避免叶片接触培养基。

10.再生苗的叶缘、叶面等偶有不定芽分化出来

可能原因:细胞分裂素用量偏高,或表明该种植物适于该种再生方式。

改进措施:适当减少细胞分裂素用量,或分阶段地利用这一再生方式。

11.丛生苗过于细弱,不适于生根或移栽

可能原因:细胞分裂素浓度过高或赤霉素使用不当,温度过高,光照短,光强不足,久不转

移,生长空间窄。

改进措施:减少细胞分裂素用量,免用赤霉素,延长光照时间,增强光照,及时转接,降低接种密度,更换封瓶纸的种类。

12.幼苗淡绿,部分失绿

可能原因:无机盐含量不足,pH 不适宜,铁、锰、镁等缺少或比例失调,光照、温度不适。

改进措施:针对营养元素亏缺情况调整培养基,调好 pH,调控温度、光照。

13.幼苗生长无力、发黄落叶、有黄叶、死苗夹于丛生苗中

可能原因:瓶内气体状况恶化,pH 变化过大,久不转接导致糖已耗尽,营养元素亏缺失调,温度不适,激素配比不当。

改进措施:及时转接、降低接种密度,调整激素配比和营养元素浓度,改善瓶内气体状况,控制温度。

14.培养物久不生根,基部切口没有适宜的愈伤组织

可能原因:生长素种类、用量不适宜;生根部位通气不良;生根程序不当;pH 不适,无机盐浓度及配比不当。

改进措施:改进培养程序,选用适宜的生长素或增加生长素用量,适当降低无机盐浓度,改用滤纸桥液培养生根等。

15.愈伤组织生长过快、过大,根茎部肿胀或畸形,几条根并联或愈合

可能原因:生长素种类不适,用量过高,或伴有细胞分裂素用量过高,生根诱导培养程序不对。

改进措施:调换生长素种类或几种生长素配合使用,降低使用浓度,附加维生素 B_2 或 PG 等减少愈伤,改变生根培养程序等。

附录 4　常用植物生长调节物质配方类型与用途

附表 2　常见培养基中植物生长调节物质配方类型与用途

编　号	植物生长调节物质配方	用途
1	无植物生长调节物质	诱导生根、无性胚、愈伤组织形成
2	单加生长素	诱导生根、无性胚、愈伤组织、不定芽形成
3	单加细胞分裂素	诱导不定芽、侧芽、愈伤组织形成
4	高生长素低细胞分裂素	诱导芽、原球茎增殖、愈伤组织形成
5	低生长素高细胞分裂素	诱导丛芽、愈伤组织形成
6	低生长素低细胞分裂素	诱导不定芽、侧芽增殖
7	等量生长素与细胞分裂素	诱导侧芽增殖
8	加生长抑制剂(多效唑、矮壮素)	壮苗、延缓生长、利于组培苗保存
9	加 GA_3	打破种子、芽休眠、促进伸长生长

附录 5　培养基中常用植物生长调节物质、维生素、糖类的主要性能

1. 植物生长调节物质

(1)生长素类：其主要功能是促进细胞伸长和细胞分裂，诱导愈伤组织形成，促进生根；配合一定量的细胞分裂素，可诱导不定芽的分化、侧芽的萌发与生长。

常见的生长素类有吲哚乙酸（IAA）、萘乙酸（NAA）、吲哚乙酸（IBA）、2,4-二氯苯氧乙酸（2,4-D）等。它们作用的强弱依次为 2,4-D＞NAA＞IBA＞IAA。生长素的使用量通常为 $0.1\sim10$ mg/L。

(2)细胞分裂素类：主要功能是促进细胞分裂、抑制衰老、当组织内细胞分裂素/生长素的比值高时，可诱导芽的分化。

常见细胞分裂素有激动素（KT）、异戊烯基腺嘌呤（2-iP）、6-苄基腺嘌呤（6-BA）、玉米素（ZT）、噻重氮苯基脲（TDZ）。它们作用的强弱依次为 TDZ＞ZT＞2-iP＞6-BA＞KT。细胞分裂素的使用量通常为 $0.1\sim10$ mg/L。

2. 维生素

主要功能是在植物细胞里以各种辅酶的形式参与多项代谢活动，对生长分化有很好地促进作用。使用量通常为 $0.1\sim10$ mg/L。常用的维生素有盐酸硫胺素（维生素 B_1）、盐酸吡哆醇（维生素 B_6）、烟酸（维生素 B_3）、生物素（维生素 H）、叶酸、抗坏血酸（维生素 C）等。上述物质中，维生素 B_1 可全面促进植物的生长；维生素 C 具抗氧化功能，防止褐变；维生素 B_6 促进根的生长。维生素具有热易变性，易在高温下降解，可采取过滤灭菌。

3. 糖类

糖类的主要功能既可作为碳源，又可为外植体提供生长发育所需的碳源和能源，同时还具有维持培养基渗透压的作用。一般添加蔗糖、葡萄糖和果糖，其中蔗糖最常用。此外，棉籽糖在胡萝卜离体培养中，效果仅次于蔗糖和葡萄糖，优于果糖。山梨糖是蔷薇科植物培养中常用的糖源。淀粉对于含糖量较高的植物组织培养有较好的效果。植物组织培养中常用1%～5%的蔗糖。但在幼胚、茎尖分生组织、花药和原生质体培养时，需要 10%左右的蔗糖，甚至更高。

注：引自邱运亮、段鹏慧，2010

参考文献

[1] 李浚明.植物组织培养教程[M].北京:中国农业大学出版社,2002.

[2] 陈世昌.植物组织培养[M].北京:高等教育出版社,2012.

[3] 石晓东,高润梅.植物组织培养[M].北京:中国农业科学技术出版社,2009.

[4] 韩榕.细胞生物学[M].北京:科学技术出版社,2011.

[5] 夏鹏云,彭颖.LED在植物组织培养中的应用[J].现代园艺,2013(7):150-152.

[6] 史刚荣.细胞壁在植物细胞分化中的作用[J].生物学教学,2003,28(5):3-5.

[7] Prigge M J, Otsuga D, Alonso J M, et al. Class Ⅲ Homeodomain-leucine Zipper Gene Family Members Have Overlapping, Antagonistic, and Distinct Roles in *Arabidopsis* Development[J]. Plant Cell, 2005,17: 61 -76.

[8] Kim J, Jung J H, Reyes J L, et al. microRNA-directed Cleavage of ATHB15 mRNA Regulates Vascular Development in *Arabidopsis* Inflorescence Stems[J]. Plant J, 2005, 42: 84 -94.

[9] Baima S, Possenti M, Matteucci A, et al. The *Arabidopsis* ATHB-8 HD-Zip Protein Acts as A Differentiation-promoting Transcription Factor of the Vascular Meristems [J]. Plant Physiol, 2001,126: 643 -655.

[10] 张妙彬,王小菁.植物细胞的形态建成[J].西北植物学报,2004,24(1):154-160.

[11] 戴红燕,华劲松.光照强度对金荞麦生长发育及形态建成的影响[J].江苏农业科学 2013,41(10):77-79.

[12] Read P E, Economou A. Supplemental lighting in the propagation of deciduous *azaleas*[J]. Proc Int Plant Prop Soc,1982,32: 639-645.

[13] 蒋要卫.大花蕙兰、蝴蝶兰试管苗光合自养培养体系初步建立[D].郑州:河南农业大学,2006.

[14] 何松林,孔德政,杨秋生,等.组织培养容器环境因子调控技术研究进展[J].河南农业大学学报,2003,31(1):25-32.

[15] 王伟光,高亦珂.花药培养的研究进展[J].内蒙古大学学报(自然科学版),2005,20(3):280-284.

[16] 李守岭,庄南生.植物花药培养及其影响因素研究进展[J].亚热带植物科学,2006,35

（3）：76-80.

[17] 刘振，赵洋，杨培迪，等.花药培养育种意义及在茶树育种中研究进展[J].茶叶通讯，2013，40(3)：24-27.

[18] 周旭红，莫锡君，吴旻，等.花药培养的研究进展[J].江西农业学报，2007，19(8)：74-76.

[19] 葛胜娟.植物组织培养[M].北京：中国农业出版社，2008.

[20] 彭星元.植物组织培养技术[M].北京：高等教育出版社，2010.

[21] 李永文，刘新波.植物组织培养技术[M].北京：北京大学出版社，2007.

[22] 颜昌敬.植物组织培养手册[M].上海：上海科学技术出版社，1990.

[23] 沈海龙.植物组织培养[M].北京：中国林业出版社，2005.

[24] 彭新元.植物组织培养[M].北京：高等教育出版社，2006.

[25] 曹春英.植物组织培养[M].北京：中国农业出版社，2006.

[26] 吴殿星，胡繁荣.植物组织培养.上海：上海交通大学出版社，2004.

[27] 王国平，刘福昌.果树无病毒苗木繁育与栽培.北京：金盾出版社，2002.

[28] 李云.林果花菜组织培养快速育苗技术.北京：中国农业大学出版社，2001.

[29] 陈世昌.植物组织培养.重庆：重庆大学出版社，2006.

[30] 王清连.植物组织培养.北京：中国农业出版社，2003.

[31] 潘瑞织，等.植物组织培养.广州：广东高等教育出版社，2000.

[32] 熊庆娥.植物生理学实验教程.成都：四川科学技术出版社，2003.

[33] 巩振辉，申书兴.植物组织培养.北京：化学工业出版社，2013.

[34] 肖尊安，祝扬.植物组织培养导论.北京：化学工业出版社，2006.

[35] 刘进平，莫饶.热带植物组织培养.北京：科学出版社，2006.

[36] 崔德才，徐培文.植物组织培养与工厂化育苗.北京：化学工业出版社，2003.[37] 孙琦，张春庆.植物脱毒与检测研究进展[J].山东农业大学学报（自然科学版），2003(2).

[38] 邱静，汤浩茹，曹会娟，等.园艺植物茎尖冷冻疗法脱毒技术研究[J].植物生理学报，2014(1).

[39] 赵习武，王晨静，杨丹丹，等.园艺植物脱毒技术方法研究进展[J].安徽农业科学，2013(16).

[40] 王永伟，王慧霞，贺丹，等.观赏植物病毒病害及病毒脱除研究现状与发展趋势[J].中国农学通报，2008(5).

[41] 华崇钊，孙作文，商明清.加强植物脱毒种苗质量的监督和管理[J].植保技术与推广，2001(7).

[42] 谭文澄、戴策刚.观赏植物组织培养技术[M]，北京：中国林业出版社，1997.

[43] 刘庆昌.植物细胞组织培养[M]，北京：中国农业大学出版社，2002.

[44] 曹孜义，刘国民，实用组织培养技术教程[M]，兰州：甘肃科学技术出版社，2002.

[45] 秦宇.红豆杉组织培养体系建立与优化：硕士学位论文.湖南：湖南农业大学，2006.

[46] 姜健，金成海，侯春香，等.水稻花药培养研究与应用进展[J].中国农学通报，2001，17(4)：49-52.

[47] 柳美南，钟海明，陈绵桥，等.水稻花药培养及其应用.现代农业科技，2008，17：234-

234,236.

[48] 肖国樱.水稻花药培养研究综述.杂交水稻,1992(2):44-46.

[49] 柴卫淑,谭学林,师佳,等.液体培养基在水稻花药培养中的应用研究.中国农学通报,
2004,20(4):145-146,157.

[50] 袁云香,张莹.水稻组织培养的研究进展.江苏农业科学,2010(1):83-86.

[51] 迟铭,方兆伟,李健,等.花药培养在水稻育种中的应用研究进展.江苏农业科学,2011,
39(6):111—113.

[52] 朱德瑶,丁效华,尹健华.籼稻花药培养和育种.江西农业学报,1993,5(增刊):122-131.

[53] 陈学虎.基因型和2,4-D浓度对小麦不同外植体离体培养特性的影响研究:硕士学位论
文.陕西:西北农林科技大学,2013.

[54] 宋国琦,王成社,何培茹.小麦幼胚培养技术及其应用的研究进展.西安联合大学学报,
2003,6(2):22-27.

[55] 安海龙,卫志明,等.小麦幼胚培养高效成株系统的建立.植物生理学报,2000,26(6):
532-538.

[56] 李映辉,宋娜,王瑜晖,等.小麦成熟胚培养方法的优化及其在小麦遗传转化中的应用.麦
类作物学报,2013,33(1):6-12.

[57] 于相丽,孟军.小麦幼胚培养研究进展.贵州农业科学,2009,37(7):13-15.

[58] 于晓红,朱祯,等.提高小麦愈伤组织分化频率的因素.植物生理学报,1999,25(4):
388-394.

[59] 孙春歧,于淑池,齐志广.低温对诱导小麦未成熟胚愈伤组织出愈率的影响研究.中国
生态农业学报,2005,13(1):60-61.

[60] 左静静,刘少翔,闫贵云,等.小麦幼胚组织培养研究进展.中国农学通报,2010,26(19):
81-87.

[61] 孙岩.提高小麦幼胚组织培养效果的初步研究.黑龙江农业科学,2004,(1):25-27.

[62] 王丽,陈耀锋,张月琴,等.低温与植物生长调节剂预处理对小麦成熟胚培养特性的影响,
西北植物学报,2013,33(5):1041-1046.

[63] 余桂荣,尹钧,郭天财,等.小麦幼胚培养基因型的筛选.麦类作物学报,2003,23(2):
14-18.

[64] 刘香利,刘缙,郭蔼光,等.小麦不同外植体离体培养与再生研究.麦类作物学报,
2008,28(4):568-572.

[65] 陶丽莉,殷桂香,叶兴国.小麦成熟胚组织培养及遗传转化研究进展。麦类作物学报,
2008,28(4):713-718.

[66] Patnaik D, Khurana P. Genetic transformation of Indian bread(*T. aestivum*) and
pasta (*T. durum*) wheat by particle bombardment of mature embryo- derived calli.
BMC Plant Biology, 2003, 3:5-15.

[67] 仲乃琴.ELISA 技术检测马铃薯病毒的研究.甘肃农业大学学报,1998,2:178-181.

[68] 陆春霞,梁贵秋,唐燕梅.等.马铃薯茎尖脱毒与快繁技术应用研究进展.广东农业科学
2008,8:12-15.

[69] 曹君迈.品种基因型和温度对马铃薯脱毒试管苗农艺性状的影响.种子,2012,31(5):

10-14.

[70] 陈长征.植物组织培养脱毒快繁实验技术综述.安徽农学通报.2010,10(14):56-58,108.

[71] 马淑珍,柳学勤,谢文斌,等.马铃薯脱毒瓶苗快繁技术.中国马铃薯,2008,22(3):175-177.

[72] 李东方,张爱萍,陈英,等.马铃薯脱毒快繁及工厂化生产技术.黑龙江农业科学,2013(7):27-30.

[73] 崔广荣,刘云兵,郭蕾娜.草莓增殖和生根壮苗培养基的筛选.园艺园林科学 2003,19(16):210-212,215.

[74] 冷春玲.草莓脱毒及组培快繁研究.北方园艺,2007(5):210-211.

[75] 刘艳涛,刘春琴,冯晓洁,等.草莓快繁的影响因子研究.河北农业科学,2011,15(9):41-43,53.

[76] 张志宏,吴禄平,代红艳,等.草莓主栽品种再生和转化的研究.园艺学报,2001,28(3):189-193.

[77] Wawrzynczak D,Sowik I,Michalczuk L. Shoot regeneration from in vitro leaf explants of five strawberry genotypes（Fra-garia ananassa Duch.）.Journal Fruit Ornamental Plant Research,1998,6(2):63-71.

[78] 胡繁荣.丰香草莓叶片离体再生的试验研究.辽宁农业职业技术学院学报,2001,3(3):24-25.

[79] 李会珍,徐东进,陈登金,等.不同植物生长调节剂对脱毒红颊草莓组培快繁的影响.江苏农业科学,2013,41(2):43-45.

[80] 马宗新,李文峰.赛娃草莓脱毒快繁关键技术研究.中国果菜,2013(8):12-16.

[81] 尹淑萍.草莓栽培品种离体再生及遗传转化的研究.北京：中国农业大学,2004.

[82] 郭欣.香蕉的组培育苗技术.林业实用技术,2005,8:28.

[83] 李芹,苏翠,陈伟强,等.香蕉良种引进快繁及推广.热带农业科技.2004,27(4):41-43.

[84] 夏晶晖,鲜敏,杨春艳.香蕉的组织培养与快速繁殖.西南园艺,2002,30(3):3-4.

[85] 刘雪红,曾宋君,吴坤林,等.巴西香蕉薄切片丛生芽途径高频再生体系的建立.中国南方果树.2006,35(5):38-39.

[86] 王海娟.蝴蝶兰组培的研究进展.北京农业,2011(3):24-26.

[87] 李娜.蝴蝶兰组培快繁技术的研究进展[J].广东农业科学,2007(11):44-46.

[88] 王静,娄玉霞,郝再彬,等.大量元素、有机添加物、激素对蝴蝶兰原球茎增殖的影响[J].上海农业科技,2004(3):21-23.

[89] 李正民,王安石,王健.蝴蝶兰组织培养研究进展.广东农业科学,2012(15):19-22.

[90] 陈桂敏,郑羽书,杨佩华,等.不同外植体对蝴蝶兰组培快繁的影响.中国园艺文摘,2013,11:15-16,21.

[91] 李军,柴向华,曾宝踏,等.蝴蝶兰组培工厂化生产技术[J].园艺学报 2004,31(3):413-414.

[92] 戴艳娇,王琼丽,张欢,等.不同光谱的 LEDs 对蝴蝶兰组培苗生长的影响.江苏农业科学,2010(5):227-231.

[93] 王怀宇.蝴蝶兰快速繁殖研究.园艺学报,1989,16(1):73-77.

[94] 欧阳乐军,沙月娥,黄真池,等.广州一号桉树高效组培再生体系的建立.东北林业大学学报.2012,40(7):14-17,44.

[95] Ouyang L J,HuoWeihua,Huang Zhenchi,et a1.Introduction of the Rs-AFP2 gene into *Eucalyptus urophylla* for reslstanee to *Phytophthora capsici*.Journal of Tropical Forest Science,2012,24(2):198-208.

[96] 谢耀坚.中国桉树育种研究进展及宏观策略.世界林业研究,2011,24(4):50-54.

[97] 江海涛.桉树组培快繁研究及其应用进展.现代建设,2012,11(7):64-67.

[98] 韦秋莉.浅谈桉树组培技术.城市建设理论研究.2013(31):1-7.

[99] 宋建英.邓恩桉微体快繁技术和耐寒性的研究.南京林业大学博士学位论文,2008.

[100] 刘均利,郭洪英,陈炎,等.赤桉组培快繁技术研究.桉树科技,2010,27(1):21-26.

[101] 林彦,谢耀坚.邓恩桉组织培养技术研究.桉树科技,2007,24(1):16-21.

[102] 陆素君.三种生根剂在桉树组培苗生产中的应用.绿色大世界,2007,6:33-34.

[103] 曾少玲,方良,全吉文,等.桉树的组培工厂化生产.桉树科技,2003,1:38-40.

[104] 张佐双,朱秀珍.中国月季[M].北京:中国林业出版社,2006.

[105] 闫海霞,邓俭英,李立志.月季组织培养研究进展.广东农业科学,2012,(12):53-56.

[106] Hasegawa P M. Factors affecting shoot and root initiation from cultured rose shoot tips. Journal of the American Society for Horticultural Science,1980,105(2):216-220.

[107] 李海燕,胡国富,胡宝忠.月季组培快繁技术的研究.东北农业大学学报,2004,35(1):84-88.

[108] 周庆华,杨桂杰,孙海龙.月季组织培养技术研究.现代化农业,2011(2):23-25.

[109] 林娅,郑玉梅,刘青林.影响月季愈伤组织诱导和分化的因素.分子植物育种,2006,4(2):223-227.

[110] 毕艳娟,高书国,乔亚科.植物生长调节剂对丰花月季茎段培养的影响.河北农业技术师范学院学报,1994,8(3):26-29,35.

[111] 邱文青,季静,杜长城.月季组培最优条件的选择.天津农业科学 2009,15(33):26-28.

[112] 张作梅.微型月季组培快繁技术体系的研究:硕士学位论文.安徽:安徽农业大学,2009.

[113] 张启香,方炎明.铁皮石斛组织培养及试管苗营养器官和原球茎的结果观察.西北植物学报,2005,25(9):1761-1765.

[114] 方妙听,张青华,王军,等.铁皮石斛栽培、组培技术研究进展.安徽农学通报,2012,18(19):40-43.

[115] 宋顺,许奕,王必尊,等.不同培养基成分对铁皮石斛组织培养的影响.中国农学通报,2013,29(13):133-139.

[116] 唐桂香,黄福灯,周伟军.铁皮石斛的种胚萌发及其离体繁殖研究.中国中药杂志,2005,30(20):1583-1585.

[117] 蒋波,杨存亮,黄捷,等.铁皮石斛原球茎生长分化及生根壮苗研究.玉林师范学院学报:自然科学,2005,26(3):66-69.

[118] 王春,郑勇平,罗蔓,等.铁皮石斛试管苗快繁体系.浙江林学院学报,2007,24(3):372-376.

[119] 蒋慧萍,庾韦花,张向军,等.铁皮石斛种子胚培养的产业化研究.江苏农业科学.2009,36
　　　(2):72-75.

[120] 吴菊,严中琪,杨飞,等.铁皮石斛组培快繁关键技术研究.浙江农业科学,2014(4):
　　　492-497.

[121] 李武,郑锦荣,莫钊文,等.光照强度对铁皮石斛组培幼苗生长及生理特性的影响.热带
　　　作物学报 2014,35(1):121-125.

[122] 戴小英,张淑霞,周莉荫,等.铁皮石斛不同外植体组培快繁技术比较研究.中国农学通
　　　报 2011,27(10):122-126.

[123] 雷秀娟.人参花药、杂种胚培养及基于皂苷含量的特性评价.北京:中国农业科学
　　　院,2013.

[124] 杜令阁,侯艳华,常维春,等.人参花粉植株的诱导及体细胞无性系的建立.中国科学
　　　B 辑,1987(01):35-41.

[125] 杜令阁,侯艳华,吕永兴,等.人参花药培养的初步研究.特产科学试验,1984(01):9-
　　　12,24.

[126] 高日,朴炫春,廉美兰,等.影响东北刺人参试管苗增殖和生根的因素研究.安徽农业科
　　　学,2010,38(12):6207-6208.

[127] 顾地周,朱俊义,姜云天,等.东北刺人参组培快繁培养基的筛选.林业科学研究,2008,
　　　21(6):867-870.

[128] 金英善,曹后男,刘继生,等.东北刺人参愈伤组织的诱导.延边大学农业学报,2003,25
　　　(1):16-19.

[129] 周文杰,芦站根.曼地亚红豆杉生物学特性研究.安徽农业科学,2007,35(8):
　　　2266-2267.

[130] 苏应娟,王艇,杨礼香,等.南方红豆杉芽愈伤组织的诱导和培养.中草药.2001,32(7):
　　　637-639.

[131] Waan SR,Goldner WR.Induction of somatic Embryogenesis in Taxus,and the
　　　production of taxane-ring containing alkaloids therefrom.United States Patent,53
　　　10672,1995.01.18.

[132] 翟合欢.曼地亚红豆杉组培快繁技术的研究:硕士学位论文.安徽:安徽农业大学,2010.

[133] 刘谦光,黄琳娟,王吉之,等.2,4-D,6-BA,GA$_3$和 Phe 对南方红豆杉愈伤组织的诱导和
　　　生长的影响.西北植物学报,1995,15(7):63-66.

[134] 王森林,胡风庆.东北红豆杉愈伤组织培养研究.辽宁大学学报,2002,29(1):75-77.

[135] 盛长忠,王淑芳,王宁宁.南方红豆杉愈伤组织培养的研究.中草药,2000,31(2):
　　　130-132.

[136] 胡风庆,任娟.东北红豆杉细胞悬浮培养研究.辽宁大学学报,2002,29(3):279-282.

[137] 未作君.胡宗定.硝酸银作用下南方红豆杉细胞悬浮培养生产紫杉醇动力学研究.化学
　　　反应工程与工艺,2000,16(4):313-318.

[138] 钟兰,刘玉平,彭静,等.植物种质资源离体保存技术研究进展.长江蔬菜,2009,16:4-7.

[139] 徐刚标.植物种质资源离体保存研究进展.中南林学院学报,20(4):81-87.

[140] 辛淑英.用组织培养方法贮存甘薯种质.作物品种资源.1985(3):24-26.

[141] Bridgin M P. Staby G L. Low pressure and low oxygen storage of plant tissue cultures. Pl. Sci. Lett,1981,22 (2):177-186.

[142] 张 俊，蒋桂华,敬小莉,等. 我国药用植物种质资源离体保存研究进展. 2011,13(3): 556-560.

[143] Phunchindawan M,Hiram K,Sakai A,et al.Cryopreservation of encapsulated shoot primordia induced in horseradish(Armoracia rust/cans)hatry root cultures.Plant Cell Rep,1997,16:469-473.